多模态传感器基元程控成像技术与应用

周春平　宫辉力　著

U0296330

科学出版社

北京

内 容 简 介

本书系统、全面地介绍多模态传感器基元程控成像技术原理及其应用，详细介绍了图像传感器基础知识，提出了传感器基元程控理念，研究了多模态超级传感器的设计方法、采样模式，探讨了超分辨率图像重建、数字时间延迟积分、运动地物检测等关键技术，为新一代航天光学传感器研制提出了创新理念。

本书包含的部分研究成果是提高卫星空间分辨率和图像质量相关技术的知识创新和突破，该成果的应用将有助于我国航天遥感能力的提升。本书也可供各类从事航天遥感研究及应用的技术人员参考使用。

图书在版编目（CIP）数据

多模态传感器基元程控成像技术与应用／周春平，宫辉力著 . —北京：科学出版社，2018.11

ISBN 978-7-03-058824-1

Ⅰ. ①多… Ⅱ. ①周…②宫… Ⅲ. ①传感器–成象–研究 Ⅳ. ①TP212

中国版本图书馆 CIP 数据核字（2018）第 212551 号

责任编辑：王 运 白 丹／责任校对：张小霞
责任印制：赵 博／封面设计：铭轩堂

科 学 出 版 社 出版
北京东黄城根北街 16 号
邮政编码：100717
http://www.sciencep.com
北京天宇星印刷厂印刷
科学出版社发行 各地新华书店经销
*
2018 年 11 月第 一 版 开本：787×1092 1/16
2025 年 2 月第三次印刷 印张：16
字数：380 000
定价：138.00 元
（如有印装质量问题，我社负责调换）

前　言

本书详细介绍了图像传感器的基础，简要阐述了多模态传感器基元程控成像技术原理及其应用，提出了传感器基元程控理念，研究了多模态超级传感器设计方法、采样模式，探讨了超分辨率图像重建、数字 TDI、运动地物检测等关键技术，为新一代航天光学传感器研制提出创新理念。全书分为 8 章。

第 1 章，绪论。简要阐述了本书所涉及的基本概念和主要技术。

第 2 章至第 4 章，图像传感器。系统介绍图像传感器的原理、制造工艺、发展现状，重点对 CCD 和 CMOS 传感器的基本结构、性能、主要性能差异等方面进行阐述。

第 5 章，多模态 CMOS 传感器设计。分析多模态 CMOS 传感器设计中涉及的技术流程及重点环节，包括传感器设计概念、传感器设计、基元程控技术、传感器性能实现及优化、采样模式研究 5 个方面。

第 6 章，数字域 TDI-COMS 技术。本章重点对数字域 TDI-COMS 成像系统的基本概念、技术原理、自适应数字域 TDI 算法，以及成像系统的试验平台设计方案 4 个方面进行分析阐述。

第 7 章，基于序列图像的超分辨率处理技术。从国内外技术发展现状和三种超分辨率重构的主要技术方法等两部分对该处理技术进行分析。

第 8 章，多模态遥感图像运动地物检测与速度测算。重点对基于多模态遥感图像的运动地物从检测预先处理、自动检测、识别方法、速度测算 4 个方面进行分析论述。

周春平研究员和宫辉力教授拟定了全书的提纲，并负责各章节核心问题的凝练、梳理和最终审定。牛珂参与全书的统稿、审校和组织工作。其中，第 1 章由周春平和宫辉力完成。第 2 章至第 5 章由武大猷、周泉、王欣洋完成。第 6 章由陶淑苹、金光、曲宏松完成。第 7 章由沈焕锋、吕锡亮、曹近者等完成。第 8 章由时春雨、周春平完成。

本书内容主要基于首都师范大学成像技术高精尖创新中心的"多模态传感器基元程控成像技术与应用"科研项目成果。

感谢刘先林院士、李小娟院长、钟若飞教授、杨灿坤老师的无私奉献和大力支持！

目　　录

前言
第1章　绪论 ……………………………………………………………… 1
　1.1　图像传感器 …………………………………………………………… 1
　　1.1.1　CCD 传感器 …………………………………………………… 1
　　1.1.2　CMOS 传感器 ………………………………………………… 4
　　1.1.3　多模态传感器 ………………………………………………… 7
　1.2　多模态传感器基元程控成像技术 ………………………………… 10
　1.3　遥感图像超分辨率技术 …………………………………………… 11
　　1.3.1　基于地面图像的超分辨率处理技术 ………………………… 11
　　1.3.2　星地结合超分辨率处理技术 ………………………………… 13
　1.4　数字域 TDI 技术 …………………………………………………… 14
　1.5　可见光图像运动地物检测技术 …………………………………… 15
第2章　图像传感器原理 ……………………………………………… 19
　2.1　固态图像传感器的发展 …………………………………………… 19
　2.2　图像传感器材料 …………………………………………………… 20
　2.3　传感器工作原理 …………………………………………………… 22
　　2.3.1　光电荷的产生 ………………………………………………… 22
　　2.3.2　光电荷的收集 ………………………………………………… 23
　　2.3.3　电荷转移及检测 ……………………………………………… 26
　2.4　传感器的噪声 ……………………………………………………… 27
　　2.4.1　固定图像噪声 ………………………………………………… 28
　　2.4.2　时域噪声 ……………………………………………………… 31
　2.5　光电转换能力 ……………………………………………………… 32
第3章　图像传感器制造工艺 ………………………………………… 35
　3.1　单晶硅生长 ………………………………………………………… 35
　3.2　半导体制造工艺 …………………………………………………… 36
　　3.2.1　光刻技术 ……………………………………………………… 36
　　3.2.2　氧化生长和去除 ……………………………………………… 38
　　3.2.3　硅的生长和刻蚀 ……………………………………………… 38
　　3.2.4　介质隔离 ……………………………………………………… 39
　　3.2.5　杂质的注入 …………………………………………………… 40
　　3.2.6　金属化 ………………………………………………………… 41
　3.3　芯片的封装 ………………………………………………………… 42

第4章 CCD 和 CMOS 图像传感器 ·············· 45

4.1 CCD 图像传感器 ·············· 45

4.1.1 CCD 图像传感器结构 ·············· 45

4.1.2 电荷的转移机理 ·············· 47

4.1.3 掩埋型 MOS 电容结构 ·············· 48

4.1.4 CCD 工作模式 ·············· 49

4.2 CMOS 图像传感器 ·············· 51

4.2.1 CMOS 图像传感器的基本架构 ·············· 51

4.2.2 CMOS 图像传感器性能 ·············· 54

4.2.3 实用技术介绍 ·············· 61

4.3 图像传感器的比较和应用 ·············· 67

4.3.1 图像传感器的比较 ·············· 67

4.3.2 CCD 图像传感器的应用 ·············· 68

4.3.3 CMOS 图像传感器的应用 ·············· 72

第5章 多模态 CMOS 传感器设计 ·············· 74

5.1 新传感器设计概念 ·············· 74

5.2 多模态 CMOS 传感器设计 ·············· 74

5.3 基元程控技术 ·············· 75

5.4 传感器性能实现及优化 ·············· 76

5.4.1 量子效率 ·············· 77

5.4.2 信噪比 ·············· 78

5.4.3 分辨率 ·············· 78

5.4.4 图像帧率 ·············· 78

5.5 采样模式研究 ·············· 79

5.5.1 面向目标精细及暗弱特征提取的 MS-CMOS 传感器设计 ·············· 79

5.5.2 基于传感器逐行控制的运动目标探测方法 ·············· 80

5.5.3 基于传感器隔行控制的运动目标探测方法 ·············· 81

5.5.4 基于传感器相邻区域控制的运动目标探测方法 ·············· 81

5.5.5 基于传感器高频采样的运动目标探测方法 ·············· 82

5.5.6 基于倾斜采样传感器斜模式的运动目标探测方法 ·············· 83

第6章 数字域 TDI-COMS 技术 ·············· 84

6.1 概述 ·············· 84

6.2 数字域 TDI-CMOS 成像系统 ·············· 86

6.2.1 TDI 成像技术概述 ·············· 86

6.2.2 CMOS 图像传感器的工作原理 ·············· 89

6.2.3 数字域 TDI-CMOS 成像系统 ·············· 91

6.2.4 数字域 TDI-CMOS 成像系统与 TDI-CCD 成像系统性能比较 ·············· 92

6.3 数字域 TDI 成像技术原理 ·············· 94

6.3.1　基本数字域 TDI 算法 ···································· 94

6.3.2　自适应数字域 TDI 算法 ······························· 105

6.3.3　数字域 TDI 图像信噪比数学模型 ··················· 110

6.4　数字域 TDI 成像试验平台方案 ···························· 113

6.4.1　实验平台硬件架构 ···································· 113

6.4.2　数字域 TDI-CMOS 相机硬件设计 ··················· 114

6.4.3　数字域 TDI-CMOS 相机软件设计 ··················· 115

6.4.4　试验验证 ··· 118

6.4.5　主要技术指标验证 ···································· 119

6.4.6　数字域 TDI 图像 SNR 模型验证 ···················· 121

6.4.7　自适应曝光验证 ······································ 123

6.4.8　自适应数字域 TDI 成像验证 ························· 124

第 7 章　基于序列图像的超分辨率处理技术 ···················· 126

7.1　超分辨率重构方法 ·· 126

7.1.1　非均匀插值方法 ······································ 126

7.1.2　插值后的处理方法 ···································· 134

7.1.3　Landweber 迭代方法 ·································· 138

7.1.4　带预处理的交替方向乘子方法 ······················ 142

7.2　基于 L_0 正则化约束的图像超分辨率重建 ··············· 147

7.2.1　引言 ·· 148

7.2.2　图像观测模型 ··· 149

7.2.3　超分辨率重建中的模糊函数 ························· 149

7.2.4　重建方法 ··· 154

7.2.5　实验与结果 ··· 157

7.2.6　总结 ·· 164

7.3　基于双边结构张量的局部自适应图像超分辨率重建方法 ·· 164

7.3.1　引言 ·· 165

7.3.2　MAP 超分辨率重建框架 ······························ 165

7.3.3　常用的图像先验模型 ·································· 167

7.3.4　局部自适应的超分辨率重建方法 ··················· 170

7.3.5　实验与结果 ··· 173

7.3.6　总结 ·· 178

7.4　亮度–梯度联合约束超分辨率重建 ························ 178

7.4.1　引言 ·· 178

7.4.2　几何运动估计方法 ···································· 179

7.4.3　重建方法 ··· 187

7.4.4　实验与结果 ··· 188

7.4.5　总结 ·· 192

第8章 多模态遥感图像运动地物检测与速度测算 ·········· 194

8.1 图像运动地物检测与速度测算 ·················· 194

　8.1.1 相关技术现状 ·························· 194

　8.1.2 总体技术路线 ·························· 200

　8.1.3 数字图像处理相关概念 ····················· 201

　8.1.4 运动地物检测预先处理 ····················· 203

　8.1.5 运动地物自动检测 ······················· 206

　8.1.6 运动地物识别方法 ······················· 216

　8.1.7 运动地物速度测算 ······················· 222

　8.1.8 动画遥感图像 ·························· 225

　8.1.9 总结与展望 ··························· 227

8.2 多模态遥感图像运动地物跟踪 ·················· 232

　8.2.1 相关技术现状 ·························· 232

　8.2.2 运动地物跟踪 ·························· 234

参考文献 ······························· 242

第 1 章 绪 论

1.1 图像传感器

图像传感器是获取视觉图像信息的基本元件，在信息系统中占有重要地位。图像传感器可以提高人眼的视觉范围，扩展视觉感知灵敏性，使人们观测到人眼无法直接分辨的微观世界、记录不可见光谱信息等。主流图像传感器为 CCD 和 CMOS，它们被广泛应用在数码摄影、天文学，尤其是光学遥测技术、光学与频谱望远镜和高速摄影技术，以及摄像机、数码相机和扫描仪中。

CCD 具有高解析度、低噪声、宽动态范围、性能稳定等优点，从消费级电子产品至航天级应用，CCD 产品曾经一度在高清图像传感产品领域处于垄断地位。大面阵的 CCD 一般为全帧型（full frame），采用逐行沟道转移的读出方式，曝光时需要配置机械快门。

而 CMOS 图像传感器采用电压逐行放大串行读出的方式，可按照卷帘和全局两种电子快门方式曝光成像，不需要机械快门。因此，在遥感卫星光学成像应用领域，CMOS 图像传感器在工作模式上存在先天的优势。

1.1.1 CCD 传感器

CCD 是实时传输遥感卫星获取遥感图像的主要敏感器件，对于航天遥感具有重要意义。CCD 能够把视场内的光学图像转化为电荷，并存储在相应的像素中，通过读出电路将存储的像元电荷读出，并用外围电路中的模数转换模块将其转换为数字信号。一个完整的 CCD 阵列是由一系列微小光敏物质（像素）组成的。CCD 上拥有的像素数量越多，能够提供的画面清晰度也就越高。随着半导体技术的发展，CCD 技术也随之得到迅速发展，从当时简单的 8 像元移位寄存器，到现在的已具有数百万、上千万乃至上亿像元。

CCD 于 1969 年诞生于贝尔实验室。科学家威拉德·博伊尔和乔治·史密斯因为发明了 CCD 而荣获 2009 年诺贝尔物理学奖。相比于传统模拟成像，线阵 CCD 具有分辨率高、结构简单、造价低等优点，自 1986 年法国 SPOT 卫星首次成功搭载线阵 CCD 以来，利用 CCD 获取的遥感影像卫星越来越多。但随着对图像质量需求的提高，CCD 像元尺寸逐渐减小、信噪比低的问题日益凸显。

用于航天遥感成像的 CCD 发展历程如图 1.1 所示。CCD 从功能上可分为线阵 CCD、TDI-CCD 和面阵 CCD 三大类，也有一些其他特殊设计的 CCD。

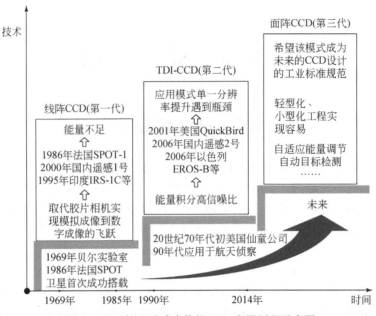

图 1.1　用于航天遥感成像的 CCD 发展历程示意图

1. 线阵 CCD

线阵 CCD 通常将 CCD 内部电极分成数组，每组称为一相，并施加同样的时钟脉冲。所需相数由 CCD 芯片内部结构决定，结构相异的 CCD 可满足不同场合的使用要求。线阵 CCD 有单沟道和双沟道之分，其光敏区是金属氧化物半导体（metal oxide semiconductor，MOS）电容或光敏二极管结构，生产工艺相对较简单。它由光敏区阵列与移位寄存器扫描电路组成，其特点是处理信息速度快，外围电路简单，易实现实时控制，但获取信息量小，不能处理复杂的图像。

伴随着遥感技术的发展，画幅式相机的垄断地位已被打破，线阵 CCD 成为对地球观测最为有效的传感器之一。线阵 CCD 传感器把许多微小半导体硅光敏固体元件，呈线状或面状阵列以极高密度排列在一起，并将其上面形成的光学图像转换成电信号，以线阵列器件作为接收元件，一般采用推扫式成像方式。

由于线阵 CCD 传感器是动态传感器的主流之一，搭载有这种传感器的卫星有很多，其分辨率和几何精度也在不断提高：1986 年法国成功地发射了 SPOT-1 卫星，首次获得分辨率为 10m（全色）和 20m（多光谱）的线阵 CCD 卫星遥感影像；1995 年印度的 IRS-1C 资源卫星顺利搭载了首颗分辨率突破 10m 的线阵 CCD 传感器；我国早期研究发射的卫星也搭载了线阵 CCD。

随着对图像分辨率需求的提高，CCD 像元尺寸逐渐减小，成像能量不足，严重影响了图像质量。为解决信噪比低的问题，TDI-CCD 应运而生。

2. TDI-CCD

为解决线阵 CCD 成像能量不足的问题，美国仙童公司在 20 世纪 70 年代初期提出 TDI-CCD 扫描成像技术，它利用时间延迟能量积分对同一目标成像原理增加光能收集，大幅度提高信号强度。与一般的线阵 CCD 相比，其具有很高的灵敏度和良好的均匀性。它的应用大大改善了星载相机的整体性能。由于 TDI-CCD 器件的制造成本高和制造工艺复杂，其一直没有得到广泛的应用。但是，由于 TDI-CCD 具有在不牺牲空间分辨率的情况下获得高灵敏度这个突出特点，其在高速、微光成像领域具有广泛的应用前景。所以，随着需求量的扩大和生产制造成本的降低，TDI-CCD 在 20 世纪 90 年代又焕发了新的生机。

TDI-CCD 基于对同一目标多次曝光，通过延迟积分的方法，大大增加光能的收集，与一般线阵 CCD 相比，它具有响应度高、动态范围宽等优点。TDI-CCD 的工作原理也与普通线阵 CCD 的工作原理有所不同，它要求行扫速率与目标的运动速率严格同步，否则就不能正确地提取目标的图像信息。在光线较暗的场所也能输出一定信噪比的信号，可大大改善环境条件恶劣引起信噪比太低这一不利因素。

鉴于上述优点，TDI-CCD 已被广泛应用于国内外航空航天高分辨率遥感器。美国仙童公司、艾特克（ITEK）公司等都研制了使用 TDI-CCD 的航空遥感器，美国的快鸟（QuickBird）、观测镜（EYEGLASS）和商业遥感系统（CRSS）等卫星上均采用了 TDI-CCD，德国和以色列联合研制的小卫星 DAVID 上也采用了 TDI-CCD。此外，韩国航空航天研究院研制的"韩国多用途人造卫星-2"（KOMPSAT-2）卫星、以色列的 EROS-B1～B6 等系列卫星也采用了 TDI-CCD 器件。目前，我国航天遥感器也采用了 TDI-CCD。

3. 面阵 CCD

面阵 CCD 的结构复杂，多个线阵 CCD 就组成了一个面阵 CCD，它由很多光敏区排列成一个方阵，并以一定的形式连接成一个器件，获取信息量大。面阵 CCD 可以在一次曝光中以任意的快门速度来捕捉动态对象，创建二维影像，其主要应用在高阶数码相机、保安监视器和摄录机等方面。

4. 其他新型 CCD

各国各方面相继投入巨资进行相关领域技术开发和应用方面的研究，并且竞争趋势日益激烈。CCD 的设计方式直接关系到相机成像的分辨率和图像质量。目前，国外面向不同领域的应用将多种设计方式应用于新型 CCD 以提高它的性能。

CCD 中每一像素的缩小将使得受光面积减少，感光度也将变低。为改善这个问题，20 世纪 80 年代后期，索尼在每一感光二极管前装上微小镜片，使用微小镜片后，感光面积不再由感测器的开口面积决定，而是由微小镜片的表面积决定。所以在规格上提高了开口率，感光度也因此大幅提升。

进入 20 世纪 90 年代后期以来，CCD 的单位面积也越来越小，1989 年开发的微小镜片技术已经无法再提升感光度，如果将 CCD 组件内部放大器的放大倍率提升，噪声也会被提高，画质会受到明显的影响。索尼在 CCD 技术的研发上更进一步，对以前使用微小镜片的技术进行改良，提升光利用率，开发能使镜片形状最优化的技术，即索尼 super HAD-CCD 技术，以提升光利用效率来提升感光度。

在普通相机应用方面，为获得更高的精度，日本富士公司开发研制了超级 CCD（super CCD）。超级 CCD 诞生之前，普通 CCD 都是中规中矩的方形矩阵结构，而超级 CCD 与普通 CCD 最大的区别就是它八边形的感光点，以及旋转 45° 的排列方式，如图 1.2 所示。

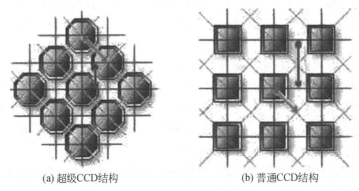

(a) 超级CCD结构   (b) 普通CCD结构

图 1.2　超级 CCD 结构示意图

由图 1.2 可见，超级 CCD 特殊的排列组合方式使得其成像单元在垂直和水平方向上的距离都很近，从而能够捕捉到更多纵向和横向上的视觉信息，还能获取更高的分辨率。

超级 CCD 的出现使很多领域注入了新的活力，最先研究该技术的富士公司竭尽全力对其进行研究并把它应用到产品中。不过，在实际产品应用中，虽然像素分辨率有所提高，但这种技术的可靠性还有待于验证，实际应用还没有达到预先期待的效果。

目前，国际上尚未查询到通过改变 CCD 像元形状实现超分辨率的技术。2007 年中国科学院长春光学精密机械与物理研究所在探索项目研究中提出了异形像元 TDI-CCD 几何超分辨率方法，基于此方法，以目前我国红外 CCD 的制造水平，可以研制出适于空间高分辨率红外 CCD 相机的异形像元红外 CCD。

1.1.2　CMOS 传感器

CMOS 本是计算机系统内一种重要的芯片，保存了系统引导最基本的资料。CMOS 的制造技术与一般计算机芯片没什么差别，主要利用硅和锗这两种元素做成半导体，使其在 CMOS 上共存着带 N（带负电）和 P（带正电）级的半导体，这两个产生的互补效应所产生的电流即可被处理芯片记录和解读成影像。后来发现 CMOS 经过加工也可以作为数码摄影中的图像传感器，CMOS 传感器也可细分为被动式像素传感器与主动式像素传感器。

CMOS 具有便于大规模生产，速度快、成本较低的特点，其将是数字相机关键器件的发展方向。在日本佳能等公司的不断努力下，新的 CMOS 器件不断推陈出新，高动态范围的 CMOS 器件已经出现，这一技术消除了对快门、光圈、自动增益控制及伽马校正的需要，使之接近了 CCD 的成像质量。另外，由于 CMOS 具有先天的可塑性，可以做出高像素的大型 CMOS 感光器而成本却不上升多少。与 CCD 的停滞不前相比，CMOS 作为新生事物展示出了蓬勃的活力。作为数码相机的核心部件，CMOS 感光器已经有逐渐取代 CCD 感光器的趋势，并有希望在不久的将来成为主流的感光器。

国际上，在成像质量方面，CMOS 图像传感器在噪声、灵敏度、响应均匀性等方面均已达到，甚至超越了 CCD，CMOS 图像传感器正在逐步取代 CCD 成为图像传感器的主流器件。例如，佳能最近推出的高端 CMOS 图像传感器实现了超低光照下（0.03lx）清晰成像。再如，美国 Vision Research 的高速相机 Phantomv 1610 采用 CMOS 图像传感器可实现百万分辨率下的 16000 帧频。在高灵敏度、高速和高分辨率成像领域，可以说 CMOS 图像传感器可以全面取代 CCD。

而将 CMOS 图像传感器应用于航天遥感，则具有以下优势：
1）CMOS 图像传感器采用电子快门，可大大提高静止轨道光学遥感仪器的可靠性；
2）CMOS 图像传感器集成度高，功耗低，无须特殊制冷措施；
3）CMOS 图像传感器抗辐照能力比 CCD 更好，适合长寿命在轨运行；
4）CMOS 图像传感器基于成熟的半导体制造工艺线，工艺可靠性高，成品率高。

由于具有优秀的抗辐照能力，CMOS 图像传感器在空间技术领域的应用也在不断拓展。CMOS 工艺中的栅极氧化层约为 CCD 工艺的十分之一，且杂质较少，因此，宇宙射线不易对器件产生永久损伤。例如，180nm 工艺下的 CMOS 图像传感器抗辐照度超过70krad，约为 CCD 的 4 倍。另外，CMOS 器件可通过片上监控系统降低辐照影响，防止单粒子翻转。另外，CMOS 器件无须复杂的辅助支撑电路，无须机械快门和制冷装置，非常适合长寿命在轨运行。因此，CMOS 图像传感器在空间技术领域中的应用也正在逐步取代CCD，其应用主要包括卫星遥感、飞行器上的星敏感器、太阳敏感器等。

另根据 YOLE DEVELOPMENT 的分析数据，2012 年 CMOS 器件已占领了 85% 的市场份额，其在民用和工业级应用中大范围取代了 CCD。虽然 CCD 技术在某些特殊技术上（如 TDI 图像传感器和科学级图像传感器）仍有独特的优势，但这些产品产量很小，难以维系整个 CCD 产业。在可预见的未来，CCD 很可能像胶片一样，成为被淘汰的成像技术。

由于图像传感器 CCD 技术逐渐消退，世界主要发达国家都陆续加大了对 CMOS 图像传感器的研发力度。例如，近年来美国航空航天局喷气推进实验室加大研发宇航级 CMOS 传感器，尤其是背照加工技术，以提升传感器的感光谱段和量子效率。2011 年欧盟委员会在 FP7 框架下设立 EURO-CIS 专项，用于构建基于欧盟境内的 CMOS 传感器产业链平台。同时，欧洲太空署于 2011 年年底开始两个重大专项（HIGH-FLUXCIS 和 LOW-FLUXCIS），用以开发航天专用 CMOS 图像传感器技术。因此，未来的 5～10 年将会是 CMOS 图像传感器在航空航天等产品上全面超越 CCD 的黄金时期。在这样的大环境下，我国也应该把CMOS 图像传感器列入我国亟须发展的战略性技术，加大投入力度，尤其是在高分辨率、高信噪比和高速 CMOS 图像传感器的研发方面。

在国内的高分辨率成像应用中，可采用多器件拼接，或焦平面微小位移的方式形成大面阵。但是，这些方式不光在成像精度上无法达到理想的效果，而且大多需要复杂的辅助系统支持，这些复杂的机械构件增加了载荷在轨运行的风险。因此，大靶面、超高分辨率图像传感器现已成为该类遥感成像应用的主要研究方向。目前，国际上大部分超高分辨率面阵型图像传感器为 CCD，但是近年来随着 CMOS 技术的不断进步，尤其是 CMOS 图像传感器在电子快门、功耗、速度、抗辐照和可靠性上较 CCD 存在绝对优势。因此，开发用于静轨凝视的大面阵，具有超高分辨率的 CMOS 图像传感器已成为各国研发的热点。

中国于 2013 年 11 月宣布第一款超高分辨率产品 1.5 亿分辨率大面阵图像传感器一次流片成功，该图像传感器成为目前世界上分辨率最高的 CMOS 图像传感器——GMAX3005。该芯片采用 5.5μm APS 像素，30000×5000 分辨率，包含片上 ADC、PLL、温度和 SPI 控制，其电子卷帘快门可实现帧频 10 帧/s。

该芯片设计完全由我国独立自主开发完成，芯片加工由国外顶级封装厂完成；陶瓷封装壳由日本专业陶瓷壳生产商完成；带有高质量增透膜的玻璃盖片由欧洲专业玻璃镀膜公司生产。与同类产品 FTF122114M（Teledyne DALSA 公司推出的一款全色 CCD 图像传感器）相比，GMAX3005 在集成度、帧频、时域暗噪声、动态范围、量子效率、固态模式噪声和功耗上都具有明显优势，已达到国际领先水平。

信噪比是衡量图像传感器光电性能的最重要指标，高信噪比图像传感器意味着可以在光照较暗或者曝光时间较短的情况下得到同样清晰的图像，在微光成像、高速成像等领域有重要作用。为实现飞行器的高精度姿态控制，需要在一幅图片中实现对亮星和暗弱恒星信号的探测，达到 10 等星的探测精度。因此，需要采用高灵敏度、低噪声和高动态的图像传感器。目前，国际市场上尚无能够满足这一需要的 CMOS 传感器，而同类 CCD 因为抗辐照性能较差，难以满足空间长寿命要求。

在这种背景下，国内 2013 年启动了 GSENSE400 芯片设计，并于 2014 年年初一次流片成功，现已完成芯片全光电参数测试，并在 2014 年北京国际光电展览会上进行了产品发布和现场演示。根据芯片光电测试结果，其感光灵敏度达到了世界最高水平，其图像信噪比超过了同类 CMOS、CCD，甚至 EMCCD。GSENSE400 具有仅 1.7 个电子的读出噪声，高于 30 V/（lx·s）的灵敏度，具有极高的信噪比和动态范围，可广泛用于高精度星敏感器，也可用于微光夜视、天文探测，或者其他需要高信噪比、高动态的科研领域。

目前，正基于 GSENSE400 开发其背照式器件，背照式 GSENSE400 将进一步提升其信噪比，拓宽感光谱段，使其能够用于天文或日盲谱段检测，同时背照式器件优秀的光电特性也会进一步拓宽其在已有领域中的应用。与正照式 GSENSE400 光电参数对比，背照式 GSENSE400 芯片灵敏度预计提升超过 30%，可以更有效地提高感光信噪比。

另外，TDI 图像传感器通过对曝光信号进行逐行累加，可以有效提高传感器成像信噪比。由于 TDI 图像传感器的成像原理与 CCD 电荷转移机理完全一致，因此，一直以来，TDI 图像传感器大多采用 CCD 工艺制造，使用交叠栅电极结构，使电极间隙小到信号电荷能够平滑地过渡，以克服电极间隙势垒对电荷转移效率的影响。但这种器件结构的制造需要增加介质制造工艺步骤，制造复杂，与标准工艺不兼容，因此，在 TDI-CCD 图像传感器上无法集成其他处理电路，其通用性与灵活性差。

随着 CMOS 技术的不断进步，TDI-CMOS 图像传感器已在成像质量、功耗、抗辐照能力和片上功能方面达到或超过 TDI-CCD 图像传感器，并将逐步替代 TDI-CCD 图像传感器成为航天航空应用的主流图像传感技术。然而，虽然 TDI-CMOS 图像传感器具有很大优势，在传统的 TDI 图像传感器应用中仍有局限，具体原因表现在：与一般 CCD 直接进行电荷累加不同，TDI-CMOS 图像传感器通常将每个像素的电荷信号转换为电压或数字信号，然后进行累加。而在电压或数字域进行信号累加时，相应噪声增加，同样累加 M 级，TDI-CCD 微光信噪比直接提升 M 倍，而 TDI-CMOS 图像传感器微光信噪比仅提升 $\sqrt{M}$ 倍。

1.1.3　多模态传感器

目前，国内外的研究单位和生产厂商相继研发出了新的图像传感器产品。我国极大的需求和技术水平也增加了我国发展新型图像传感器的紧迫性。特别是，面对我国航天遥感对图像传感器的迫切需求，急需发展一种具有高分辨率、高信噪比、能够实现如运动地物检测等多种功能的新型 CCD 或 CMOS。

推扫式遥感相机与地面景物之间存在较大的相对速度，使用普通面阵图像传感器拍照会出现拖尾、混叠、模糊和信噪比低的现象，为解决此问题，遥感相机多采用 TDI-CCD 作为图像传感器。TDI-CCD 利用电荷行转移、多级积分等方式匹配星地间的相对速度并提高成像信噪比，所以 TDI 技术是解决空间光学相机推扫成像的理想方式。目前，高分辨率成像应用，尤其是在航天光学遥感领域，普遍采用 TDI 技术，国内如天绘一号、嫦娥一号、嫦娥二号、资源三号遥感相机，均采用 TDI-CCD 技术。国外如美国的 IKNOS、QuickBird、WorldView、GeoEye 等商业卫星，以及法国的 Pleiades 卫星也都采用 TDI-CCD。

然而，随着航天 TDI-CCD 相机的应用，其固有的不足逐渐被人们所认识，如 TDI-CCD 成像系统结构复杂、电源种类繁多、费功耗、体量大、焦平面热控难度高、级数不可连续调整、实时调焦困难，需要调偏流机构配合像移补偿，只可单向扫描拍照等缺点制约了 TDI-CCD 相机的应用与发展。TDI-CCD 相机的这些不足之处是由 TDI-CCD 本身固有特点所决定的，不更换 TDI-CCD 图像传感器很难克服这些不足。于是，与 CCD 同时期诞生的 CMOS 图像传感器进入了航天相机研究者的视野。

CMOS 图像传感器以系统集成度高、功耗小、供电电源种类少、外围处理电路规模小、系统重量轻、使用灵活等优势在近些年逐渐受到研究领域的关注，成为研究热点。尤其是随着 CMOS 图像传感器制造工艺的进步，其成像质量与 CCD 不相上下，从而推动 CMOS 图像传感器迅速应用于数码相机、手机、平板电脑等成像设备中，随着 CMOS 应用的不断拓展和其生产工艺水平的进步，CMOS 有取代 CCD 成为未来主流图像传感器的趋势。

在航天应用方面，目前 CMOS 图像传感器已经应用于星敏感器、空间可视监控系统、可视遥感星跟踪器系统、飞船监视器、火星探测器和天体跟踪器中，在空间光学领域展现出了广阔的应用前景。然而 CMOS 图像传感器在推扫式遥感相机方面的应用还存在某些技术困难，这是因为 CMOS 图像传感器多为面阵结构，难以如 CCD 一样在其内部实现 TDI 功能，所以目前主流遥感相机仍以 TDI-CCD 构架为主。从 CMOS 图像传感器的特点可以看出，CMOS 更适合空间应用，而且恰好可以克服 CCD 成像系统的诸多不足。

MS-CMOS 是本书提出的一种传感器设计模式。该模式可以有效提升卫星图像的空间分辨率，具有自适应暗弱信息获取、运动地物检测等拓展应用功能，并在其他硬件条件不变的情况下，可以使卫星载荷具备小型化、轻型化、工程实现容易等优点。

在 MS-CMOS 的结构设计中，区别于传统的单线阵 CMOS 和面阵 CMOS，该元器件由单线阵 CMOS 构成类似面阵 CMOS 结构，输出以单线阵 CMOS 为单位，通道独立。其原理如图 1.3 所示。

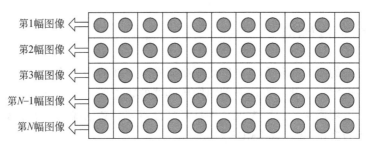

图 1.3　MS-CMOS 结构设计原理示意图

在对 MS-CMOS 的采样模式设计中，将 MS-CMOS 旋转后单像元错位排列，形成新的 MS-CMOS 应用模式，通过合理设置采样频率，可同时生成不同模式的序列图像，经图像重构、数字 TDI 和运动信息检测等处理，对生成的序列图像进行像元解混合能量积分，在保持高信噪比的同时，实现图像分辨率的提高，以及运动目标检测等拓展应用。

MS-CMOS 区别于传统的面阵 CMOS，是由多条单线阵 CMOS 组合增加列数组成，其结构组成与面阵 CMOS 相似，采样频率与单线阵 CMOS 相同，每条 CMOS 在采样时单独生成一副数字图像，则单次成像分别要生成 N 幅序列图像。

MS-CMOS 成像模式可用如下函数表示。

$IM = F(N, M, \alpha, T, t_i)$

IM：MS-CMOS 成像模式；

N：CMOS 列数（纵向）；

M：CMOS 单行像元数（横向）；

α：CMOS 旋转角度；

T：采样时刻；

t_i：积分时间。

1）当 $N=1$ 时，MS-CMOS 模式可实现线阵 CMOS 功能；

2）当 $T_1 = T_2 = \cdots = T_N$ 时，MS-CMOS 可实现面阵 CMOS 功能；

3）当 $t_i = 0$ 时，通过能量延时积分（数字 TDI 处理），可实现 TDI 功能。

MS-CMOS 区别于传统 CMOS 的最大特点在于可生成多幅序列图像，通过设置 MS-CMOS 成像方式，可实现多种应用。采样模式如图 1.4 所示。

将 MS-CMOS 倾斜，假设由 m 个 n 行的 MS-CMOS 倾斜构成成像 CMOS 阵列，则倾斜角度为 $\tan^{-1}\left(\frac{1}{n}\right)$，其中采样步长可设为原来步长的 $\sqrt{1+\left(\frac{1}{n}\right)^2}$，采样频率与原来相比有所降低，可确保成像的曝光积分时间。每采样一次，后排的 CMOS 像元会在 X 轴或 Y 轴

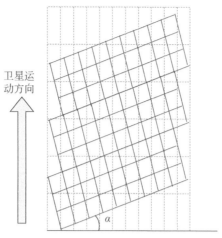

卫星运动方向

α

图 1.4　MS-CMOS 采样模式设计 1

（不包括 $\alpha = 45°$）上与上排对应成像区域形成稳定的 $1/n$ 像元的混叠错位，利用 MS-CMOS 的 n 排像元生成的 n 张错位图像，可通过边界条件或目标函数进行解混求解，进而提升成像分辨率。$n+1$ 次采样后，下一个 CMOS 对同一区域基本实现相同的成像，对周期信号实现配准积分可实现信号能量的增强（数字 TDI），生成高信噪比的图像，上述两个功能可以在卫星上通过图像重建等技术实现，最终生成一幅高分辨率及高信噪比的图像；在运动目标检测方面，可利用生成的均匀错位序列图像，通过分析序列图像对运动目标的表达效果，综合实现对目标运动信息的检测。并通过平滑插值的方法提高运动信息检测的精度。

　　在分辨率提升方面，根据 MS-CMOS 倾斜角度的不同，采样频率和解混方法会有不同。如上式所示，当倾斜角度等于 45°时，$n=1$，生成的序列图像数量为 1 张，采样步长为 $\sqrt{2}$ 倍的原有步长，基本没有提升分辨率，因此，需要将采样频率提高一倍，通过解混可获得更高的分辨率。当倾斜角度不等于 45°时，则可根据生成的序列图像实现对 X 轴或 Y 轴的分辨率提升，但提升单方向的分辨率不利于图像重建，因此，本书中需要对方位相和距离向双方向的分辨率提升进行方法研究。因此，本书通过提升采样频率及倾斜一定的角度实现对图像双方向分辨率的提升。如图 1.5 所示，与图 1.4 的排列方式要求相同，但使用另一种采样方式，可获得在距离向和方位向提升相同分辨率的通用公式。假设由 m 个 n 排的 MS-CMOS 倾斜构成成像 CMOS 阵列，则倾斜角度为 $\tan^{-1}\left(\dfrac{1}{n}\right)$，其中采样步长可设为原来步长的 $\dfrac{1}{\sqrt{1+n^2}}$，即采样频率为原来的 $\sqrt{1+n^2}$ 倍，则采样 $1+n^2$ 次为一个 $\sqrt{1+n^2}$ 周期，在每个周期间进行能量积分。分辨率在方位相和距离向分别提升为原来的 $\sqrt{1+n^2}$ 倍。例如，当 $n=1,2,3,4,5,6\cdots$时，分辨率可提升为原来的 $\sqrt{2}$ 倍、$\sqrt{5}$ 倍、$\sqrt{10}$ 倍、$\sqrt{17}$ 倍、$\sqrt{26}$ 倍、$\sqrt{37}$ 倍等。

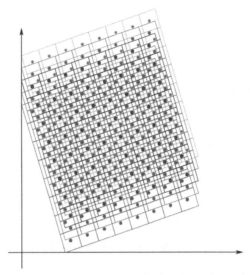

图 1.5　MS-CMOS 采样模式设计 2

在采样频率受星上条件制约的条件下，也可依靠增加级数来代替采样频率的提高，实现同样的分辨率提升。此时，步长变为倾斜模式高频采样步长 $\dfrac{1}{\sqrt{1+n^2}}$ 的整数倍，但要求采样次数在到达 $1+n^2$ 次前未进入周期循环，如采样步长取原来步长的 $\dfrac{n}{\sqrt{1+n^2}}$，要实现分辨率提升，至少需要 n^2 行 CMOS 级数，与原来的 n 级相比提高到了 n 倍。

1.2　多模态传感器基元程控成像技术

传感器：一种检测装置，能感受到被测量的信息，并能将感受到的信息按一定规律转换成电信号或其他需要的形式输出，以满足信息传输、处理、存储、显示、记录、控制的需求。这里的传感器指光敏传感器 CCD 或 CMOS。

基元：生物学上指天然的基本结构单位，这里指光学传感器 CCD 或 CMOS 的最小基本结构单位，一个 CCD 或 CMOS 感光单元或一个单线阵单元。

程控：程序控制的简称，即通过事先编制的固定程序实现的自动控制。利用单片机、PLC，或其他嵌入式系统，用计算机按照预先编制好的程序来控制。程控技术多用于电话交换机、工业自动化生产设备、军用设备和机器人等领域，极大地提高了设备自动化程度。这里指可以按照预先设定的程序控制感光器件 CCD 或 CMOS 的最小感光单元或阵列。

传感器基元程控：传统的传感器 CCD 或 CMOS 分为单线阵、TDI 和面阵，这也是通常应用中控制的最小单元，而基元程控可以进行更小单元的控制，如控制多线阵或面阵的每一条单线阵，包括控制同步或不同步采样。

传感器基元程控技术是将 CMOS 的能量获取方式由传统的固定方式改为灵活的程控方式，得到具有多模态的 MS-CMOS。通过适当角度的传感器阵列旋转，实现传统成像方法无法实现的特殊创新采样。在获取高分辨率、高信噪比的图像的同时，可以进行运动地物检测。

采用"传感器基元程控技术"设计的 MS-CMOS 突破了传统的采样控制模式，具备以下四大功能。

一是具备成像模式可变功能。可以设置为线阵模式或面阵模式，也可以设置为线面结合模式，根据用户需求，设置不同控制参数，成像模式灵活可变。

模式 1：成像阵列不倾斜的推扫模式，可实现数字 TDI 和运动地物检测功能。

模式 2：成像阵列倾斜的推扫模式，可实现超分辨率、数字 TDI 和运动地物检测功能，缺点是星上计算稍有复杂。

模式 3：视频凝视模式可实现视频功能。目前，国际上将视频星作为一种趋势，如 Skybox 和吉林一号已经实现，Urthecast 计划 2020 年部署 16 颗卫星，其中 8 颗光学卫星中就有视频星。

二是具备超分辨率功能。可以通过超分辨率图像重建处理，提高卫星图像的空间分辨率。

三是具备数字 TDI 功能。可以通过数字处理的方法，实现 TDI-CCD 的功能，提高信噪比，提高辐射分辨率，增强暗弱信号，并且通过自适应处理方法，避免了曝光不足或曝光过度的现象。

四是具备运动地物检测功能。突破了单幅全色图像不能进行运动地物检测的限制，而且与多谱段图像运动地物检测相比，运动地物检测能力提高了 100 多倍，检测精度大为提高，如行人的速度为 5km/h，探测精度可达到 20% 左右。

1.3 遥感图像超分辨率技术

目前，国内外超分辨率技术主要集中在两个方面：基于地面图像的超分辨率处理技术和星地结合超分辨率处理技术。

1.3.1 基于地面图像的超分辨率处理技术

基于地面图像的超分辨率处理技术起步较早。在 20 世纪 80 年代初期，Tsai（1984）和 Huang 首先提出了基于序列或多幅图像的超分辨率重建问题，并给出了基于频域逼近的图像重建方法，开创了超分辨率技术发展的新时代，随后大量的超分辨率重建算法被提出来。早期工作主要集中在频率域进行，但随着更一般的退化模型的考虑，当前的研究工作几乎都集中在空间域进行。Hunt 等不仅在理论上说明了超分辨率存在的可能性，而且提出和发展了许多有实用价值的方法，如直接插值方法、Landweber 迭代方法、Bayesian 分析法、凸集投影法和基于压缩感知的方法等。

Ur 和 Gross 在 1992 年提出了一种从多帧低分辨率图像得到超分辨率图像的基于图像域的非均匀插值的方法，其算法的流程大致可以分为：①利用已经得到的高精度影像配准，选其中一幅图像作为参考，并根据配准得到的运动参数将所有低分辨率图像投影到参考图像对应的高分辨率网格上，得到非均匀分布的空间采样图。②对所得到的非均匀分布的空间采样图进行内插，内插出所有整数格网点的像素值。③进行高分辨率图像的后处理，主要是去模糊和去噪处理，得到清晰的高分辨率影像。这种方法具有运算速度快的优势，不过应用的条件相对比较严格，如所有的低分辨率图像需具有同样的模糊模式和噪声水平。

Landweber 在 1951 年提出了一种现在被称为 Landweber 迭代的数值算法来求解线性反问题，后来其被广泛应用于各种图像复原问题，而这种方法也可以用于图像的超分辨率重构中。Landweber 迭代具有简单易行的优点，而且算法稳定，但是其收敛速度比较慢。近年来，对于图像恢复，包括图像超分辨率重构中如何加速 Landweber 迭代在国内外都有很多研究，如果选择合适步长（如选取非单调下降式的 B-B 步长），则理论上 Landweber 迭代次数可以减少到原来次数的根号阶，而在实际计算时这种快速收敛性也很容易被观察到。

压缩感知理论是由 Cades 和 Tao 在 2006 年提出的，并立刻在信号处理和图像处理领域中得到了广泛的应用。使用压缩感知理论来进行图像恢复（如图像超分辨率重构）的一个重要前提是，所求的图像在某种基底的表达下（一个常用的基底选择为小波框架）具有稀疏表达的特征，即除了极少部分基底对应的系数比较大以外，绝大部分基底所对应的系数都是零，或者非常小（近似为零）。当所求的图像具有稀疏表达的特性，而采样系统具有某种非线性相关的性质时，只要对所求的图像进行很少的采样就可以通过 L1 范数惩罚稀疏表达中的系数来精确恢复所求的图像。国内外关于如何构造采样系统，如何构造重建算法均有大量研究，并且可以从理论和具体算例中证明压缩感知理论在图像超分辨率重构中的有效性。

此外，国内外对于超分辨率图像恢复研究还有加利福尼亚大学 Milanfar 等提出的大量实用超分辨率图像恢复算法，2004 年推出了超分辨率图像恢复软件包，Chan 和 Wong（1998）从总变差正则方面，Zhao 等（2010）和 Nagy 等从数学方法、多帧图像的去卷积和彩色图像的超分辨率增强方面，对超分辨率图像恢复进行了研究。Chan 等（2010）研究了超分辨率图像恢复的预处理迭代算法，以及小波、紧框架、小框架等多分辨率分析工具在超分辨图像中的应用等。此外，Elad 和 Feuer（1997）对包含任意图像运动的超分辨率恢复，以及动态、彩色、多媒体的超分辨率恢复进行了研究；Rajan（2003）和 Wood 等分别从物理学和成像透镜散射的角度提出了新的超分辨率图像恢复方法；韩国 Pohang 理工大学对各向异性扩散用于超分辨率、Chung-Ang 图像科学和多媒体与电影学院在基于融合的自适应正则超分辨率方面分别进行了研究。

中国科学院高能物理研究所研究出了一种提高天文图像空间分辨率的方法，并在天文观察研究上得到了应用，取得了很好的效果，具有国际先进水平。通过实验，现有方法对提高卫星图像的空间分辨率效果并不明显。中国科学院遥感与数字地球研究所的郝鹏威从分辨率低的欠采样图像会导致相应频率域频谱混迭的理论出发，给出了多次欠采样图像在频率域混迭的一般公式，并给出了一种针对不同分辨率图像解频谱混迭的逐行迭代方法。同时进行了计算机仿真实验，证明了他的方法在有噪声的情况下也有很好的收敛性。北京理工大学的孙余顺、苏秉华等给出了一种随机微扫描亚像素运动估计的方法，采用最大后验概率法进行了图像的超分辨率复原，取得了较好的结果。北京大学、清华大学和哈尔滨工业大学也在这方面做了一定的研究工作。

1.3.2　星地结合超分辨率处理技术

　　星地结合超分辨率处理技术在工程中取得了相对广泛的应用。1991 年法国国家空间研究中心在 SPOT 系列研制的框架中，为了寻求一种增加全色波段空间采样率的经济方式，开展了一项为期 5 年的工程研究。这项研究从空间相机的光学质量、CCD 采样密度、星上数据存储、压缩和传输到图像地面预处理等方面，为增加 SPOT-5 的空间分辨率，采取了焦面 CCD 的排列方法的最佳模式，还建立了完整的数学模型；同时，还提出了 SPOT-5 超分辨率工作模式，提出了两个概念，一个是 SUPERMODE 采样的概念，另一个是 HIPERMODE 采样的概念，这两个概念的探测器排列方式是相同的，都是把焦平面上常规的一排线阵 CCD 采样变成两排 CCD 采样。两排 CCD 在探测器线阵方向错开 0.5 个像元，在卫星飞行方向错开 3.5 个像元。SUPERMODE 采样和 HIPERMODE 采样的唯一区别是，在 SUPERMODE 采样方式中，探测器在飞行方向上的时间采样频率不变，而在 HIPERMODE 采样方式中，探测器在飞行方向上的时间采样频率提高了一倍；德国航空航天中心研制的红外遥感器和徕卡公司研制的数字航空相机 ADS40 也采用了类似技术，并且提出了 StageRedArray 的概念。红外遥感器焦平面组件中的探测器模块是一个交错排列的 512×2 的双红外线阵列，双红外线阵列在线阵列方向上错开了 0.5 个像元，在垂直线阵列方向上错开了两个像元。ADS40 焦平面阵列由两个交错 12K 的 CCD 线阵列组成。其高分辨率全色影像从 4 个记录以 1/2GSD（ground sampling distance）计算得到，即每条记录从每个交错的 CCD 的两个位置得到，为此，在飞行方向上以 1/2GSD 的速率读出，从交错的 CCD 获得 1/2GSD 的偏移量，从而获得了差分图像，经过图像处理后空间相机的分辨率得以提高。

　　Aizawa 等提出了利用 CCD 移位成像，然后软件合成达到比单个 CCD 分辨率要高的目的，澳大利亚纽卡斯尔大学的 John Fryer 和 Kerry Mclntosh 用解析法证明了这个方法；Gillette，Stadtmiller 和 Hardie 提出了采用微扫描来减小由欠采样造成的折叠噪声。使用反射镜或者光束控制器来获得相互之间存在已知亚像元错位量的数字图像，可以在频域或者空间域下实现将这些数字图像合成一幅更高分辨率的单一图像。

　　在国内外研究中，关于星地联合的静止轨道卫星高分辨率成像机制相关研究没有报道。但静止轨道卫星面阵 CCD 相机的采样及数字图像处理技术与视频序列的处理机制相同。美国麻省理工学院媒体实验室（2008 年，Ankit Mohan 等）根据控制相机成像孔径得到 K 个图像序列，将图像序列合并，使各图像素交叠，以纠正场景成像焦点的偏移，之后通过解卷积去除因镜头、遮板和传感器造成的模糊，最后得到一幅高分辨率图像，运用已有的图像超分辨率技术，结合相机采样控制和数字图像处理方式，能够在星地联合的静止轨道卫星高分辨率成像技术上有所突破。

　　国内，北京遥感信息研究所、中国科学院西安光学精密机械研究所和苏州大学等研究机构和高校也在该技术领域做过比较深入的探讨和研究，取得了一系列研究成果，在国内外许多著名的期刊上发表了许多文章，为该项技术在国内的研究和发展奠定了一定的理论和工程基础。中国科学院西安光学精密机械研究所还根据国内实际情况提出和研究了一种适合空间遥感的"亚像元成像方法"。北京遥感信息研究所提出了可见光和红外传感器的双排单线阵"高模式"和"超模式"采样方法，并在此基础上提出了可见光传感器单线阵"斜模式"采样方法，可使分辨率提高至原分辨率的 1.4~2 倍。

中国科学院长春光学精密机械与物理研究所在两路 CCD 错位排列基础上提出了基于多帧差分图像的实现技术，推导了通过图像差分技术提高探测图像分辨率的倍数与至少所需 CCD 个数之间的一般规律，并进行了计算机仿真实验。为解决 CCD 像元尺寸错位拼接难度大的问题，中国科学院长春光学精密机械与物理研究所提出了采用不同像元尺寸的 CCD 对齐排列，这实质上也相当于错位排列，也可获得多帧差分的低分辨率图像，通过这种方法可以绕开精确控制 CCD 间错位量所面对的技术难题。

1.4　数字域 TDI 技术

对于光学遥感相机，一幅景物图像经过镜头、图像传感器和一系列处理电路，从光信号转换为光生电子，再从电子转换成电压信号，之后对模拟电压信号进行数字量化后，最终成为数字信号。在这个过程中，图像信号经历了 3 个"域"：电荷域、模拟域和数字域。TDI 是一个对图像信号进行时间延迟累加的过程。显然，TDI 过程需要在这 3 个域中的某一个域内进行。TDI-CCD 通过势垒和势阱的交替变化，实现光电荷的转移和累加，其 TDI 过程在电荷域内完成。但 CMOS 有效像元传感器（active pixel sensors，APS）内无法存储、转移光电荷，因此，一直没有类似 TDI-CCD 的电荷域 TDI-CMOS 器件问世。所以，CMOS 实现 TDI 的研究方向锁定在模拟域和数字域上。

国内外针对数字域 TDI 的研究报道较少，但不乏成功应用案例。2009 年 Glepage 分析了数字域 TDI 相对于模拟域 TDI 的巨大优势，并预言数字域 TDI 为未来的发展趋势。美国 Skybox Imaging 公司于 2013 年 11 月与 2014 年 7 月分别发射的 Skysat-1 与 Skysat-2 卫星采用低噪声、高帧频的 550 万像素商业 CMOS 传感器，利用数字域 TDI 成像方式解决了曝光时间过短带来的信噪比降低问题，卫星在轨通过面阵推帧模式获得大量的具有高重叠率的面阵图像，将图像传回地面后，通过地面处理，在序列图像配准的基础上，对相同目标点成像像素处理提升信噪比，实现类似 TDI 的成像效果，得到高质量的二维图像，同时充分利用获得的序列图像，通过超分辨率重建算法，使得图像分辨率由 1.1m 提升到 0.9m。

国内针对数字域 TDI 的研究同样不多。2013 年天津大学高岑提出为缓解单纯模拟域累加结构中由于累加器级数过大对图像处理单元造成的功耗和面积上的压力，采取基于混合域累加的读出结构，结合模拟域与数字域累加方式的优点，将像素阵列输出的信号在模拟累加器中先完成一部分累加，然后经过 ADC 量化后，再进行数字域累加读出，这种"半数字 TDI"方法的难点在于读出电路的控制时序相比于模拟域累加和数字域累加更复杂。2014 年天津大学朱昆分析了模拟域累加容易出现电压饱和的问题，研究了数字域累加读出电路的关键技术，对数字域累加方案中模数转换部分进行全新的设计研究和尝试，提出了基于时域模数转换器的数字累加方式。同年，该校聂凯明对数字域累加型 CMOS-TDI 图像传感器的读出电路进行研究，提出了适合试验传感器架构的列并行 CYCLICADC，同时提出一种能够完成信号累加功能的片内集成数字域累加器，通过对电路模块进行投片验证，证明了其读出电路的有效性，并于 2015 年实现 128 级 CMOS-TDI 传感器的片上数字累加。天津大学对数字域 TDI 的研究主要针对芯片内部电路的设计，研究数字域 TDI 的另一主要团队——中国科学院上海技术物理研究所，主要在其红外和应用层面进行探索。2013 年中国科学院上海技术物理研究所谢宝蓉等以 320×256 CMOS 红外图像传感器为图像采集芯片，设计了基于数字域 TDI 技术的图像采集、传输和显示系统。2014 年该研究所杨育周利用自研的可见与红外面阵探测系统实现了数字域 TDI 模式，并分析了基于数字域 TDI 技术的面阵扫描信息获取方式提高系统信噪比、改善系统非均匀性的能力，发现 128 级数字域 TDI 可以将获取图像的非均匀性从 3.28% 改善到 0.66%，经 256 级数字域 TDI 处理后，系统的信噪比可从 44.27dB 提高到 67.00dB，并提出了基于数字域 TDI 技术的面阵扫描信息获取方式与步进凝视信息获取方式相结合的混合探测模式，通过两种信息获取方式的灵活切换来满足高灵敏度、大视场、高时间分辨率的探测需求。中国科学院长春光学精密机械与物理研究所星载一体化技术研究室对数字域 TDI 的研究相对较早，2010 年推导并优化了数字域 TDI 算法结构，并首次推导建立了数字域 TDI 信噪比模型，分析了探测系统的分辨力、行转移时间与面阵传感器帧频的关系，之后基于卷帘快门 CMOS 图像传感器，利用现场可编程门阵列实现了数字域 TDI 功能，并于 2015 年将其成功应用于吉林一号灵巧验证卫星，经在轨验证数字域 TDI 模式下获取的图像层次分明、细节丰富。

数字域 TDI 最关键的问题在于数字域远离链路源头，较模拟域叠加噪声较大，信噪比相对较小。但噪声抑制问题并非无法解决，通过探究数字域 TDI 信噪比特性，进而寻求有效的降噪方法，可以弥补数字域 TDI 长链路耦合噪声多的缺陷，这也是数字域 TDI 未来发展需要解决的关键问题。另外，CMOS 本身为面阵输出，具有面阵拍照和高清动态视频成像模式，多种成像模式协同工作改变遥感卫星传统、单一的拍照模式，极大地拓展了遥感相机的功能，这种多元成像模式极有可能成为未来航天遥感主流成像模式；而"数字域 TDI"算法摆脱了在 CMOS 传感器内部实现 TDI 的束缚，利用普通的面阵 CMOS 器件就可以实现多级连续可调的 TDI 功能，同时其连续多帧的成像模式又可为后续图像超分辨率分析、精准建模提供有力依据，这些优势为 CMOS 应用于遥感相机提供了一种崭新的思路，为未来航天相机向高集成、轻小型化、低功耗、高分辨率方向发展奠定了良好的基础。

1.5 可见光图像运动地物检测技术

运动目标速度检测主要依靠 SAR/GMTI 图像，但该技术复杂，实现难度大，我国的技术和经验及技术积累都比较欠缺，也因此尚未发射搭载了 SAR/GMTI 传感器的卫星。但我国的多模态卫星已经在轨运行，随着技术的发展，多模态的性能水平也不断提升，光学图像的运动地物检测也已成为可能，为运动地物检测与识别提供了更加丰富的途径。

目前，光学传感器运动地物检测技术研究以视频运动地物检测为主，利用星载多模态图像进行运动地物检测的文章鲜有涉及。本书重点介绍目前主要的视频运动地物检测技术。

运动目标的特征提取是运动地物检测的关键环节，包括运动背景提取和运动目标特征提取。本书重点介绍运动目标特征提取方法，运动目标特征主要包括区域、方向、形态特征等。范伊红等提出了一种基于高速运动地物的检测方法，该方法主要利用运动目标的时空相关性，利用图像块和 HVS 差值相结合的方法来实现运动目标的快速检测。该方法精度较高，但对目标与背景过于接近的情况并不适用，检测精度与参数设置相关性较大，普适性不强。刘长钦（2005）、高媛媛（2005）等分别利用人眼视觉模型提出了运动地物检测方法，其中刘长钦提出的方法主要基于二维模型，高媛媛（2005）提出的模型基于立体视觉模型。形态特征的研究起步于 20 世纪 70 年代，主要包括滤波器法、神经网络法、动态规划法、相关法等，这类方法的主要特点是效果较好，但运算比较复杂，影响了方法的应用和推广。

1. 背景去除法

背景去除法对图像帧与背景的特征变化进行分析，通过背景建模、前景检测等达到运动地物检测的目的。背景建模的方法研究比较广泛，主要包括中值滤波、线性预测等。郝维来等提出了一种背景去除的改进方法，该方法在进行背景去除之前，首先利用系数去噪的方法对视频进行预处理，并利用改进统计平均法获取背景的初值；Komprobst 等（1999）基于背景大概率出现的原理，提出了一种利用偏微分方程进行背景构建的方法；Elgammal 等（2002）提出了一种利用高斯内核估计像素点概率密度的方法。该类方法运算速度快，但鲁棒性不强，对复杂背景的运动地物检测效果不理想。

2. 帧间相差法

帧间相差法的主要原理是，认为背景不变，只有运动目标带来图像的变化。对两帧图像逐像素点做灰度差，如果两帧图像间的某一特定位置有变化发生，则其相应位置的灰度值将发生变化。检测还包括将记录在像素点位置的灰度变化值与预先设定的门限相比较。对于场景中灰度基本不变的情形，或有允许误差的场合，简单差分不但检测速度快，而且效果较好。但该方法每次只考虑一个像素点使此技术对噪声很敏感，因此，其对许多需要高精度检测的场合并不适用。为了克服简单差分对噪声敏感的问题，又有人提出考虑将图像帧分为一系列小窗，其中的元素是邻接的且形成矩形模式，然后对每个像素点做均值或中值运算，如果像素点的均值或中值的差异超过一个门限，则认为在此像素点有运动产生。

近年来的研究集中在对该方法的改进和优化上。例如，贺贵明等（2003）对帧间相差法进行了改进，提出了对称差分法，该方法通过对连续的少量图像进行对称差分和修正，可有效检测目标的运动范围和目标边缘。该方法是最简单，也是运算效率最高的方法，适用于背景噪声低、运动速度快的场合，但是对于多模态图像这类多帧响应不一致的图像来说，就会产生大量虚警。

3. 光流法

光流法的研究起步于 20 世纪 50 年代，Gibson 提出给图像中的每个点都赋予一个矢量，并构成运动场，并建立像素点与真实目标的映射关系，通过对矢量场的分析，实现运动地物检测。马鹏飞和杨金孝（2012）提出了一种利用光流法对粒子图像进行速度测量的方法，采用基于微分方程的 Lucsa-Kanade 方法对流场进行了瞬态测量；袁国武等（2013）针对光流法计算量大的问题，将差分法和光流法结合起来，只对图像中的部分点进行光流信息计算，以达到提高算法效率的目的。近年来关于光流法的研究有很多，并在航天、医学等领域取得了一定的应用。这类方法的缺点是运算复杂，鲁棒性较差，易被噪声影响。

4. 似然检测法

似然检测法是应用模式识别理论中的最大似然估计提出的一种较为精确的变化检测技术，它考虑图像中的像素区域，基于二阶统计值计算差量度，此差量度基于似然比，Yakimovsky 利用它来判定两相邻的检测区域是否具有相同的灰度分布。Jain，Militzer 和 Nagel 将此概念扩展到在图像序列中比较两相邻帧的相同范围的区域（而不是同一帧中的相邻区域）来检测运动元素。

5. 函数模型法

Hsu，Nagel 和 Rekers（1984）试图在给定的区域内将其灰度分布模型化来得到更精确的结果，他们通过比较灰度表面的模型来确定差量度。已经提出的表面模型有零阶、一阶和二阶。Hsu，Nagel 和 Rekers 证明了双二阶变量多项式在像素坐标系中模拟图像中一个区域的灰度变化具有如下精确性，即可以认为其他灰度级上的变化是由传感器和数字化装置的噪声引起的。在不变照度的条件下，此技术优于前面提到的任何一种方法，但它对照度变化相当敏感，因为照度变化在模型间引入固定偏差。

6. 图像灰度归一化法

图像灰度归一化法关注两帧图像的相应区域，且关于一帧，以如下方式归一化另一帧：两区域中的灰度分布具有相同的均值和方差，在归一化后可利用简单差分来检测变化。但实验证明，此技术不能很好地表示出帧间的差异。

7. 微分模型法

微分模型法对恒定照度的图像效果很好，这表明关注灰度表面模型，可以作为寻找对照度变化准确，而且不敏感的检测技术的出发点。此方法可以较有效地检测出帧间的变化部分，同时也给出相对较少的不变背景。

8. 直方图配准法

直方图配准法的特点是对图像进行划分，然后基于统计方法分别统计各部分的直方图，然后将两帧图像之间的直方图结果进行配准，直方图变化较大的区域即为运动目标。

9. 其他方法

除了上述经典方法以外，Kass 等（1987）提出了主动轮廓法，利用追踪目标边界的方法进行运动地物检测，该方法适用于动态背景的多地物检测；魏波（2000）等首先对运动场进行粗略估计，然后根据 Morkv 模型构造运动场的间断点分布模型，从而实现运动地物检测，这类方法的优点是运算速度快，便于星上实现，但精度不高；Osher 等基于时间变化曲线对帧间相差法进行改进，通过定义基于局部梯度、方差的速度函数，通过控制水平集求解的边界条件来实现运动地物检测，该方法鲁棒性较好，但运算量较大。

运动地物检测方法对比情况参见表 1.1。

表 1.1　运动地物检测方法对比表

方法	背景变化	先验知识	鲁棒性	运算效率	检测精度
背景去除法	小	多	较强	较低	较高
帧间相差法	小	多	一般	一般	较低
光流法	大	少	较弱	较高	较低
主动轮廓法	大	少	一般	较高	一般
似然检测法	小	少	较弱	较低	较高
函数模型法	小	少	较强	较低	较高
图像灰度归一化法	小	少	一般	较高	较低
微分模型法	大	少	较强	较低	较高
直方图配准法	大	少	较弱	较高	较低

综上所述，近年来运动地物检测技术在技术研究方面进展迅速，也取得了一定的成绩，但目前各类算法普遍的缺点是实用性不强，运算速度和精度很难兼顾。同时，上述方法均不适用于星载多模态图像的运动地物检测。星载多模态运动地物检测分为波段配准、地物检测、像元解混合速度测算 3 个步骤。其中的难点问题主要有 3 个：一是与时序图像相比，多模态图像谱段间的灰度响应不一致，传统的运动地物检测方法并不适用；二是多模态图像地物检测虚警率高，影响算法的实用价值；三是多模态图像帧间成像时间间隔极短，通常为毫秒量级，像元混叠非常严重。

利用星载多模态进行运动地物检测是一种新思路，该思路区别于传统运动地物检测方法的特点和难点比较鲜明，需要开展针对性的技术攻关，提升检测方法的精度和效率，提高该方法的实用性。

第 2 章 图像传感器原理

2.1 固态图像传感器的发展

  图像传感器是一种光电转换器件。相机系统的物镜把二维分布的物像投影在图像传感器的焦平面上,传感器感光区域把光信号映射为电信号,经过放大和同步处理,信号被输出到外部的存储介质,或通过显示器还原为二维光学图像。早期的图像传感器使用了分立的光电转换器件——光电摄像管。1933 年 V. K. 兹沃雷金把表面涂有铯的云母板放在真空管中,光学镜头将物像聚焦在板面,由于铯材料发生光电效应,云母板表面各点电阻率随光强发生改变,同时电子枪扫描板面产生相应的起伏电位,从而产生了与物像成比例变化的电荷图像,原理如图 2.1 所示。随着移像正析摄像管、光导摄像管、雪崩倍增摄像管等摄像管的相继发明,光电摄像管的性能得到了不断的提升。

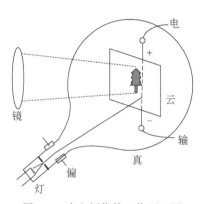

图 2.1　光电摄像管工作原理图

  由于扫描装置和成像靶面需要在真空管里工作,摄像管作为一种非固态的分离元件,其大的空间占用率、较高的功耗和工作电压及冷却系统限制了光电摄像管的应用。随着集成电路的发展,大量晶体管被集成在一块硅材料上,这启发了科学家利用硅材料的光电效应和集成工艺研发出新型固态图像传感器。1969 年贝尔实验室的威拉德·博伊尔和乔治·史密斯发明了 CCD。CCD 首次将光电二极管阵列集成在同一块硅材料上,并利用外部电场在分离的电极下形成耦合的导电沟道,最后电荷信号从导电沟道中有序地向外输出。

  固态图像传感器除了 CCD 以外,还包括 CMOS 图像传感器、CID 电荷注入器件、CPD 电荷引发器件,以及属于 CCD 范畴的 CSD 电荷扫描器件。其中 CMOS 图像传感器几乎与 CCD 在同一个时期提出,但限于早期的制作工艺,CMOS 的性能并不突出,噪声是影响 CMOS 图像传感器发展的最重要的问题。随着制作工艺的提升,尤其是 CCD 的先进技术被移植到 CMOS 图像传感器中,CMOS 图像传感器性能大幅度提升,同时凭借标准化的

CMOS 制作工艺，CMOS 有望彻底取代 CCD，成为下一代主流图像传感器。

2.2 图像传感器材料

固态图像传感器是基于半导体材料制造的光电器件。固体材料按照导电能力分为超导体、导体、半导体和绝缘体。由于材料制备技术的限制，早期普遍认为半导体是含有太多杂质的导体或绝缘体。由于普通金属的导电性与其原子外的自由电子密切相关，温度的增加会增强原子对电子的散射作用，这使金属电阻与温度呈正相关。但是 1833 年英国巴拉迪发现，硫化银材料的电阻随温度的升高而减小。硫化银反常现象预示这种材料的导电机理与传统金属有很大的不同。随着近代材料提纯技术的发展和能带理论的建立，半导体特有的性质为人熟知，并在工程中灵活应用。

能带理论认为晶体（导体、半导体和绝缘体中的晶体）是一种周期性重复晶格结构，而晶体的原子固定在晶格的格点处，原子的价电子则受到晶格的周期性势场和其他电子平均势场的作用。在这种势场作用下，原子外相同壳层电子能级互相耦合或不同壳层轨道杂化形成大量能量间距很近的能级，这些准连续的能级被称为能带。能带中包含大量电子存在的能级，其中被价电子全部填满的满带被称为价带，能带最高能级为价带顶 E_v。而存在大量空能级的能带为导带，能带的最低能级为导带底 E_v，能带之间不允许电子填充的能级被称为禁带，禁带宽度用 E_g 表示。图 2.2 显示出了金属、半导体和绝缘体材料的能带图。

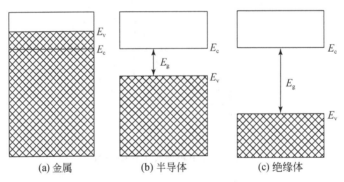

(a) 金属   (b) 半导体   (c) 绝缘体

图 2.2 不同材料的能带示意图

在室温下，金属的价带已经进入了导带，因此，导带中有大量的自由电子。绝缘体的价带顶和导带底距离较远，在室温下导带中几乎没有自由电子。半导体的禁带宽度介于两者之间，其在室温下表现出高阻状态，随着温度升高，价带电子容易热激发进入导带，由于自由电子的浓度增大，电阻随温度的升高而减小。除此之外，温度还影响带隙宽度、电子迁移率等参数。

半导体导电性能与其掺杂浓度相关。将不含杂质且无任何晶格缺陷的半导体称为本征半导体。单晶硅（Si）原子结构是典型的金刚石结构，如图 2.3 所示。最外层的 4 个价电子与相邻原子配对形成稳定的共价键，即最外层价电子填满了整个价带，在室温下，光子传递 1.12eV 的能量才能使价电子挣脱共价键的束缚，使其在整个晶体中自由运动。因此，在室温下本征 Si 的电阻率极高，但半导体可以通过掺杂杂质来改变自身的导电性能。半导体区别于金属的一个重要特征是，其含有两种不同导电类型的载流子。

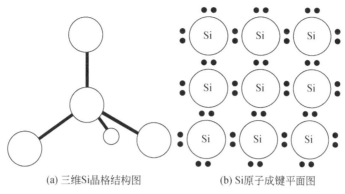

(a) 三维Si晶格结构图　　　　　　(b) Si原子成键平面图

图 2.3　单晶硅原子（Si）结构

在单晶 Si 中掺入替位式杂质，杂质首先取代晶格格点原子，与周围的 Si 原子进行化学键的匹配。如图 2.4 所示，当Ⅵ族的磷 P 取代硅原子时，其最外层 5 个价电子除了与硅形成共价键以外，多余的电子会在禁带中引入施主杂质能级，由于杂质能级距离导带更近，通过热激发杂质多余的电子便能进入导带中形成自由导电电子，将这种提供导电电子的杂质称为施主杂质。将含有大量施主杂质且载流子主要是电子的半导体称为 N 型半导体。

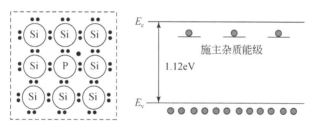

图 2.4　掺杂 P 的单晶 Si 的原子示意图和能级示意图

当Ⅲ族的硼（B）取代 Si 原子时，如图 2.5 所示，B 原子最外层只有 3 个价电子与 Si 原子形成共价键，而缺少成对电子的共价键也在禁带中引入受主能级，因为其距离价带更近，因此，价带中的电子通过热激发占据受主能级，并在价带中留下空的能态。价带中空的能态允许价带中的其他电子通过热激发占据，从而使价带电子形成电流。把这种空能态

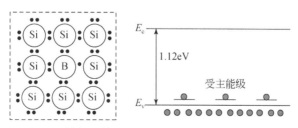

图 2.5　掺杂 B 单晶 Si 的原子示意图和能级示意图

等效为特殊的粒子——空穴，它是一种具有与电子相反性质的"准粒子"，而将这种提供导电空穴的杂质称为受主杂质。将掺有受主杂质且导电载流子主要是空穴的半导体称为 P 型半导体。

半导体中掺入少量杂质只能形成孤立的杂质能级，由于降低了载流子跃迁的"门槛"，从而极大地提高了半导体的导电性能。半导体电阻率主要受到禁带宽度的限制，而重掺杂的半导体杂质能级形成能带，其与导带或者价带相连而导致禁带宽度变窄，使半导体电阻率与某些金属处于同一个量级。当半导体中同时掺杂施主和受主杂质时，因为受主杂质在禁带中能级被施主杂质的电子所填充，所以导带和价带中的导电载流子仍然很少，半导体的电阻率依然很高，这种效应又被称为杂质补偿效应。

2.3　传感器工作原理

2.3.1　光电荷的产生

光作用于 Si 材料，如图 2.6 所示，只有能量大于或等于禁带宽度 E_g 的光子才能成功地将能量传递给价带电子，并将其激发到导带，形成光生载流子。

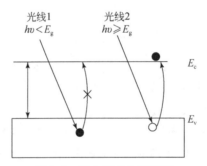

图 2.6　光电荷产生原理图

光子能量 E 表示为

$$E = h\nu = \frac{hc}{\lambda} \tag{2.1}$$

式中，E 的单位为 J；h 为普朗克常数，其值为 6.626×10^{-34} J·s；ν 为光子频率，单位为 Hz；c 为光速，其值为 2.998×10^8 m/s；λ 为波长，单位为 m。

Si 材料的禁带宽度为 1.12eV，由式（2.1）可知，Si 可探测到的最长波长为 1100nm，波长大于 1100nm 的光子没有足够的能量激发价带电子跃迁。工程中使用禁带宽度较小的材料探测波长更长的光子，如 Ge 的禁带宽度为 0.6eV，以其为基底制作的 CCD 光谱响应范围可延伸至 1600nm。

光入射材料会发生反射、折射和吸收现象。由于不同材料对光的吸收能力不同，吸收系数 α 和光强的关系如式（2.2）所示：

$$I_{(x)} = I_{(0)} \cdot \exp \ (-\alpha x) \tag{2.2}$$

式中，$I_{(x)}$ 为光入射到材料深度 x 时的光强；$I_{(0)}$ 为光在进入材料前的初始光强。Si 材料中光的吸收系数如图 2.7 所示。

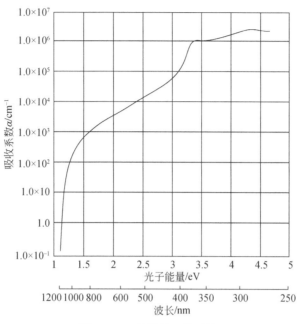

图 2.7　Si 材料的吸收系数

由式（2.2）和图 2.7 分析可知，虽然短波长的光子更容易激发价带电子，但也越容易被 Si 的表面或用于钝化 Si 表面的涂层吸收，这导致 Si 基光电探测器件探测到的光波长的范围为 400～1100nm。工程中通过在 Si 表面涂抗反射涂层来增大光的透过率。

2.3.2　光电荷的收集

光电荷除了通过浓度梯度扩散到其他地方以外，大部分光电荷倾向于重新跃迁回价带，工程中通常用 PN 结来收集和储存光电荷。工艺上使两种掺杂类型相反的半导体接触。界面处载流子浓度具有差异，所以 P 型半导体中的空穴流向 N 型半导体，而杂质原子实则受到晶格的束缚留在原位，并且在失去空穴后带负电。N 型半导体中的电子流向 P 型半导体，失去电子的杂质原子则带正电。将 PN 结中失去电荷而电离的杂质区域称为耗尽区，将非电离的半导体区域称为中性区。耗尽区中电离的杂质会在 PN 结内部产生一个自建电场 ε，其方向是从 N 区指向 P 区。电场的存在阻止了电子和空穴的扩散。扩散运动和漂移运动相互制约，最后 PN 结会达成一个稳态，从而使半导体不外输出电流，而短接的 PN 结两端也不产生电势差。

当光照射耗尽区时，因为耗尽区的杂质大部分电离，所以光子主要激发 Si 原子产生电子空穴对。如图 2.8 所示，在内建电场的作用下，电子会向 N 区漂移，空穴向 P 区漂移。

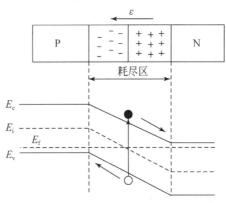

图 2.8　光电荷产生和收集示意图

随着光照的持续，这种光电子会在 N 区耗尽区边缘积累，同时光生空穴在 P 区积累。边缘这种非平衡态载流子的累积会在 PN 结两端产生电势差。当短接 PN 结两端时，载流子向中性区发生扩散运动，产生光电流，如图 2.9 所示。光照射中性区的 Si 也会产生光电荷，但由于缺乏自建电场的分离作用，除部分电荷通过扩散转移到其他地方以外，大部分光生载流子重新跃迁回价带与空穴复合。因此，如果停止光照，载流子会由于复合而逐渐消失。

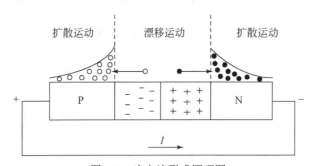

图 2.9　光电流形成原理图

空间耗尽层中因为缺少可自由移动的载流子而呈高阻状态，两侧电导率高的中性区可以看作是两个极板，其与耗尽层构成了势垒电容，光电荷储存在耗尽层的两侧。

工程中除了使掺杂类型相反的半导体接触形成 PN 结，还可以利用电场的作用形成 PN 结。图 2.10 中是一种由 P 型 Si、绝缘层和金属栅组成的 MIS（metal insulator silicon）结构。

金属栅和 P 型 Si 构成电容（暂时不考虑金属和半导体的势差），在无外加电场时，P 型 Si 的能带处于水平状态，Si 中的载流子均匀分布。当相对半导体在金属栅施加正向偏压时，如图 2.11 所示，在电场作用下，绝缘层下 Si 表面会感应镜像电荷，这部分电子是电场从周围的 P 型 Si 中夺取的，而失去电子的 P 型 Si 电离带正电，电子积聚的地方带负电，当继续增加电场的强度时，电子在本地的浓度超过原来 P 型 Si 中空穴的浓度，将这种现象称为反型，通过外加电场，半导体中形成了 PN 结。

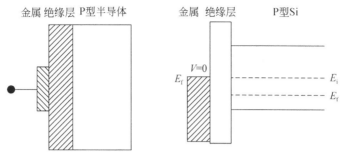

图 2.10 MIS 结构和能带示意图

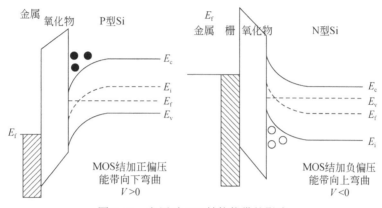

图 2.11 电压对 MIS 结构能带的影响

从栅到 N 型 Si 加反向偏压，如图 2.11 所示，在电场作用下，氧化层下的 Si 会感应相应的正电荷——空穴，电场对 Si 表面的电子排斥，并推向 N 型 Si 的深处。因为 Si 表面有大量的空穴累积，并远超 N 型 Si 的浓度，将这种现象称为反型，通过外加电场，半导体中形成了 PN 结。

工业中利用 MIS 结构制作的 PN 结来收集波长较短的光波。如图 2.12 所示，通过调节栅偏压，从而实现对氧化层下的耗尽层厚度的连续性调节。针对不同入射深度的光波，如

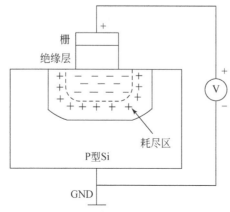

图 2.12 MIS 结构光电流形成原理图

长波段的红光具有较深的入射深度，需要较深的 PN 结来吸收，而短波段的蓝光入射深度较浅，其在 Si 表面就可能被吸收。因此，通过调节电压改变耗尽层的深度，来提高对特定光波的响应。

工程中 MIS 结构中的绝缘体一般采用 Si 氧化物，其可制作金属氧化物半导体场效晶体管（metal oxide semiconductor field effect transistor, MOSFET）。图 2.13 为由 CMOS 组成的反相器电路。由于 CMOS 电路中成对出现 MOS 管（N-MOS 和 P-MOS）组成的电路，要么 P-MOS 导通，要么 N-MOS 导通，要么都截止，比三极管（BJT）效率要高得多，而且功耗更低。

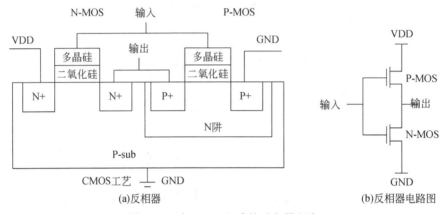

(a)反相器　　　　　　　　　　　　　　(b)反相器电路图

图 2.13　由 CMOS 组成的反向器电路

2.3.3　电荷转移及检测

图像传感器像素分布在一个二维的平面空间内，像素产生的二维分布的光信号需要通过特殊的方式读出，把信号的读出方式称为扫描模式。图像传感器的像素和输出端被集成在一个晶圆的表面上，每个像素单元都包含能够发生光电转换的单元，为了保证生成的光电荷高效、无损地从输出端输出，需要在像素和输出端形成导电通路。半导体中电荷的输运方式主要有：①利用电场对电子的作用产生漂移运动；②通过电荷积累形成浓度差，产生扩散运动。

CCD 利用 MOS 结构在 Si 表面形成导电通道。首先，通过工艺掺杂在 Si 表面形成势能台阶。其次，在工作时，利用时钟脉冲形成耦合前后的势能台阶，同时利用栅偏压保证在光电荷传导方向的势能始终低于前级势能，从而完成信号的存储和定向转移。因此，信号必须按栅和时钟脉冲形成的势能梯度转移。CCD 的扫描模式有帧转移、全帧转移、行间转移等。图 2.14（a）中的 CCD 信号需要同时进行转移，而 CMOS 图像传感器则采用了读出较为灵活的 X—Y 地址转移，如图 2.14（b）所示。

在 X—Y 地址转移中，每个像素对应自己的驱动和输出总线，因此，像素的操作变得更加灵活，它可以实现 CMOS 图像传感器局部开窗功能。

PN 结光电荷数量少，不能作为后级电路的驱动电流，因此，需要将像素收集的光电荷进行储存和放大，称为信号探测，如图 2.15 所示。

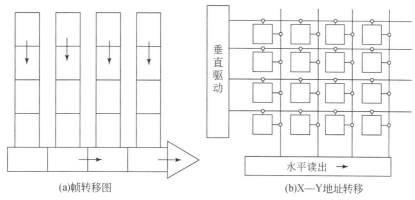

(a)帧转移图　　　　　　　　　　(b)X—Y地址转移

图 2.14　光电传感器信号转移

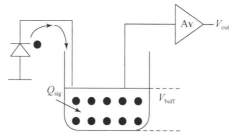

图 2.15　光电荷信号的探测

对于光电二极管收集到的电荷 Q_{sig}，先将其输送到一个电压缓存 V_{buffer} 中。然后通过放大器将缓存的电荷量经过特殊放大后输出电压值 V_{out}，其放大的能力与缓存的电容 C_{buffer} 有关。

$$V_{buffer} = Q_{sig} / C_{butter}$$

$$V_{out} = Av \cdot V_{buffer}$$

式中，Av 为放大器的放大倍数。

2.4　传感器的噪声

图像噪声是一些影响人们对原始物体信息正确接收的因素，可能来源于相机的光学或电学系统，而后期图像信息加工中也会引入噪声。图像传感器负责把光学信号转换为电学信号，像素对光学信号响应的不一致性，或信号处理电路中引入的噪声都会退化成像的质量。同时，噪声也是图像传感器所能分辨的最小信号，因此，它也决定了传感器的灵敏度。图像传感器噪声成分如图 2.16 所示。

光学系统将物像聚焦在位于焦平面的传感器上，阵列中的像素对光信号的转换能力需要保持一致，才能将光学图像正确地映射为电学图像。制造工艺中存在误差，如像素尺寸或列 ADC 放大失配，像素间光响应的不一致性导致电学图像的各像素点信号与原始物像不成比例，从而使图像失真。这种失真始终存在于这个空间内，其不随时间发生变化，因此其被称为固定图像噪声。对同一物体连续拍照，随机噪声出现，导致同一像素点的信号

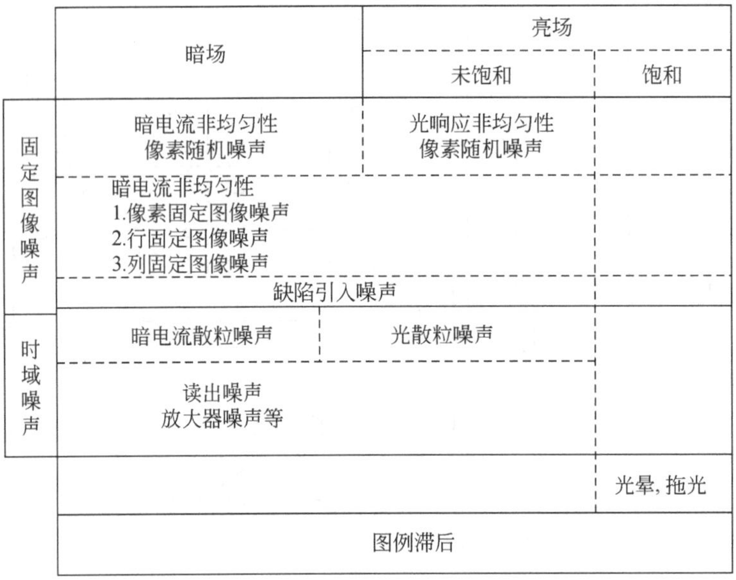

	暗场	亮场	
		未饱和	饱和
固定图像噪声	暗电流非均匀性 像素随机噪声	光响应非均匀性 像素随机噪声	
固定图像噪声	暗电流非均匀性 1. 像素固定图像噪声 2. 行固定图像噪声 3. 列固定图像噪声		
固定图像噪声	缺陷引入噪声		
时域噪声	暗电流散粒噪声	光散粒噪声	
时域噪声	读出噪声 放大器噪声等		
			光晕, 拖光
图例滞后			

图 2.16　传感器的噪声组成

发生波动，因为它们随时会变化，所以又被称为时域噪声。固定图像噪声在暗场和亮场中都始终存在，而时域噪声存在于连续拍摄的图片中。

2.4.1　固定图像噪声

暗场下，固定图像噪声是像素点输出信号的偏差，被称为暗信号非均匀性。在光照条件下，它代表像素阵列的光响应非均匀性。当固定图像噪声与曝光时间成比例时，它表征了增益的变化，或者像素灵敏度的非一致性。CCD 中最基本的固定图像噪声为暗信号非均匀性，可以在高温或者长时间的曝光中观测到这种现象。如果像素阵列中的像素产生的暗信号不一致，采用双采样（correlated double sample，CDS）技术并不能消除该噪声。CMOS 图像传感器固定图像噪声主要来源于暗电流非均匀性和像素中有源晶体管性能的差异。

CCD 暗信号是指在无光条件下器件正常工作时像素输出的信号，它与制造和设计工艺密切相关。用电流表征时称其为暗电流。暗电流的成分包括表面暗电流 I_{sur}、热产生暗电流 I_{DEP} 和扩散暗电流 I_{DIF}，其产生的机理如图 2.17 所示。

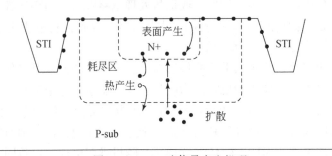

图 2.17　CCD 暗信号产生机理

1. 耗尽区热产生暗电流

本征 Si 半导体中不含任何杂质缺陷, 电子至少从晶格获得 1.12eV 才可以由价带 E_c 激发到导带 E_v。由于制造过程中不可避免地会在 Si 中产生缺陷, 可能在 Si 禁带中央引入缺陷能级 E_t, 缺陷能级上的电子可以获得低于禁带宽度的能量跃迁到导带, 并在原位留下一个空的能态, 同时价带中的电子也可以跃迁到杂质能级的空态中, 即表现为图 2.18 (b) 所示的空穴跃迁到价带。对于重掺杂半导体, 杂质能级还可以促进隧穿效应, 如图 2.18 (c) 所示。

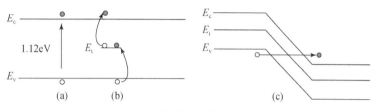

图 2.18　缺陷能级协助产生暗电流

根据 Schockley-Read-Hall 理论, 耗尽层中杂质的电子空穴的产生率 G 为

$$G = \frac{\sigma_n \sigma_p v_{th} N_t}{\sigma_n \exp\left(\dfrac{E_t - E_i}{KT}\right) + \sigma_p \exp\left(\dfrac{E_i - E_t}{KT}\right)} \cdot n_i$$

式中, σ_n 为电子的俘获截面; σ_p 为空穴的俘获截面; v_{th} 为电子平均热运动速率; N_t 为产生中心的浓度; E_t 为产生中心的能级; E_i 为本征费米能级; K 为玻尔兹曼常数; T 为绝对温度。

当 $\sigma_n = \sigma_p = \sigma_0$ 时, 公式可简化为

$$G = \frac{\sigma_0 v_{th} N_t}{2\cosh\left(\dfrac{E_t - E_i}{KT}\right)} \cdot n_i = \frac{n_i}{t_g}$$

其中, 产生时间定义为

$$t_g = \frac{2\cosh\left(\dfrac{E_t - E_i}{KT}\right)}{\sigma_0 v_{th} N_t}$$

缺陷的产生作用与能级差呈指数变化关系, 能级越接近禁带中央, 缺陷的产生作用越明显, 当 $E_i = E_t$ 时, 缺陷的产生率达最大值。因此, 整个耗尽层的产生电流 J_{gen} 为

$$J_{gen} = \int_0^w qG \mathrm{d}x \approx qGW = \frac{q n_i W}{t_g}$$

式中, W 为耗尽层宽度; n_i 为本征载流子浓度。

除本征掺杂以外, 工艺中的耗尽层被重金属污染, 或在制造或过程辐射环境中产生耗尽层晶格缺陷, 尤其是能级靠近禁带中央的产生中心对暗电流的贡献最强。

2. 中性区的扩散电流

在稳态下，中性区中不存在电场，P 型 Si 中分布着大量的导电空穴。中性区中产生的自由电子，尤其是靠近耗尽层的电子，通过扩散运动进入耗尽区，并被其中的电场加速漂移，进入 N 型半导体中，对暗电流有贡献，边界的电子浓度为 n_{po}，根据电流的连续性方程：

$$\frac{d^2 n_p}{d x^2} - \frac{n_p(x) - n_{p0}(0)}{D_n t_n} = 0$$

$$J_{diff} = \frac{q D_n n_{p0}}{L_n} = q \sqrt{\frac{D_n}{t_n}} \cdot \frac{n_i^2}{N_A}$$

式中，$n_p(x)$ 为 P 型半导体中位置为 x 的电子浓度；D_n 为电子的扩散系数；t_n 为电子的寿命；N_A 为受主杂质浓度；L_n 为电子的扩散长度。

3. 表面产生电流

由于 Si 表面的存在及电学区域的隔离，晶格的周期性结构被破坏，Si 的交界面出现了悬挂的价电子，这些失配的共价键可以俘获电子起受主作用，也可以将价电子释放起施主作用，将这种能态称为界面态，界面态的作用主要与其在能带中的能级有关，靠近导带中的陷阱能级称为受主陷阱能级，靠近价带的陷阱能级称为施主陷阱能级。表面产生的电流表示为

$$J_{surf} = \frac{q S_0 n_i}{2}$$

式中，q 为电子电荷；S_0 为界面态的产生速率，其与界面态的能级和俘获截面有关；n_i 为本征费米能级。

4. 暗电流与温度的关系

基于上述讨论，总的暗电流 J_{dark}：

$$J_{dark} = \frac{q n_i W}{t_g} + q \sqrt{\frac{D_n}{t_n}} \cdot \frac{n_i^2}{N_A} + \frac{q S_0 n_i}{2} \left(\frac{A}{cm^2}\right)$$

耗尽层、中性区和表面贡献的暗电流与本征载流子的浓度有关。因此，暗电流对温度的依赖性可以表示为

$$I_{dark} = A \cdot T^{\frac{3}{2}} \cdot \exp\left(\frac{-E_g}{2KT}\right) + B^3 \cdot T^3 \cdot \exp\left(\frac{-E_g}{KT}\right)$$

式中，A、B 为相关系数。暗电流对温度的依赖性如图 2.19 所示。

除了光电二极管以外，对信号放大和开关作用的晶体管也会贡献暗电流。工艺上采用在表面生成反型层的结构来压制表面暗电流。反型层的杂质电荷填充界面态，同时把势垒低点从表面处推向体 Si 深处，从而减少了界面态对载流子的散射作用。CCD 和 CMOS 的像素采用了 pined photodiode（钉扎型光电二极管）结构，同时采用埋沟道工艺提高了电荷转移效率，同时也降低了噪声。

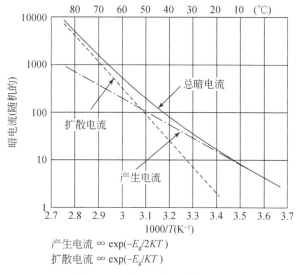

产生电流 $\infty \exp(-E_{\mathrm{g}}/2KT)$

扩散电流 $\infty \exp(-E_{\mathrm{g}}/KT)$

图 2.19　暗电流与温度的关系

2.4.2　时域噪声

时域噪声是一种随时间变化的信号。当信号幅值随其均值上下波动，其任意时间均值为一个常数时，其方差 σ 可被定义为

$$\sigma = \langle (N - \langle N \rangle)^2 \rangle = \langle N^2 \rangle - \langle N \rangle^2$$

$\langle\ \rangle$ 代表一组样品在某时刻的统计平均值，当多个不相干的噪声源 n_i 叠加时，总的噪声 $\langle n_{\mathrm{total}}^2 \rangle$ 被定义为

$$\langle n_{\mathrm{total}}^2 \rangle = \left\langle \sum_{i=1}^{N} n_i^2 \right\rangle$$

根据中心极限定律，当大量噪声源叠加时，其总的噪声分布会近似收敛成高斯分布：

$$p(x) = \frac{1}{\sqrt{2\pi}\sigma} \exp\left[-\frac{(x-\mu)^2}{2\sigma^2} \right]$$

式中，x 为噪声；σ 为平均时域噪声；μ 为高斯分布的均值。

1. 热噪声

电阻里的电子被热激发而产生热噪声，它于 1928 年首次被 J. B. Johnson 发现，同年 Nyquisit 推导其电压的数学表达式：

$$Sv(f) = 4KTR \quad (\mathrm{V}^2/\mathrm{Hz})$$

式中，K 为玻尔兹曼常数；T 为绝对温度；R 为电阻。

2. 散粒噪声

电流流过势能区时会产生散粒噪声，在真空管、二极管和三极管中都可观测到这种现象。在固态图像传感器中，散粒噪声与入射光子和暗电流有关。噪声的统计发现，散粒噪声呈现泊松分布：

$$P_N = \frac{(\langle N \rangle)^N \times e^{-\langle N \rangle}}{N!}$$

式中，N 和 $\langle N \rangle$ 分别为粒子数和其平均值。其散粒噪声和功率谱密度是一个定值。这种噪声又称为白噪声。

3. $1/f$ 噪声

$1/f$ 噪声的功率谱密度与 $1/f$ 成比例。1955 年 McWhorter 首先测量了 $1/f$ 噪声的功率谱，并认为这些噪声主要与 Si-SiO$_2$ 界面的陷阱有关，这些陷阱可以随机地俘获或发射信号电荷。工作在低频时，CCD 和 CMOS 图像传感器输出放大器的主要噪声来源于 $1/f$ 噪声。工程中通过极短时间间隔的两次采样来消除这种噪声，这种技术称为相关双采样（correlate double sample，CDS）。

2.5 光电转换能力

1. 填充因子（fill factor，FF）

填充因子用来表征像素有效感光区域在像素面积中所占的比例。在图像传感器制作中，电极引线需要从芯片表面引出，光投射到像素表面首先受到互联线的反射，只有部分光线可以通过金属开口入射到 Si 中产生光电效应，FF 可以被表示为

$$FF = (A_{opening}/A_{pixel}) \cdot 100 \ (\%)$$

式中，A_{pixel} 为每个像素的面积；$A_{opening}$ 为光线能透过遮光层进入 Si 材料的面积。为了提升传感器的 FF，工艺中采用片上制作微透镜，光线在被金属反射之前汇聚，如图 2.20 所示。

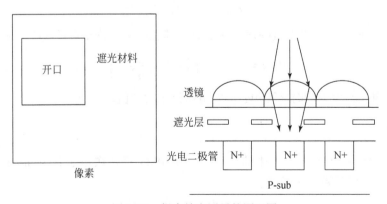

图 2.20　提高填充因子的原理图

2. 转换增益

每个光电荷能够转换的输出电压：

$$\text{C. G.} = q/C_{\text{FD}} \quad (\mu V/e^-)$$

上述量并不能直接测量，即光电荷需要输运到电压缓存 buffer 处被探测，通过测量放大器的输出电压随着入射的光通量变化的斜率得到：

$$\text{C. G.}_{\text{Amp}} = Av \cdot q/C_{\text{buffer}}$$

一般常用的探测结构为浮置扩散放大器（floating diffusion，FD），在 CCD 中，电荷通过转移寄存器输运到 FD 处放大，而有源像素 CMOS 传感器的每个像素内嵌一个 FD，因此，像素的光响应、灵敏度和随机噪声都与它共同涨落。

3. 量子效率

量子效率表征一个入射的光子在 Si 材料中转化为电子空穴对的数量。它与光波的频率、传感器材料和吸收系数有关：

$$\text{QE}(\lambda) = N_{\text{sig}}(\lambda)/N_{\text{ph}}(\lambda)$$

式中，$N_{\text{sig}}(\lambda)$ 为光电荷数；$N_{\text{ph}}(\lambda)$ 为入射光子数；λ 为入射光波长。

4. 光谱响应

光谱响应被定义为光电流与入射光强的比值：

$$R(\lambda) = \frac{I_{\text{ph}}}{P} = \frac{q\,N_{\text{sig}}(\lambda)}{E_{\text{ph}}\,N_{\text{ph}}(\lambda)} = \text{QE}(\lambda)\,\frac{q\lambda}{hc}$$

式中，I_{ph} 为光电流；P 为光输入功率；q 为单位电荷；E_{ph} 为光子能量；h 为普朗克常量；c 为光速。对于特定入射光线进入 Si 材料，QE 越高，传感器对光的反应也越灵敏，如图 2.21 所示。由于光在进入光电二极管之前就已经损失，包括光学系统和光电二极管上的 Si 材料的吸收和反射。通常在光学透镜和 Si 材料表面涂抗反射涂层，以降低入射光的损失。

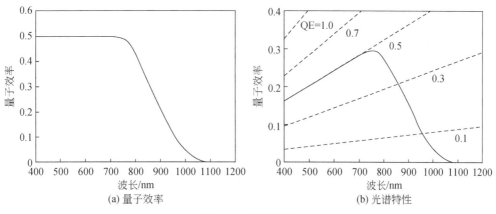

图 2.21　光灵敏度

5. 满阱容量

满阱容量表征光电二极管容纳电荷的能力。光电二极管工作模式如图 2.22 所示。

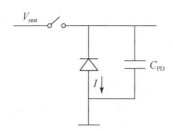

图 2.22　光电二极管工作电路图

光电二极管的电容 C_{PD} 有空间耗尽区，该区由一个势垒电容 C_{PD} 和两侧体 Si 的扩散电容构成，工作时先使光电二极管复位，清空其中的电荷后开始曝光，其产生的电荷会在耗尽区两侧积累，因此，光电二极管存储的电荷量 N_{sat}：

$$N_{sat} = \frac{1}{q} \int_{V_{rest}}^{V_{PD}} C_{PD} \cdot V_{PD} \cdot dV$$

式中，q 为单位电荷；V_{PD} 为光电二极管的最低电压；C_{PD} 为光电二极管的电容；V_{rest} 为复位电压。

6. 信噪比

信噪比是指在给定的信号下，信号和噪声的比例：

$$SNR = 20 \lg \frac{N_{sig}}{N_{noise}} \quad (dB)$$

式中，N_{sig} 为输入信号的电荷数；N_{noise} 为总的输入噪声，在低照度条件下，器件的暗电流在 SNR 中占主导，而在高光照条件下，光的散粒噪声占主导。

第3章 图像传感器制造工艺

图像传感器由极高纯度的单晶硅材料制作而成。自然界中存在大量无定形硅或含硅化合物，一般化学反应将含硅物质转化为易挥发的气体，如三氯氢硅，再用氢气将其还原为硅单质，从而提高硅的纯度。工业中反复重复这个过程才能满足超大规模集成电路对硅纯度的要求。集成电路芯片都是表面结构器件，因此，硅单质还需要重新生长为单晶硅，单晶硅被切割为工程中所需要的硅片。

3.1 单晶硅生长

在硅片制造工业中，单质硅在坩埚中加热到熔融态（1420℃），由于金属氧化物半导体（MOS）器件电源的电位由衬底（或称为背栅）引出，需要在熔硅中适当地掺杂降低硅的电阻。同时，考虑到在后序单晶硅的提拉过程中，硅的温度会发生很大变化，这导致硅对杂质的溶解能力有很大差异，从而导致硅锭中会有杂质析出，为了保证硅锭中掺杂的均匀性，硅锭掺杂浓度不会太高。

晶体作为一种稳定的结构存在于自然界中，根据能量最低原则，同质原子占据格点时，释放能量最大，而且形成的稳定的共价键最多，从而使格点原子的能量最低且最稳定。利用上述原理，工业中通过冷凝结晶驱动技术使单质硅长成具有重复晶格结构的单晶材料。图3.1为单晶硅生长的主要工艺，即将一小块籽晶伸入到坩埚中，并缓慢地旋转和提升，同时控制坩埚温度，使熔融态的硅接触到籽晶后冷却，并重复籽晶的晶格，熔硅具有高的表面张力，从而使硅棒长成圆柱形。硅柱的直径越大，对拉晶的速度和温度要求也越高，同时氧气和其他杂质混入的概率也越大。现代大多数模拟工艺都采用150mm或200mm尺寸的工艺，而先进的数字工艺可采用300mm工艺。

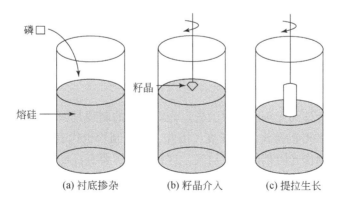

磷□　　　　　　　　　　　　　　籽晶

熔硅

(a) 衬底掺杂　　　　(b) 籽晶介入　　　　(c) 提拉生长

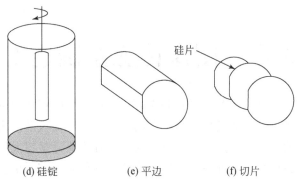

图 3.1　单晶硅生长的主要工艺

　　硅锭的头尾由于掺杂不均匀要被切除,然后硅柱还需要平边以确定晶向。确定晶向的硅柱先被特殊工具切割成一个个的薄片,此时硅片表面存在大量的物理损伤,以及切割时混入得到的杂质。首先通过物理上研磨抛光表面,此时硅表面的平整度还远达不到工业的要求,需要通过化学刻蚀进一步去除表面的缺陷,如采用硝酸、氟化氢混合溶液与硅发生化学反应:

$$3Si + 4HNO_3 + 18HF \longrightarrow 3H_2SiF_6 + 4NO + 8H_2O$$

最后通过机械化学联合打磨抛光后,就形成了具有镜面亮度的晶圆。

3.2　半导体制造工艺

　　晶圆只是层状的多晶硅,需要对其表面进行沉积,并刻除多余的材料,制作能实现电学功能的器件。工业上,以晶圆作为衬底,晶圆表面继续外延生长一层单晶硅,而电子元器件制作在外延层中。在制作电子元器件之前,外延层需要先生长一层均匀的薄氧化层,然后通过光刻将电路版图投影到氧化层上。通过氧化去除,除了使光刻胶所保护的氧化层被保留,其余氧化层全部被腐蚀。以氧化层作为阻挡,后序杂质只能注入不含氧化层的体硅中,从而实现选择性的杂质注入,最后通过金属互联把电极引出。其中涉及的关键技术如下。

3.2.1　光刻技术

　　光刻是将图形转移到光刻胶薄膜上去。光刻线宽的制程是衡量工艺线技术水平的关键指标。MOS 器件最关心的是沟道的长度,因此,光刻制程也代表着晶体管栅的最小长度。

　　光刻技术需要制作光阻挡的掩模衬底,这种材料需要有高的光学透性和低的热膨胀系数,一般选择石英玻璃、苏打玻璃、低膨胀玻璃或树脂。掩模板的结构如图 3.2 所示,由于铬膜的淀积和刻蚀相对容易,并且对光线完全不透明,工业中一般在衬底上镀一层铬膜,同时经过化学刻蚀在铬膜上形成需要投影的集成电路图形。为了减少光的反射和增强铬膜在衬底上的黏着力,一般在铬膜下溅射一层铬的氧化物或者氮化物。

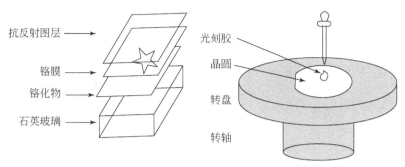

图 3.2　掩模板构成和光刻胶的涂覆原理

用于光刻的掩模制作结束以后，首先在晶圆上均匀地涂抹光刻胶，然后用特殊的照明系统对光刻胶进行曝光，如图 3.3 所示。

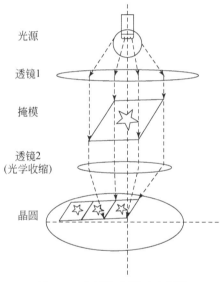

图 3.3　光刻技术原理示意图

光源发出的光线经过透镜 1 汇聚转化为平行光，平行光经过掩模向下投影电路版图，电路版图经过透镜 2 进行聚焦和光学收缩。光学收缩用以降低由掩模板边缘瑕疵或者灰尘玷污导致投影产生的瑕疵的影响。最后版图聚焦在晶圆上的光刻胶使其曝光，如此完成了一次曝光过程。

光刻胶经过曝光后会发生改性，如某些溶剂的溶解度发生很大的变异，因此，选择这种溶剂可作为光刻胶的"显影液"。曝光结束后对光刻胶进行显影，用腐蚀性的溶剂选择性溶解光刻胶，从而实现掩模图像转移到光刻胶图层。一般晶圆尺寸大于一次曝光的投影面积，通过步进电机对图像进行转移，实现在晶圆上的多次曝光，从而在一片晶圆上制作多个芯片，或制作大面阵芯片。工程中选择紫外光做光源，更先进的工艺中选择电子束，原理与此相同。

光刻可以在晶圆表面形成版图标识，后序工艺中需要通过这些标识对晶圆表面进行选择性的粒子注入、氧化生长和金属互连，通过多次光刻，从而实现了在硅表面制作三维器件。

3.2.2　氧化生长和去除

半导体掺杂后才能实现电学改性，工程上需要用掩蔽层做阻挡，实现只在掩蔽层开口的地方杂质能扩散或离子注入。显然光刻胶无法胜任这项任务，工业中选择氧化薄膜或氮化薄膜做高温掩蔽层。

最简单的氧化物生长方式是将晶圆放置在纯净的氧氛围中氧化。在这种制作方式下，氧化物生长十分缓慢，但生长的氧化物含有较少的杂质和缺陷，尤其是沿着硅特定晶向生长的氧化物薄层具有极低的硅/二氧化硅界面电荷，这是制作晶体管栅的理想氧化物。将氧气改为水蒸气，就可以实现湿氧生长，这种方式明显加快了氧化层的生长，但硅和水蒸气反应产生的氢原子会分布在二氧化硅和硅的界面，使集成电路抗辐射效应的能力降低。工艺中还可以在硅表面淀积氧化物，即将硅化合物溶液或气体喷涂到硅层表面，通过化学反应或者热分解产生硅的氧化物，或者氮化物。这种方式生成的绝缘层含有大量杂质和缺陷，其主要用于金属互连线之间的介质隔离。

氧化物刻蚀是集成电路最关键的步骤。一方面，氧化物作为图形转移和粒子注入的掩蔽层，其刻蚀的精度直接影响其他工艺的准确性；另一方面，栅氧化层的质量和形状直接影响器件的性能。常见工艺中选择氢氟酸溶液对氧化物进行选择性刻蚀，但液体刻蚀具有的各向同性导致刻蚀后氧化物的侧壁陡峭性差，刻蚀线宽的精度下降。如图 3.4 所示，更先进的工艺将惰性分子或者化合物电离后，加速轰击氧化物。其中，惰性气体粒子可以直接移除氧化层，但被轰击物质是非挥发性物质，容易造成二次污染，或者溅射到其他地方。工艺中利用等离子气体，其加速后与氧化层碰撞发生反应，生成易挥发的气体。通过上述两种方法的结合，现代工艺可以实现方向非等向性和高刻蚀选择比。

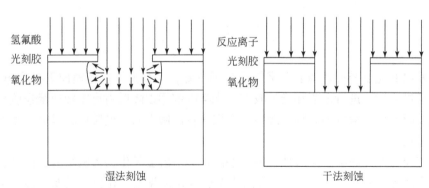

图 3.4　湿法刻蚀和干法刻蚀的结果

3.2.3　硅的生长和刻蚀

制作埋层或与衬底掺杂相反的硅时，硅表面都需要继续生长硅薄膜。根据晶体的生长原理，起始材料的特性决定了最终薄膜是单晶或者多晶。MOS 工艺中硅的生长包括两种：①在晶体衬底上生长出相同晶格的单晶硅层——外延层；②在氧化物或氮化物上生长由晶粒组成的多晶硅。

半导体器件包括 N 型和 P 型，但单一的衬底的掺杂浓度（一般以电阻率表示）及厚度并不能满足制作集成电路的要求，因此，硅衬底上需要生长一层与它具有相同晶格取向的硅层。而外延生长是利用硅的化合物和氢气的还原反应使衬底生长硅。例如，早期的化学气相沉积法利用二氯氢硅与氢气在硅表面缓慢生成单晶硅，同时气体中混入磷化氢或者乙硼烷可以实现同步掺杂。相比于硅锭的制造，外延层制备的硅单晶缺陷和杂质极少，同时可以堆叠生长，但外延层硅生长速度缓慢，而且设备比较昂贵，这限制了它的大规模生产。

多晶硅是由大量的晶粒组成的粒状结构。虽然晶粒是单晶硅，但晶粒之间的空隙为电流的传导提供了便利，从而使多晶硅的电阻显著下降。重掺杂的多晶硅的导电能力很强，其可代替金属铝制备电极，这为自对准工艺的实现提供了可能。另外，掺磷多晶硅可以固定离子的污染，使用多晶硅栅可以更好地控制 MOS 的阈值电压。

3.2.4　介质隔离

在硅的表面制作的各种电子器件，为防止彼此的电导通，需要对元器件做隔离。常用的方法有：①PN 结隔离。即利用 PN 结的整流特性，在器件之间制作 PN 结，并加反向电压。②氧化物隔离。如图 3.5 所示，常用的有浅槽隔离和局部氧化物隔离，其中，浅槽隔离即在衬底上刻蚀沟槽，并将沟槽的表面氧化，考虑到衬底表面横向应力的影响，需要在沟槽中添加多晶硅。

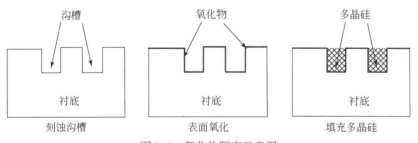

图 3.5　氧化物隔离示意图

局部氧化物隔离是在局部区域生长非常厚的氧化物。为了厚氧化物的快速生长，一般采用湿氧生长方式，因此，这种厚氧化物的质量较差。工艺上采用氮化硅层做生长氧化物的掩蔽膜，同时为了防止随后的厚氧化物和氮化物生长时，分子应力对硅表面造成影响，需要先在硅表面生长一层质量好的衬垫氧化物，然后生长氮化硅。随后光刻氮化硅，向氮化硅窗口注入氧和水蒸气。在衬垫氧化层基础上，经过热氧生长更厚的氧化层。生长结束后，剥除氮化物和氧化物。

3.2.5　杂质的注入

单晶硅是电阻率很高的半导体，通过掺杂在硅中形成替位式杂质，其电阻率会明显下降，重掺杂的硅与某些金属的导电性能相近。杂质掺杂在硅中并在硅中形成势阱，这正是制作器件所需要的结构。工艺中杂质注入主要有两种方法：扩散和离子注入。以硅晶圆作为芯片的衬底，通过改变掺杂的种类和浓度，可以在硅表面制作不同类型的晶体管。掺杂工艺的步骤如图 3.6 所示。

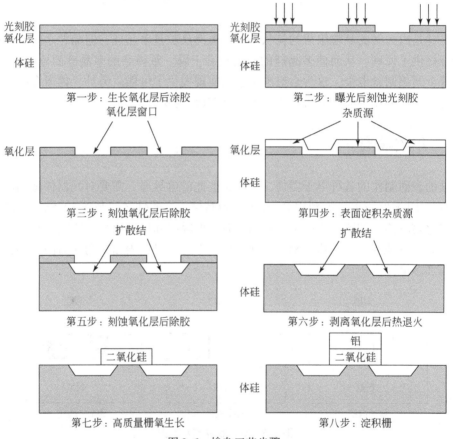

图 3.6　掺杂工艺步骤

为了实现选择性的扩散，首先需要在硅表面制作杂质的掩蔽膜，即先在硅表面生长一层氧化物，通过光刻形成氧化物窗口；半导体工艺中常用的扩散杂质有硼、磷、砷等。为了能够使杂质均匀地淀积在氧化窗口，一般通过蒸发含有杂质的化合物气体，如三氯氧化磷、乙硼烷、磷化氢，将气体输运到氧化窗口，化合物分解形成杂质源。这种方法并不能很好地控制杂质的分布，如局部气流的扰动都会导致窗口掺杂的不均匀性，这对晶体管的结深和一致性有很大的影响。现代 CMOS 工艺中采用离子注入方式，其原理如图 3.7 所示。

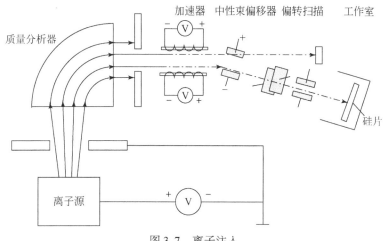

图 3.7　离子注入

离子注入是先把杂质电离，然后其经过筛选、加速、偏转轰击进入硅片中。杂质注入深度完全与离子的加速能量有关，这种方式形成的阱有近乎垂直的侧壁，而且可精确控制注入深度，但这种强力注入方式会在硅中形成大量的晶格损伤，需要后期退火使晶格重新结晶。需要指出，现代 CMOS 工艺中采用多晶硅材料作为栅电极，因此，这种先栅后阱的制作方式，可以多晶硅栅作为源漏掺杂的掩蔽膜，实现晶体管源漏与栅的自对准，如图 3.8 所示，垂直的阱侧壁减少了交叠电容，同时离子在多晶硅中的注入也提高了栅的导电能力，这种晶体管制作方案使亚微米 MOS 器件的工作速度得到了明显的提升。掺杂过程中会对晶格产生损伤，同时也要使间隙原子重新回到晶格格点，后续要通过退火使晶格重新结晶。有些工艺需要深掺杂的阱，加热过程使杂质向体硅中继续扩散。扩散工艺结束后需要剥除硅片表面的杂质和二氧化硅。

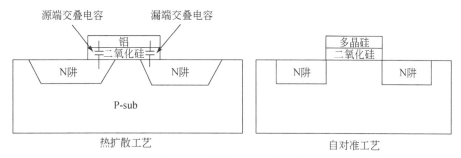

图 3.8　两种掺杂工艺的比较

3.2.6　金属化

硅片表面器件制作完成后，需要用导线将分离的元件进行连接，半导体工艺中常用的导线材料有低阻多晶硅、铝铜合金等，为了防止暴露导线受到化学腐蚀和机械损伤，同时为了防止不同导线间的接触，需要用硅的氧化物做隔离。典型的单层金属互连如图 3.9

所示。

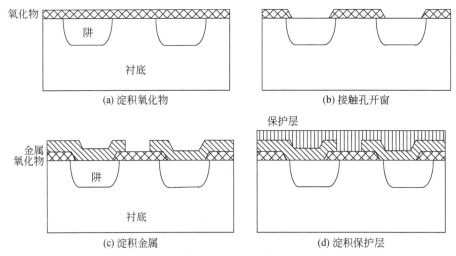

图 3.9　单层金属系统

　　工艺中将铝蒸发后淀积到芯片表面，铝和硅在适当温度下反应生成合金，该工艺称为烧结。由于铝在硅中属于受主杂质，因此，铝和 P 型硅烧结，可形成与 P 型硅导电类型相同的半导体，这种接触是导电性能良好的欧姆接触。但铝在 N 型硅中的烧结与 N 型硅的导电类型相反，从而形成了整流接触。工艺中通过提高 N 型硅的掺杂浓度，使整流结变得很薄，载流子通过隧穿轻易穿越整流接触产生的势垒。现代工艺中，可以在垂直芯片表面制作多层金属互连线，从而极大地提高电路的集成度。

3.3　芯片的封装

　　工艺厂制作完成的晶圆都是裸片，并不能直接使用，还需要专门的封装厂将晶圆进一步组装成为常见的芯片。封装的目的是支撑和固定芯片，以便与外部的电路连接，针对特殊环境，如存在物理化学环境或辐射损伤严重，还需要特殊的封装处理。封装是在芯片外部形成固态的外壳，使整个器件不容易损坏。按照封装的材料可将封装划分为塑料封装、陶瓷封装和金属封装，金属封装多用于对可靠性要求较高的航天或者军事领域中。集成电路封装结构如图 3.10 所示，其中除引线框架的引脚以外，其他部分全部被塑封在环氧树脂中。

　　封装工艺重要步骤如下。

1. 划片

　　图 3.11 为晶圆结构，每个方块代表一块完整的芯片。在制作过程中，工艺厂会按照设计要求在芯片之间留划片线，晶圆沿着划片线被切割成独立的芯片。需要指出，只有方框中切割的芯片才可以使用，边缘的芯片并不是完整的，所以设计者在芯片制作前需要制定合理的芯片切割方案，以确保在既定硅片尺寸下可以切割尽量多的芯片。封装厂接受晶

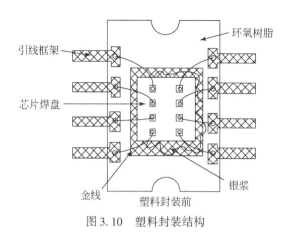

图 3.10　塑料封装结构

圆，对其做一定的处理，如研磨晶圆达到封装的厚度，清洗芯片的各种粉尘，然后沿着划片线将晶圆上的芯片切割下来。切割完毕后还需要检查晶圆外观是否出现崩边，以及划片中是否出现废品。

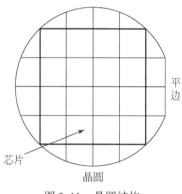

图 3.11　晶圆结构

2. 芯片黏结

如图 3.12 所示，首先，在引线框架上点银浆，其主要成分为环氧树脂填充金属粉末。它的作用是把芯片黏结在引线框架上，同时起散热导电作用。其次，把切割后的芯片放在胶纸上，通过贴片机将胶纸拉伸。机台的顶针将芯片顶起，同时吸嘴将芯片吸附并放置在框架点浆的地方。最后，把框架整体放置在氮气中加热，使银浆固化。

3. 引线键合

工艺中，用引线焊接的方法把芯片焊盘和框架引脚连接起来，其中金线键合最常用的技术为球焊，如图 3.13 所示。

首先，打火杆点燃氢气，在装有金线的劈刀（陶器制作的毛细管）头部烧球（第一步）。劈刀下移，将焊球和金线焊接，形成第一焊点（第二步）。向上提线，移动劈刀至框架的引脚，整个过程中劈刀的轨迹形成线弧度。需要对高度和走向仔细控制，防止金线

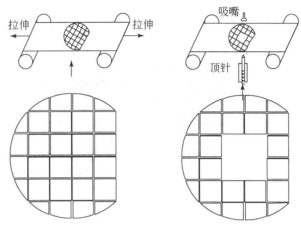

图 3.12　芯片黏结

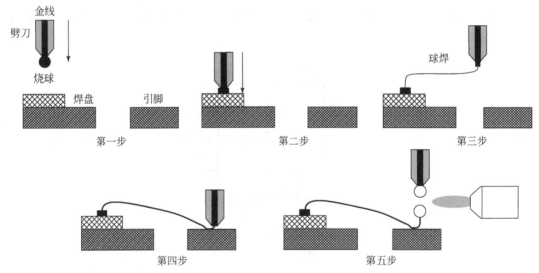

图 3.13　焊球工艺步骤

塌丝，同时考虑到后期的塑封入料的冲击，金丝的走向需慎重选择（第三步）。劈刀向下使金线和框架接触（第四步）。最后劈刀上升，打火杆点燃氢气将金线焊断（第五步），形成第二焊点。一些先进的压焊机直接通过超声波和劈刀的压力使金线和引脚键合。由于焊接中走线和焊点带来寄生电阻和寄生电容，其严重影响着芯片的性能，因此，金属键合也是封装工艺中最关键的步骤。

4. 模封

为了防止外部环境的冲击，利用易定型介质将焊接完成的产品封装起来，然后对其加热固化。塑粉技术常应用于普通民用领域，而对于可靠性要求高的航天军事领域，需要用陶瓷或金属封装。模封结束后，芯片基本成型，最后再经过电镀退火、切割、成型和包装，才可以交付客户使用。

第 4 章　CCD 和 CMOS 图像传感器

4.1　CCD 图像传感器

CCD 是一种能够存储和转移光生电荷的金属氧化物半导体（MOS）电容结构。通过外加电场，CCD 在硅表面形成导电通路，像素 PN 结产生的光电荷沿着通路被导出，信号在芯片输出端口被检测，CCD 在图像传感器芯片中扮演了"模拟信号移位寄存器"的角色。

4.1.1　CCD 图像传感器结构

如图 4.1 所示，一种典型的 CCD 图像传感器包括：①用于光电转换的光电二极管；②用于信号垂直传输的 CCD 垂直移位寄存器；③用于信号水平转移的 CCD 水平移位寄存器；④用于信号探测和输出的电路；⑤用于信号检测的注入节点。

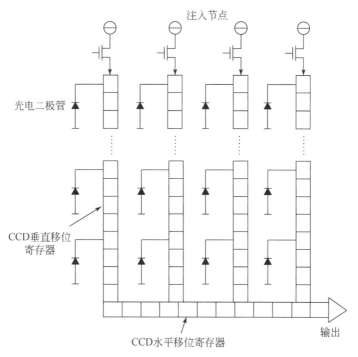

图 4.1　CCD 图像传感器结构

CCD 水平移位寄存器和 CCD 垂直移位寄存器的结构如图 4.2 所示，它由多晶硅栅、

SiO$_2$ 和 P 型衬底组成。当从栅到衬底施加正向偏压时，在电场的作用下，靠近 SiO$_2$ 界面的 P 型硅中的正电荷受到排斥，负电荷受到电场的吸引，这导致表面的空穴浓度低于体硅。不断提高栅极电压，表面 P 型硅的空穴浓度会不断减小，电子浓度不断增大，当电子浓度超过空穴时发生反型，当电子浓度等于或大于体硅深处空穴浓度时，称表面的硅发生强反型。发生强反型的硅势能最低，因此，电子更倾向于注入强反型层，同时反型层里有很高的电子浓度，连接反型层可以形成电子的导电的通道。因此，通过合理的电压配置，CCD 既可以储存信号电荷，也可以互相耦合形成信号传递的通道。

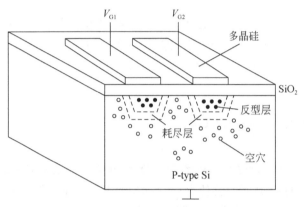

图 4.2　垂直 CCD 或水平 CCD 结构

　　如图 4.3 所示，在无任何外加偏压下，CCD 的栅 G1 和 G2 下的势能处于水平状态。相对于衬底在栅施加高正偏压时，G1 和 G2 下的 P 型硅反型，形成两个势阱。G1 和 G2 存在间隙，势阱间的未发生反型的 P 型硅形成势垒，阻碍电荷从 G1 下传递到 G2 的势阱。

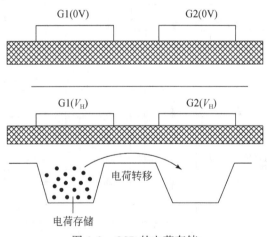

图 4.3　CCD 的电荷存储

　　为了克服间隙势垒，CCD 窄栅间距及特有的交叠栅工艺实现了前后级势阱的耦合，这也是 CCD 工艺区别于标准 CMOS 工艺的重要特征之一。如图 4.4 所示，通过交叠栅，前后级势阱耦合信号向下级转移。

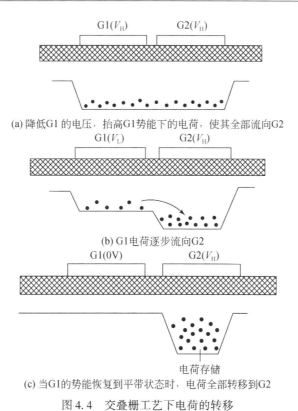

(a) 降低 G1 的电压，抬高 G1 势能下的电荷，使其全部流向 G2

(b) G1 电荷逐步流向 G2

(c) 当 G1 的势能恢复到平带状态时，电荷全部转移到 G2

图 4.4 交叠栅工艺下电荷的转移

4.1.2 电荷的转移机理

CCD 中的电荷包在 MOS 结构中，沿着硅的表面储存和转移，电荷在两个相邻电极的转移方式有自诱导漂移、热扩散、边缘场效应，如图 4.5 所示。

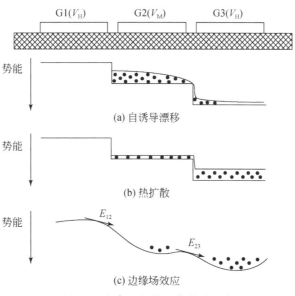

(a) 自诱导漂移

(b) 热扩散

(c) 边缘场效应

图 4.5 相邻电极的电荷转移方式

G2 下的势阱储存的电荷包足够大, 信号转移开始, 电子之间的排斥力使大部分电荷迅速转移到 G3 下的势阱, 自诱导漂移作用占主导。忽略其他转移因素:

$$\frac{Q(t)}{Q_0} \approx \frac{t_0}{t_0+t}$$

$$t_0 = \pi L^3 W C_{\text{eff}} / 2u \quad Q_0 = \pi/2 \cdot L^2/u \ (V_1 - V_0)$$

式中, Q_0 为 G2 下转移前的电荷; $Q(t)$ 为转移时间 t 时 G2 下的电荷量; L 和 W 分别为 G2 电极的长和宽; u 为电子的迁移率; C_{eff} 为单位面积的存储电容。

随着 G2 的电荷量减少, 电荷之间的排斥减弱, 当 G2 下的沟道电压减弱至 KT/q 时, 如图 4.5 (b) 所示, 热扩散运动占主导。热扩散的时间常数 τ_{th}:

$$\tau_{\text{th}} = 4 L^2 / \pi^2 D$$

式中, D 为载流子扩散常数。

电荷量减少几个电子后, 热运动不足以激发剩余的电子。相邻栅电压存在压降, 其产生的横向电场加速剩余电子的转移, 如图 4.5 (c) 所示。

边缘场强依赖于栅氧化层的厚度 L, 硅掺杂浓度、电极的偏压 E 和单位电荷 y 的转移时间 t_{tr} 有

$$t_{\text{tr}} = \int_0^L \frac{1}{u E_y} \mathrm{d}y$$

边缘电场的输运对高速运行的 CCD 有重要作用。

电荷在转移过程中不可避免地存在损失, 为了表征 CCD 电荷的转移能力, 定义参数 η:

$$\eta = \left[\frac{Q_t}{Q_i}\right]^{1/N} \times 100 \ [\%]$$

式中, Q_t 为输入的信号的电荷, 在经过 N 次转移后剩余的电荷量为 Q_i。

4.1.3 掩埋型 MOS 电容结构

MOS 结构中, 在向 SiO_2 过渡中, 由于单晶硅的周期性晶格结构遭到破坏, Si-SiO_2 界面存在大量未配对的悬挂键, 它们在禁带中引入能级, 若能级被电子占据时呈电中性, 释放电子后带正电, 则称为施主型界面态; 若能级空着时为电中性状态, 而接受电子后带负电, 则称为受主型界面态, 能级靠近禁带中央的界面态具有很强的陷阱作用。CCD 形成的势能低点在硅表面处, 如图 4.6 所示, 此处储存和转移的光生电荷容易被界面态俘获, 导致 CCD 的电荷转移能力下降, 同时界面态对 CCD 的暗电流有很大的贡献。

工艺中选择在充满氢气的环境中钝化悬挂键。但在特殊情况下, 如在强辐射环境中, 生长界面态会使器件的性能严重退化。为了降低界面态的影响, 通常在硅表面掺加浓度很高的 N 型施主杂质, 其电势能如图 4.7 所示。

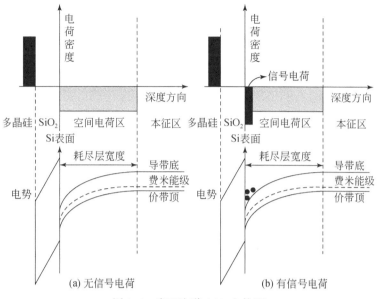

图 4.6　表面沟道 CCD 电势图

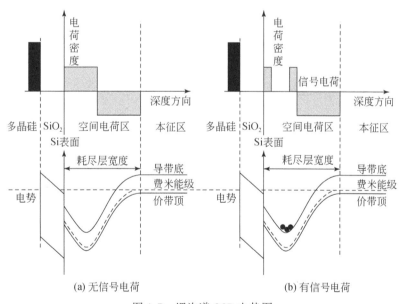

图 4.7　埋沟道 CCD 电势图

相较于表层转移，埋沟工艺把电子势能低点转移到体硅深处，电荷在距离表层几十纳米的地方进行输运，从而减少了界面态对载流子的散射作用。

4.1.4　CCD 工作模式

CCD 的栅间距需要足够小，电荷包才能克服势垒横向穿通，需要小于 $0.1\,\mu m$。双层多晶硅交叠栅工艺可以进一步降低电极间的势垒高度。一种典型的两相CCD如图4.8所示。

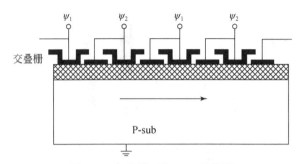

图4.8　交叠栅工艺 CCD 结构图

前后两电极成对短接，为了防止信号回流，前级电极下P掺杂浓度要高于后级。因此，在施加相同偏压的情况下，后级的势能始终低于前级形成的势能阶梯，如图4.9所示。

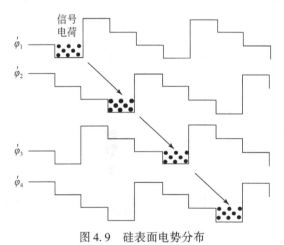

图4.9　硅表面电势分布

如图4.10所示，在电极施加两相时钟脉冲，掺杂和偏压产生的势能阶梯可以阻止电荷回流，实现电荷的定向移动。两相CCD时钟脉冲驱动一次，信号电荷转移两个电极，因此，适合高速信号转移，但信号总是存储在一个电极下，CCD满阱容量比较小。

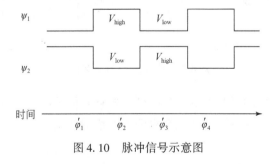

图4.10　脉冲信号示意图

如图4.11所示，采用四相驱动的CCD，4个电极为一组。在电荷存储阶段，始终保证两个相邻电极保持高电位，从而使满阱容量加倍。在电荷转移阶段，先对后一级栅极施加高电位，电荷在 3 个电极下重新分布，然后降低最前级的栅偏压，信号完全转移到后两级栅下的势阱中。

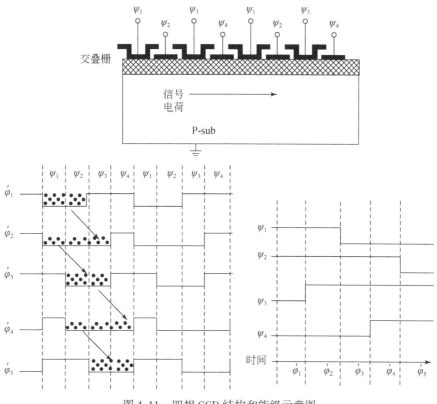

图 4.11　四相 CCD 结构和能级示意图

四相 CCD 中相邻电极下储存电荷，其他的电极扮演势垒的角色。第三极电极的耦合保证信号向下级完全转移，因此，四相 CCD 下的硅掺杂是一致的。

4.2　CMOS 图像传感器

CMOS 技术在数字、模拟和混合信号领域有广泛的应用。近 20 年来，随着民用领域的持续驱动，手机数码摄像头、车载电子监控设备对低功耗、小型化图像传感器的需求促进了图像技术的快速发展。

4.2.1　CMOS 图像传感器的基本架构

CMOS 图像传感器实现了将光学信号转换成数字图像，其主要架构包括像素、模拟前端、LVDS 通道、ADC 转换器等基本单元。高性能、多功能图像传感器的实现基于各构件性能的有机构成，其基本功能模块图如图 4.12 所示。

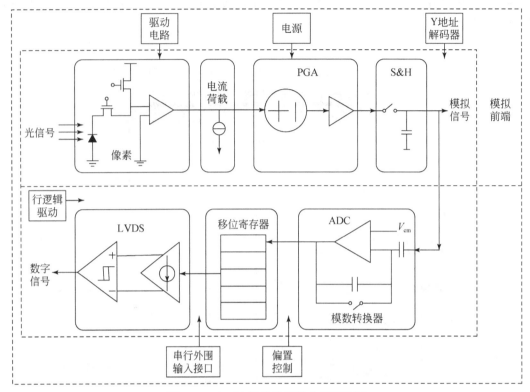

图 4.12 CMOS 图像传感及功能模块图

像素阵列：像素作为图像传感器的"眼睛"，其主要功能为通过光电二极管将光学信号转换为电学信号，并用放大器将电荷进行放大，以降低噪声。通过改变像素中路架构，图像传感器可以实现不同的功能，如相关双采样、全局曝光模式等。

增益可调放大器（programming gain amplifier，PGA）：在电路链中，PGA 位置紧跟像素之后，其功能为调整像素输出范围，使像素与读出电路电压摆幅相匹配。一般在电路较前端对信号进行放大，可以减少后续电路噪声在整个信号中的比重，从而提升图像传感器的信噪比。而读出电路摆幅为有限值，高增益下强光信号的电压摆幅会超过电路最大供电电压，而增益灵活调节在一定程度上保证信号输出的线性度。

采样保持电路（sample and hold，S&H）：其主要由开关电容电路组成，像素的信号和其电压参考水平通过列放大器采样和保持，从而实现双采样技术。

数模转换器（analog to digital conversion，ADC）：其功能是再次对信号进行双采样，并数字化采样值。这种采样可以去除像素的固定图像噪声和模拟前端不匹配产生的噪声，信号完成数字化后被送入寄存器锁存。

移位寄存器（X-shift register）：其作用为通过控制列地址线向低电压信号采样接口（low voltage differential signaling，LVDS）输出寄存的信号，同时它可以通过反转实现图像在水平方向的镜面映射。

低电压信号采样接口：其包含驱动器和接收器，其中驱动器可实现片上集成，完成对信号的传输。通过不同的传输和截止方案，驱动器可实现高运行速度和低功耗。接收器一般被集成在 PCB 板上用来接收数据。

偏压控制和电源：这个模块主要包括两部分。①参考电路模块，它能提供一个与温度不相关的参考电压。②DAC 模块，它主要是在图像传感器测试和解错中，实现对电流和电压偏置进行控制。

串行外围接口：其可将参数编程加载到片上寄存器中，通过信号设置驱动和读出电路的状态，如放大器增益、放大器的曝光时间都可以由它进行调节。同时，设置的参数也可以被读出，以用于系统测试和解错。

帧率主要表征传感器处理和输出信号的能力，它主要受限于：①模拟前端 AFE 接受采样信号时间；②ADC 模拟信号向数字信号转换时间；③数据经 LVDS 通道输出时间。尽管 CMOS 图像传感器支持随机方式读取，但是平行列之间全帧需要串行读出，如图 4.13 所示。采用逐行读出模式的图像传感器，其每一帧的读出时间可被定义为

$$T_{\text{FRAME\_TIME}} = T_{\text{FOT}} + T_{\text{ROW\_TIME}} \times N_{\text{ROW}}$$

式中，T_{FOT} 为帧在读出前与上一帧之间的时间间隔；$T_{\text{ROW\_TIME}}$ 为每一行的读出时间；N_{ROW} 为像素阵列行数。

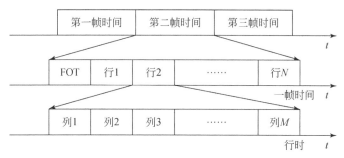

图 4.13 图像传感器数据读出

每一行像素由从模拟前端（AFE）读出、ADC 读出和 LVDS 读出的顺序完成数据读出，管道读出方式的原理如图 4.14 所示。

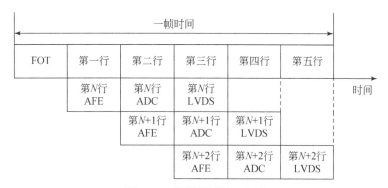

图 4.14 数据管道读出方式

基于管道读出模式，前后两行像素的每个步骤前后相继，而非传统方式下的两行像素前后相继。因此，极大地提升了传输速率，这种方式的帧率受制于 AFE、ADC 和 LVDS，

其中最慢读出速率可以表示为

$$T_{\text{ROW\_TIME}} = \max\left(T_{\text{AFE}},\ T_{\text{ADC}},\ T_{\text{LVDS}}\right)$$

式中，T_{AFE} 为行采样时间；T_{ADC} 为 ADC 转换时间；T_{LVDS} 为 LVDS 输出时间。

T_{AFE} 包括行空白时间和采样时间：

$$T_{\text{AFE}} = T_{\text{RBT}} + T_{\text{SAMPLE}}$$

ADC 转换时间为 T_{ADC}，对于一个分辨率为 n 位的 ADC，计数器完成一次模数转换需要 2^n 个时钟周期，设 ADC 的时钟频率为 A Hz，T_{ADC} 可表示为

$$T_{\text{ADC}} = \frac{1}{A} \times 2^n$$

LVDS 输出时间 T_{LVDS}，每一列都对应一个 LVDS 读出通道，对于有 M 列的像素传感器，其 LVDS 读出速率可表示为

$$T_{\text{LVDS}} = \frac{1}{A} \times M$$

图像传感器由像素阵列和外围电路组成。因此，设计高量子效率像素、高频外围电路和低噪声构件是实现高性能技术的关键。同时，各个性能参数之间又相互制约，因此，选取合理的设计参数，使技术指标最优化，是高性能芯片设计的关键。

4.2.2　CMOS 图像传感器性能

1. 高性能像素设计

传感器分辨率表征作为 CMOS 图像传感器电路的最前端——像素，其架构的合理性直接决定了图像传感器的性能指标。像素的设计主要包括类型、尺寸、架构和扫描（曝光）模式。传统意义的传感器高分辨率是指感光单元像素分辨率，它主要通过提高芯片像素集成度和增大芯片靶面积实现。对于尺寸相近的传感器芯片，分辨率越高，感光基元密度越大，单个基元感光面积必然减小，较小的感光面积比较大，感光面积捕获的光子数目少。因此，在同样照度下，小基元比大基元灵敏度低很多。因此，虽然高分辨率传感器可获得高分辨率信息，但实际上其损失了暗部信息，无法记录低照度信息。同时，小尺寸像素对应的外围输出电路尺寸的维度也会对像素的最小尺寸规定下限。在不改变像素感光面积的情况下，需要增加芯片面积维持分辨率，但大尺寸芯片对信号的驱动能力和信号输出延迟会显著增强。

CMOS 像素分为 PPS 无源像素和 APS 有源像素，由于 PPS 噪声高且不易消除，主流的 CMOS 图像传感器一般选择有源像素，其主要包含钉扎型光电二极管（pinned photodiode，PPD）、传输栅、源极跟随器和相应的晶体管。根据每个像素中含有的晶体管个数，其具体架构可分为 3T，4T，…，9T，像素统计见表 4.1。像素中增加的每个晶体管都会相应扩展图像传感器的功能，同时也会降低传感器的填充因子，减少有效像元的曝光面积，给像素电路的引出增加困难。

表 4.1　像素架构总结

像素架构	主要特点	功能扩展
3T 有源像素	—	信号在像素内放大
4T 有源像素	增加了转移栅	实现卷帘模式相关双采样
5T 有源像素	增加了曝光控制	控制曝光时间和全局曝光
6T 有源像素	增加了存储 PD 和转移门	实现全局曝光模式的相关双采样
7T 有源像素	增加了存储栅	实现全局曝光模式的相关双采样
8T 有源像素	两级信号放大器	进入电压域，降低寄生光电荷效应
9T 有源像素	两级信号放大器	进入电压域，全局曝光模式的相关双采样

像素架构如图 4.15 所示。

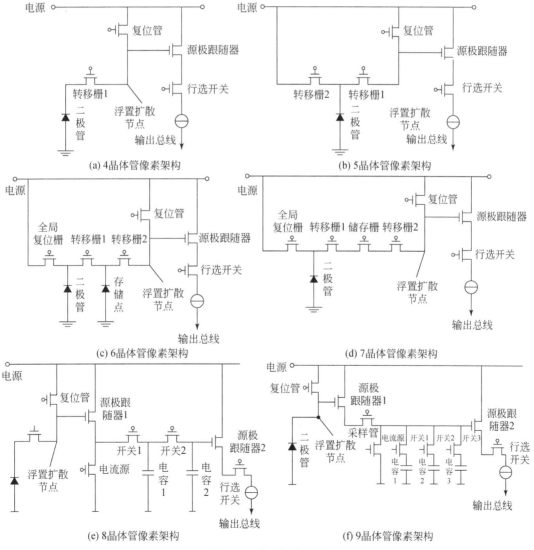

图 4.15　像素架构总结

随着像素内晶体管数量的增加，传感器功能也变得更加丰富，但额外增加的电路占据了更多的有效感光面积，晶体管的驱动引线会严重影响像素的填充因子，因此，需要在功能和性能中折中选择。在实际应用中，为了增强像素的动态范围，设计了高动态范围像素，像素架构如图4.16所示。

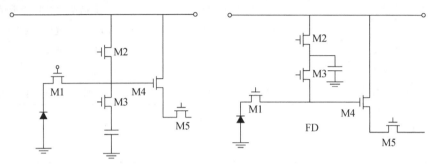

图4.16　高动态范围像素

像素扫描模式可分为线扫描模式和面阵扫描模式，如图4.17所示，其相应时序如图4.18和图4.19所示。两种模式下的像素设计存在一定的差异，其中7T及之前的像素架构直接对光电荷进行存储，以完成全局快门曝光，将其划分为电荷域。8T像素和9T像素将

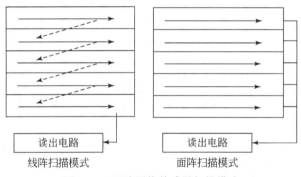

图4.17　面阵图像传感器扫描模式

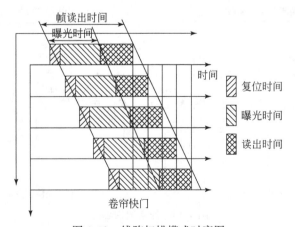

图4.18　线阵扫描模式时序图

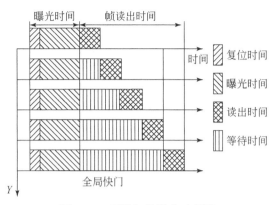

图 4.19　面阵扫描模式时序图

光电荷转化电压后再存储，以实现全局曝光，将其划分为电压域。相比于卷帘曝光模式，全局快门需要对信号有一个存储的过程。存储节点的存在使相同像素尺寸下全局像素的填充因子低于卷帘曝光像素。同时在 CMOS 工艺中，为了将 PPD 中的电荷引出，存储节点通过掺杂的 N 型半导体形成，它与衬底形成寄生的 PN 结，其中产生的暗电流和寄生光电荷使图像的质量严重退化。一般通过更改行驱动时序，面扫描模式可以兼容线扫描模式，从而实现两种扫描模式的切换。

2. 高速 ADC 架构

像素和 PGA 输出模拟信号，电路需要将其量化为数字信号，CMOS 图像传感器采用 ADC 来完成上述工作，其原理如图 4.20 所示。

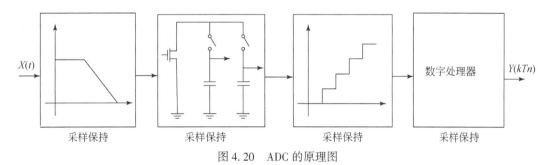

图 4.20　ADC 的原理图

ADC 功能为量化采集的模拟信号，一个典型的 3 位 ADC 工作原理如图 4.21 所示，其将一个完整的模拟信号量化为 8 位数字信号。

常用的 ADC 可以分为像素级 ADC、列级 ADC 和芯片级 ADC 三种。像素级 ADC 指每个像素或者几个相邻的像素集成一个 ADC，使曝光产生的信号直接在内部进行模数转换，输出数字信号。这种 ADC 会占用像素的面积，使填充因子降低，这对图像传感器来说几乎不可忍受，因而很难看见相应应用的产品。芯片级 ADC 是指整个 CMOS 图像传感器共用一个 ADC，所有像素信号都要通过这个 ADC 进行模数转换。ADC 的转换速度就成为整个图像传感器速度的瓶颈。对于大靶面的 CMOS 图像传感器，很难设计出与之相符的超高速 ADC。

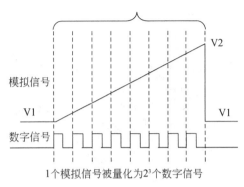

图 4.21　3 位 ADC 处理模拟信号原理

列级 A/D 转换器利用芯片上的数据传输可以并行的优势，图像传感器阵列中每列像素或几列像素共用一个 A/D 转换器。因为像素阵列是逐行读取的，所以整行像素的信号同时读出到信号处理电路中，然后这一行像素内的信号再串行，逐个传输到输出端。由于这种 CMOS 图像传感器信号读出机制很典型，这种列级 A/D 转换器结构就具有并行处理的很多优点，它对 A/D 转换器的速度要求不高，因此，降低了芯片的功耗。与像素级 A/D 转换器结构相比，A/D 转换器由像素内转移到像素阵列外，这大大提高了填充因子，从而提高了图像传感器的光敏感度。虽然列级 A/D 转换器在芯片面积，尤其是在列宽上，还存在一定的限制，然而其在芯片的垂直方向上比像素级 A/D 转换器多了很大的自由度，这也使得列级 A/D 转换器实现起来相对灵活。目前，CMOS 图像传感器的主流列级 ADC 有单斜率 ADC、逐次逼近型 ADC、循环 ADC 及其衍生版本。

（1）单斜率 ADC

单斜率 ADC 的简化架构如图 4.22 所示。单斜率 ADC 包括模拟和数字两个部分。模拟部分中的比较器将像素信号与斜坡信号进行比较，将比较结果送入数字电路进行进一步处理。数字部分中最重要的模块是 12 位的计数器和存储器。像素信号和斜坡信号的比较结果控制计数器开始和结束计数，计数结果即为 A/D 转换结果。当计数器停止计数后，在写时钟信号的作用下将计数结果全部存储在 12 位的存储器中。最后在选择时钟信号的作用下读出存储器中的数据。写时钟信号由芯片外部提供，而选择时钟信号由芯片内部的数字电路产生。存储器和计数器是并行工作的，即在计数器记录当前行的数据信息时，存储器输出上一行的数据信息。

图 4.22　单斜率 ADC

（2）逐次逼近型 ADC

逐次逼近型 ADC 的架构如图 4.23 所示。它主要由比较器、数模转换器和逻辑控制电路组成。逻辑控制电路先控制数模转换器输出参考电压的一半，即 $1/2V_{ref}$。输入的像素信号与这个 $1/2V_{ref}$ 进行比较，输出最高位 MSB 的数码。同时，若这个数码为 1，则控制数模转换器输出 $3/4V_{ref}$；若这个数码为 0，则控制数模转换器输出 $1/4V_{ref}$。依次重复进行上述操作，用参考电压的变化逐次去逼近输入的像素信号，并输出最终的 12 位数据。

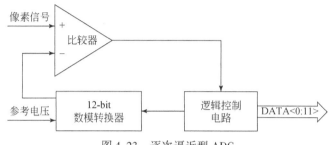

图 4.23　逐次逼近型 ADC

（3）循环 ADC

循环 ADC 的架构如图 4.24 所示。它主要由采样保持电路、比较器、乘 2 放大器、逻辑控制电路及求和电路组成。输入的像素信号会先经过采样保持电路，此时开关 S1 导通，S2 断开。采样保持电路处理过的信号同时输入到乘 2 放大器和比较器内。比较器的输出码值作为最高位 MSB 输出，同时通过逻辑控制电路控制求和电路的一端输入为 V_{ref} 或者 $-V_{ref}$。乘 2 放大器会将采样保持电路处理后的像素信号放大两倍，然后输入到求和电路内。断开 S1，导通 S2，将求和电路输出的余数电压反馈回采样保持电路，再进行读出。循环进行上述操作 12 次，就得到最终输出的 12 位数码。

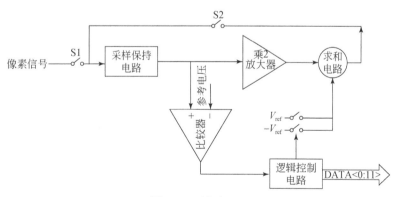

图 4.24　循环 ADC

（4）ADC 的性能指标

通常来说，ADC 的参数可以分为两类：静态性能指标和动态性能指标。前者描述的是实际量化与输出的偏差，后者反映 ADC 对噪声的抑制能力。其中 ADC 的静态指标如下。

1）分辨率：ADC 的最基本指标表述 ADC 最小能分辨模拟值的大小。

2）量化误差：ADC 的分辨率有限，如果输入的模拟信号小于 ADC 最小能分辨的数值，那该模拟信号不能被精确量化。这种 ADC 的理想输出与真实输入信号之间的差距为量化误差。

3）微分非线性：理想 ADC 输出的每一位步长都是相等的，均为 1LSB，实际输出步长会与 1LSB 有偏差，偏差的数值就为微分非线性。

4）积分非线性：积分非线性为微分非线性的累加求和。

ADC 的动态指标如下。

1）信噪比（signal to noise ratio）：通常用 SNR 描述，SNR 定义为，在所关心的频带内，满幅的输入信号功率与输出噪声功率之比。测量方法通常为输入正弦信号，然后对输出数字代码进行快速傅里叶变换（FFT）。SNR 的表达公式为

$$SNR = 10 \cdot lg \frac{signalpower}{noisepower}$$

2）总谐波失真（total harmonic distortion）：总谐波能量与输入信号的能量之比用 THD 表示。它衡量的是 ADC 传输曲线的线性度，单位为 dB，计算公式为

$$THD = 10 \cdot lg \frac{A_{hd2}^2 + A_{hd3}^2 + A_{hd4}^2 + \cdots}{A_{sig}^2}$$

式中，A_{hd2} 为二次谐波的有效值；A_{hd3} 为三次谐波的有效值，依此类推；A_{sig} 为输入信号的有效值。

3）信噪失真比（signal to noise and distortion ratio）：类似于 SNR，不过在计算时考虑到谐波失真，其值更能表示 ADC 的实际精度，可用下式来表达：

$$SNDR = 10 \cdot lg \frac{signalpower}{noisepower + distortionpower}$$

4）有效位数（effective number of bits）：用 ENOB 表示 ADC 的实际精度，ENOB =（SNDR−1.76）/6.02。

5）无杂散动态范围（spurious free dynamic range）：用 dB 表示输入信号功率与最高谐波功率之比，通常用它在频域内表征 ADC 的线性度。其表达式为

$$SFDR = 20lg \frac{A_{sig}}{A_{hd\_mux}}$$

在频率很低的情况下，SFDR 和 INL 具有以下近似关系：

$$SFDR = 20lg \frac{2^n}{INL}$$

3. 高速架构

高速架构是一种小摆幅差分信号传输技术，其使用非常低的幅度信号（约 350mV）通过一对差分 PCB 总线传输数据。它允许单个信号传输速率达到每秒数百兆比特，特有的低摆幅和恒流源模式驱动模式使其具有噪声低、功耗小的特点。

基本的 LVDS 收发器通常由发送器、阻抗匹配网络和接收器组成。如图 4.25 所示，最基本的发送器由一个恒流源驱动和一对差分信号组成。其中 MP1、MP2 为尺寸工艺相同的 PMOS 开关，MN1、MN2 为尺寸工艺相同的 NMOS 开关。发送器的输出接在电阻值为

100Ω 的终端电阻上构成回路。发送器工作时，开关
MP1、MN1 及 MP2、MN2 分别在信号 V1、V2 的作用
下轮流导通和截止，并在输出端产生回路电流。LVDS
接收器有很高的直流阻抗，几乎不会消耗电流。因此，
绝大部分驱动电流将流过 100Ω 的终端电阻，并在接
收器输入端产生压降，从而把 CMOS 信号转换成 LVDS
信号。

根据 LVDS 发送器各个部分的功能，可将整个发
送器划分为使能电路、信号转换电路、主电路 3 个模
块，而信号转换电路包括单端转差分电路部分和预加
重部分，主电路部分包括驱动部分和共模反馈部分。

在 LVDS 收发器设计中，各参数选取如果不合理，
会带来以下困难。

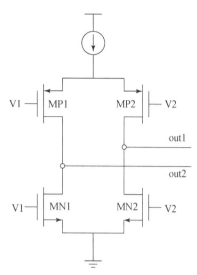

图 4.25　LVDS 基本电路架构

1）接收端的负载决定发送器的设计，较大的负载
会增加发送器设计的复杂程度。

2）发送器输出端并联电阻的阻值选取，需要 PCB 传输线阻抗匹配的配合，否则会因
为反射而影响信号的完整性。

3）发送器较大的输出摆幅会消耗更多的功耗。

4）发送信号的上升沿时间和下降沿时间与接收端负载成正比。

较大的数据率需要更快的上升沿与下降沿，同时也会消耗更多的功耗。CMOS 工艺下
实现全部级数的无损电荷转移。一种 LVDS 如图 4.26 所示。

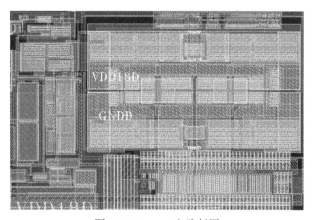

图 4.26　LVDS 电路版图

4.2.3　实用技术介绍

1. 芯片拼接技术

传感器分辨率的提升有两种方法：其一，在像素尺寸既定的情况下，制作大面阵图像

传感器芯片，在芯片上集成更多的像素；其二，多个图像传感器组成扫描阵列，每块传感器只针对物像某部分进行扫描，最后将结果合成一幅图像。

（1）掩模板拼接技术

光学拼接在芯片光刻过程中已完成大面阵芯片的制作，其原理如图4.27所示。

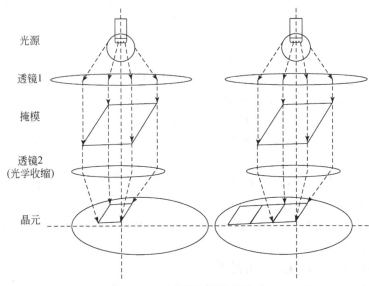

图4.27　掩模板拼接技术

掩模板是光学刻蚀工艺中，光源向晶圆做投影的挡光层。但由于受到高精度大型透镜尺寸的限制，掩模板图形在一次曝光中不能全部投射到晶圆上。同时，为了减少掩模板瑕疵和不规则形状的影响，工程中会采用光学收缩技术，即晶圆上的光学投影要小于掩模板图形的大小，从而改善最终的图像质量。在典型的0.18μm CMOS工艺下，其曝光面积最大为3cm×2.2cm。这个尺寸虽然可以满足绝大部分电路的需求，但针对大面阵高分辨率图像传感器，其曝光面积仍然不足，因此，需要新的技术来解决上述问题

掩模板拼接中存在误差，所以其具体步骤为：①按照晶圆代工厂提供的光学拼接误差进行评估，并提出一套针对误差带来的风险的应对方案，如光学拼接处采用冗余设计，在版图工艺中避免用最小设计尺寸，在拼接线区域不使用晶体管等。②设计合理的版图设计规则，并在EDA工具中编写为相应的设计检查文件，做EDA检查使用。③完成版图设计，并对重复的模块进行比对。如图4.28所示，要保证3块虚线所示范围的版图完全一致。

（2）光学拼接技术

光学拼接技术是根据光学成像原理，把多片图像传感器置于一个特殊的光学焦平面系统中，多个面阵传感器可以组成一个完整的大接受靶面，从而实现扫描高分辨率。通常有棱镜分束成像拼接、中间像面分束多次成像拼接、球像面母子多次成像拼接方法，如图4.29所示，要求所有传感器的靶面必须处在光学系统的景深内。

光学拼接技术是将物像分割为多个模块，并由指定的传感器负责扫描。它对传感器阵列的排布和图像分光的精度要求极高。需要复杂的分光系统和机械系统相互协调，这极大

地增加了系统的风险性。常见的光学拼接存在的问题如图 4.30 所示。

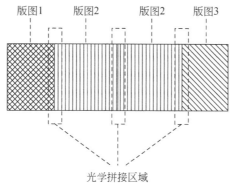

图 4.28　版图拼接

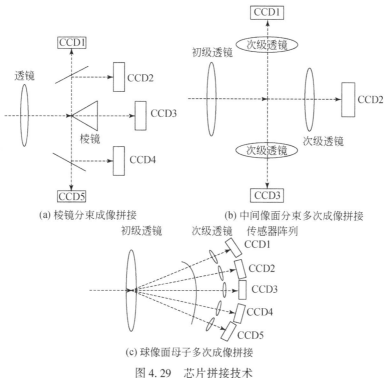

(a) 棱镜分束成像拼接　　　　　　　(b) 中间像面分束多次成像拼接

(c) 球像面母子多次成像拼接

图 4.29　芯片拼接技术

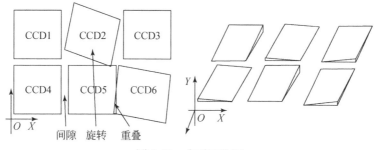

图 4.30　焦平面失配

由于传感器排布中存在间隙、旋转、重叠，由多个传感器阵列组成的系统在进行图像扫描时，像素与物像映射存在偏差或失配，导致图像出现错位、扭曲和信息损失的情况。同时，CCD的感光面很难处于同一个焦平面中，对于景深较浅的相机系统，聚焦图像不同区域的清晰度差异性会明显增强。同时，多次分光不适合在低照度环境中应用。

掩模板拼接技术能够直接制作大靶面的图像传感器。其技术已经能够实现，但其工艺精度要求高，价格复杂。同时，芯片靶面过大会对信号传导和电源供电带来很大的挑战。尤其是芯片两侧向芯片中央供电或传输驱动信号会产生延迟和衰减，从而降低成像质量。同时，大靶面金属走线过长会严重影响芯片良率，像素坏点、坏行和坏列增多。同时，为了满足拼接技术的设计规则，冗余单元的增加会使芯片设计难度增大。

2. 图像传感器帧频的提升

图像传感器的帧频计算方式如下。

$$T_{\text{FRAME\_TIME}} = T_{\text{FOT}} + T_{\text{ROW\_TIME}} \times N_{\text{ROW}}$$

$$T_{\text{ROW\_TIME}} = \max\left(T_{\text{AFE}}, T_{\text{ADC}}, T_{\text{LVDS}}\right)$$

式中，$T_{\text{FRAME\_TIME}}$为理论上芯片能够达到的最快信号输出能力；T_{AFE}，T_{ADC}，T_{LVDS}分别为模拟前端、ADC和LVDS所能达到的最短工作时间；N_{ROW}为芯片中工作像素的行数。

在实际应用中，芯片的帧率受到以下因素的制约：①像素的工作模式；②像素与ADC和LVDS的映射关系；③线阵扫描或者开窗模式选取级数；④芯片时序的设计。

如图4.31所示，大面阵图像传感器采用左右驱动的方式，顶部或者底部数据读出，这种设计方式简单。

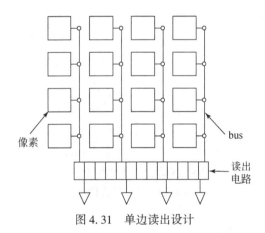

图4.31　单边读出设计

为了提高数据的读出效率，采用顶部和底部数据同时读出的方式，如图4.32所示，由于读出电路加倍，数据的帧率也会加倍，从而可以实现芯片提速，但是像素双bus走线会增加像素顶层的金属，从而降低芯片的有效感光面积和量子效率。同时，双bus并行走线会增加电路短路的风险，对芯片的良率有极大的影响，额外增加的读出会占用有限的芯片面积，使芯片的产量降低。

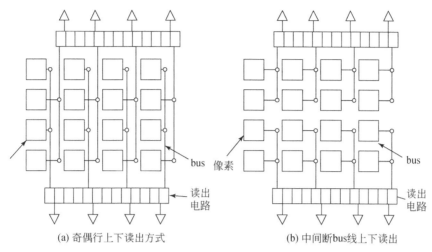

(a) 奇偶行上下读出方式　　　　　　　　　(b) 中间断bus线上下读出

图 4.32　双边读出

（1）开窗与帧频的关系

典型芯片单边读出电路结构如图 4.33 所示，每列像素对应一个列级 ADC 和 PGA，M 列像素共用一个 LVDS 读出数据，其对应关系由芯片架构、像素和电路的设计尺寸决定。同时，所有的 LVDS 都是并行输出，因此，芯片的帧频等于每个 LVDS 读出自己对应所有行像素所需要的时间。

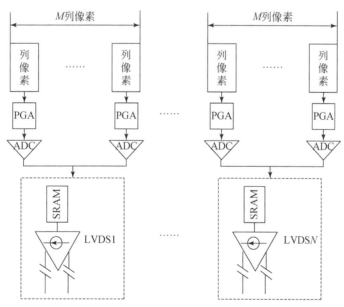

图 4.33　像素与 PGA、ADC 和 LVDS

N 个 LVDS 需要负责读出所有的列像素，因此，$M \times N$＝芯片水平分辨率

（2）双读出链设计

一列像素对应一个用于存储信号的 PGA 和一个模数转换器 ADC，但对于大尺寸像素，一列像素可以对应两组 PGA 和 ADC，如图 4.34 所示。相比于之前的设计，在一个行时间内，新的设计可以同时读出两行像素的信号，从而使帧频加倍，如果采用上下读出模式，帧频会提高为前者的 4 倍。限于电路风险的要求，PGA 和 ADC 的设计尺寸一般不能小于 4μm，因此，像素尺寸过小将不兼容双读出链的设计。

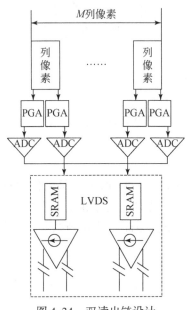

图 4.34　双读出链设计

3. 像素拼接技术

传感器分辨率一般是指芯片对空间成像的最小分辨能力。对于尺寸相近的传感器芯片，分辨率越高，感光基元密度越大，单个基元感光面积必然越小，较小的感光面积比较大的感光面积捕获的光子数目少。在同样照度下，小基元比大基元灵敏度低很多。因此，虽然高分辨率传感器可获得高分辨率信息，但实际上损失了暗部信息，无法记录低照度信息。在这种情况下，无论采用何种后续软件图像处理方法，都不可能重现未被记录的信息。同样，采用大基元也无法获得采用小基元所获得的分辨率，虽然可以通过差值运算提高分辨率，但只是对真实视觉信息的一种近似，原始信息已经丢失。一种传感器分辨率程控可变方法可以使一个传感器满足不同需求的应用场合，大幅度提升开发效率，降低开发成本。

像素拼接是一种可以在分辨率和感光灵敏度之间灵活切换的 CMOS 图像传感器技术。其基本原理如图 4.35 所示。

调整 SPI 控制，把相邻像素拼接作为一个像素，新像素感光面积等于拼接像素的感光面积之和，即用牺牲分辨率使感光灵敏度和满阱显著提升。同时，由于分辨率降低，需要读出的信号量减少，从而使传感器的帧频得到迅速提升。

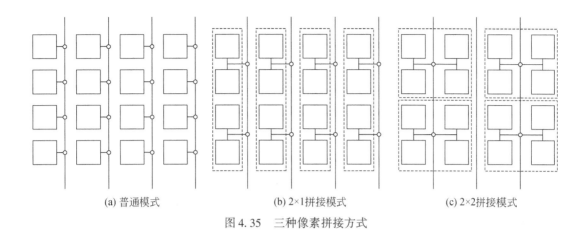

(a) 普通模式　　　　　　(b) 2×1拼接模式　　　　　　(c) 2×2拼接模式

图 4.35　三种像素拼接方式

4.3　图像传感器的比较和应用

4.3.1　图像传感器的比较

CCD 和 CMOS 图像传感器基于半导体材料制作的感光元件，工作原理没有本质区别，都是利用硅材料光电效应进行光电转换，将光学图像转换为电学信号，二者的主要差异是制作工艺和信号传输方式不同。

为了实现信号在硅材料的表面转移，CCD 工艺需要制作窄间距的交叠栅，同时，在 CCD 下掺杂形成势能梯度。受这种特殊工艺的限制，不仅需要同步的时钟驱动脉冲，使列像素信号其前后相继转移，同时也使 CCD 图像传感器不能在片上制作逻辑电路，因此，CCD 图像传感器的模数转换和数据存储等功能需要在片外实现。而 CMOS 图像传感器采用了较为灵活的 X-Y 地址转移，如图 4.36 所示，通过芯片顶部金属引线对单个像素进行驱动和信号输出。

信号处理：CCD 图像传感器完成一次曝光后，电荷先经过垂直和水平 CCD 输运到放大器放大，然后再从串联 ADC 输出，因此，所有信号共用一个放大器和 ADC，这种共享方式使 CCD 图像的 FPN 较小。而 CMOS 设计中，信号在像素内部先行放大，每列像素对应一个或多个 ADC，因此，像素级放大器和列级 ADC 的失配导致 CMOS 的 FPN 比较明显。但 CCD 电荷转移需要由时钟控制电路，以及三组不同的电源相配合，电路复杂且信号输出速度较慢。而 CMOS 传感器经光电转换后信号直接放大、数字化和输出，操作简单，帧频比 CCD 快很多。

技术积累：CCD 起步早，技术成熟，成像质量相对于 CMOS 有一定的优势。早期 CMOS 图像传感器的暗信号均匀性比较差，这导致 CMOS 图像传感器有较高的 FPN。成像质量差限制了 CMOS 图像传感器的应用。随着 PPD 技术的引入，CMOS 图像传感器的暗电流显著降低。1990 年有源像素概念被引入，通过有源像素的配置，信号在像素内得到放大，这使得

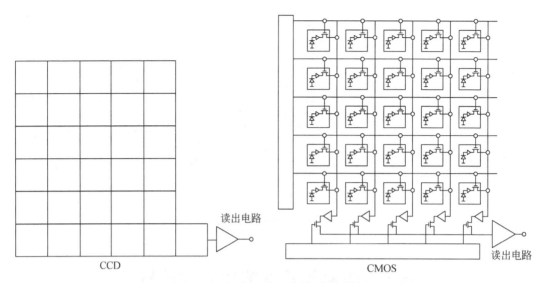

图 4.36　CCD 和 CMOS 图像传感器结构

CMOS 图像传感器的性能可以达到同级 CCD 的水平。随着 CMOS 标准工艺的不断提升，CMOS 图像传感器像素尺寸也在不断地缩减，像素共享等技术的应用使其感光能力依然很好。同时，低功耗和 CMOS 标准工艺的大规模集成能力，使片上集成信号处理电路、实现相机的微型化成为可能。这也是 CMOS 图像传感器正在超越 CCD 的主要驱动力。

　　芯片功耗：CMOS 图像传感器的图像采集方式为主动式，感光二极管所产生的电荷会直接由旁边的电晶体做放大输出；而 CCD 图像传感器为被动式采集，必须外加电压，使每个像素中的电荷移动至传输通道，而外加电压通常需要 12 ~ 18V，因此，CCD 还必须有更精密的电源线路设计和耐压强度，高的驱动电压使 CCD 的能耗远高于 CMOS，而 CMOS 的耗电量仅为 CCD 的 1/10 ~ 1/8。

　　制作成本：由于 CMOS 图像传感器采用标准 CMOS 工艺，可以将 ADC、CDS、Timing generator 或 DSP 等集成到传感器芯片中，可以节省外围电路的成本；而 CCD 图像传感器采用电荷耦合方式传递，其中任意单个像素的损坏都会导致整列数据不能被传送，因 CCD 图像传感器的成品率比 CMOS 图像传感器低，即使是有经验的厂商也很难在产品问世的半年内使成品率突破 50%。CCD 工艺独特，只有少数厂商具备技术生产能力，产品的良率及生产成本限制了它的应用。而 CMOS 图像传感器凭借标准生产工艺可以片上集成 ADC、LVDS 和逻辑电路，其标准化生产和成本低廉的特性是商家们梦寐以求的。CCD 传感器的制造成本远高于 CMOS 传感器。

4.3.2　CCD 图像传感器的应用

　　从 1969 年至今，CCD 图像传感器从最初简单的 8 像元移位寄存器，发展到现在的具有数百万至上亿像元，其以优异的噪声性能和感光灵敏度被广泛应用于民事和航天领域。例如，2013 年欧洲航天局发射盖亚卫星，搭载由 106 块 CCD 组成的相干光学探测器，每块传感器都是含 1000 万像素的 CCD 光学器件，通过 CCD 阵列的组合实现宇宙十亿计恒星的观测。根据扫描模式的不同，CCD 可以分为线阵和面阵，其中线阵主要应用于影像扫描和传真，而面阵主要应用于数码相机和摄录监视摄影机。CCD 图像传感器具有高分辨率、低噪声、动态范围广、线型曲线良好、高量子效率等特性，CCD 能够直接对光电荷进行无损输运，同时由于其自身独特的工艺，它的固定图像噪声可以被忽略，这是其在多种图像传感器中被广泛采用的主要原因。

由于生产工艺复杂，目前对高性能 CCD 有效产能的公司分别为索尼、飞利浦、柯达、松下、富士和夏普。CCD 光敏区单元需要独特的工艺，这导致其难以与驱动电路和信号处理电路单片集成，从而不利于片上处理模拟信号和数字信号。同时，CCD 阵列驱动脉冲复杂，需要使用相对高的脉冲电压，不能与超大规模深亚微米集成技术兼容。同时，随着 CCD 应用范围扩大，其缺点逐渐显露出来，因此，CCD 技术也在不断改进。

1）采用新材料、新工艺提升图像传感器的光电转换效率。CCD 像素尺寸的缩减会明显削弱饱和输出电压和感光灵敏度，尤其是尺寸缩小到 $2\mu m$ 以下时，灵敏度会显著降低。为了提升量子效率，通过在像元上架设微透镜或通过材料 Si_3N_4 侧墙隔离缩小栅间距，提高填充因子；采用背照式技术提高有效感光面积，同时降低寄生电容，改善转换因子。柯达公司发明了氧化铟锡电极，作为传统的多晶硅电极的替代品，其良好的蓝光透过率可以显著提高 CCD 的光能转化效率。为了提高低照度下传感器的灵敏度，基于电离倍增效应的 CCD——EMCCD（electron multiplying CCD）的概念被提出。它是在增强型 CCD 和电子轰击 CCD 的基础上发展起来的新型微光成像器件。

2）采用新噪声压制技术提升 CCD 信噪比。埋沟工艺可以有效降低界面态对暗电流的产生，但其制造工艺复杂。采用脉冲调制技术，利用电荷泵元原理，使得 CCD 沟道表面界面陷阱被空穴填充。同时，采用掩埋式光电二极管也可以有效降低暗电流。

3）降低 CCD 功耗，提高集成度。NEC 公司采用 CCD 寄存器单层电极结构和减少栅交叠电容，将驱动电压降低至 2.1V。日本三洋公司采用测量隔离技术成功地将工作电压减小到 7V，有利于低功耗的实现。MIT 工作人员将 CMOS 和 CCD 工艺相结合，实现了 CCD 与模数转换器的单片集成。NEC 公司开发了新型复合氧化层晶体管放大器，其薄栅有效地增大了放大器增益和栅电容，降低了读出噪声。

4）对帧率的提升。视频和动态追踪需求对 CCD 的帧率提出了更高的要求。一般相机的扫描模式分为快照模式和查看模式。针对上述模式，NEC 公司提出了隔行扫描图像读取模式，对相应颜色的像元电荷进行混合，得到 3∶1 的压缩图像，以提高帧率。飞利浦公司和荷兰代尔夫特理工大学也提出了横向欠采样模式，以牺牲分辨率的代价提高图像的读取速率。即在查看模式下，图像分辨率不变。在快照模式下，帧转移时期垂直方向欠采样，这样可以保证时钟频率不变，帧率加倍。CCD 信号在光明区产生，并传递到存储区存储，然后由水平移位寄存器输出，其中普通的并行串存储结构如图 4.37 所示。为了进一步提高电荷在存储区的转移速率，提出一种原位图像传感器结构，如图 4.38 所示。这种信号的单向传输模式极大地简化了栅和金属连线的结构，减小了存储区域面积，减小了存储区内产生的噪声，使拍摄帧率接近 CCD 存储器的传输速率。

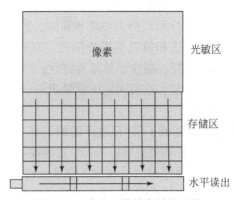

图 4.37　普通电荷储存转移结构

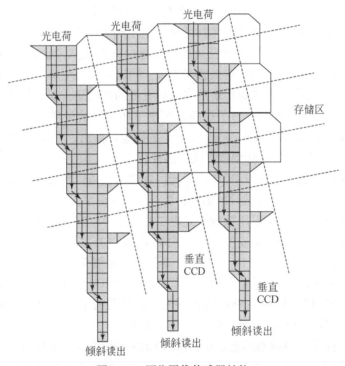

图 4.38　原位图像传感器结构

5）新像素架构的提出。由于传统 CCD 光电二极管采用矩形设计，其尺寸受到很大限制。一般采用高填充像素以提高图像质量，但会削弱观光度和信噪比及动态范围。通过对人类的视觉进行研究，日本富士公司开发研制了超级 CCD。超级 CCD 诞生之前，普通CCD 都是中规中矩的方形矩阵结构，而超级 CCD 与其最大的差异就是它八边形的感光点和旋转 45°的排列方式，如图 4.39 所示。

传统全色彩 CCD 的水平方向像素只包含两种颜色，必须读出两行像素才可以获取有效的彩色信息。超级 CCD 特殊的排列组合方式使得其成像单元在垂直和水平方向上的距离都很近，从而能够捕捉到更多纵向和横向上的视觉信息，还能获取更高的分辨率。采用

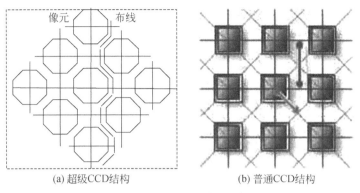

(a) 超级CCD结构　　　　　　(b) 普通CCD结构

图 4.39　超级 CCD 结构示意图

如此设计的 CCD 除了可以 1/2 或其他比率的垂直跳跃读出，还可以进行水平 1/3 的跳跃读出，从而获得高质量的视频输出。

　　为了进一步提高 CCD 的动态范围，超级 CCD 的改进型——超级 CCD SR（super dynamic in range）可以在现有技术上提升两倍，甚至有更高的动态范围延伸效果。其基本架构如图 4.40 所示，在 CDD 表面微透镜上布设两个光敏二极管，其中一个负责捕捉正常光线信号和暗信号，另一个负责捕捉高亮区域的信号。最后通过计算机实现两种信号的合成。

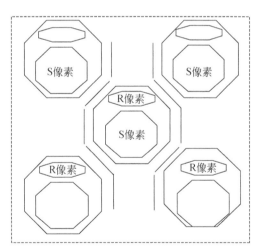

图 4.40　超级 CCD SR

　　超级 CCD 的出现使很多领域注入了新的活力，最先研究这技术的富士公司都在竭尽全力对它进行研究并把它应用在产品中。不过在实际产品应用中，虽然像素分辨率有所提高，但这种技术的可靠性还有待研究，在实际应用中还没有达到预先期待的结果。

　　图像传感器只能记录光强，不具备颜色识别能力。一般全色彩相机采用像素表面镀拜耳阵列薄膜，通过对光的过滤，像素只感应特定光谱光强，后期通过计算机处理获得彩色信息。这种处理方式使得光信息减少了 1/3 以上。为了实现在不降低光信息的情况下仍然获得图像色彩信息，美国富尔文（Foveon）公司推出了全色彩相机，其原理如图 4.41 所示，利用不同波段光在材料中的穿透深度差异，实现色彩信息收集。

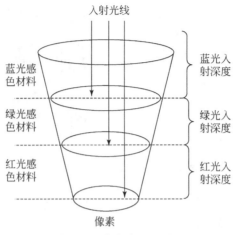

图 4.41 全色彩相机原理

民用和军用需求存在使得 CCD 未来主要向低功耗、极高分辨率、高动态范围、全色彩、宽光谱探测和极低照度微光夜视方向发展。通过新型材料替代硅、削减像素尺寸、设计新像素架构新存储读取，同时提高芯片集成度，提高成品率，降低生产成本，实现 CCD 传感器性能质的飞跃。

4.3.3 CMOS 图像传感器的应用

CMOS 图像传感器是在标准 CMOS 工艺下发展起来的，相比于 CCD 技术，早期 CMOS 工艺特征尺寸大、氧化层质量差，导致其图像噪声明显高于 CCD。因此，CMOS 自诞生以来就一直伴随着噪声的去除。随着特征尺寸的缩减和新像素架构的提出，尤其是 20 世纪 90 年代有源像素的提出，在像素内进行前级电荷放大，这种模式减少了后级电路噪声在信号中的比重，从而提高了传感器的信噪比。但因为每个有源像素都拥有独立电荷到电压的转换电路，其包含放大器、噪声校正和数字化电路，像素和输出链的失配导致了固定图像噪声（fixed pattern noise，FPN）的产生。同时，这些额外的功能将增加芯片设计的复杂性，减少可用于光捕获的面积。90 年代研发的相关双采样技术极大地降低了图像传感器的固定图像噪声，同时，表面钉扎型光电二极管技术的实现使得 CMOS 图像传感器的暗电流大幅降低，采用新型 8T 像素架构的 CIS 可以在全局曝光模式下有效降低寄生光电效应引入的噪声。上述技术的应用有效提升了 CMOS 图像传感器的成像质量。例如，佳能最近推出的高端 CMOS 图像传感器实现了超低光照下（0.03lx）清晰成像，可对 8.5 等星成像，灵敏度超过 EMCCD。再如，美国 Vision Research 的高速相机 Phantom v1610 采用 CMOS 图像传感器可实现百万分辨率下的 16000 帧频。在高灵敏度、高速和高分辨率成像领域，可以说 CMOS 图像传感器可以全面取代 CCD。

在航天应用领域，CMOS 工艺中的栅极氧化层约为 CCD 工艺下的 1/10，且杂质较少，因此，宇宙射线不易对器件产生永久损伤，CMOS 图像传感器具有优良的抗辐照性能。例如，180nm 工艺下的 CMOS 图像传感器抗辐照度超过 70krad，约为 CCD 器件的 4 倍。另外，CMOS 器件可以通过片上监控系统降低辐照影响，防止单粒子翻转。CMOS 器件无需复杂的辅助支撑电路，无需机械快门和制冷装置，非常适合长寿命在轨运行。因此，在未来空间探测领域，CMOS 图像传感器将得到极大的应用。

CMOS 图像传感器利用 CMOS 技术的工艺扩展性能，以及图像处理器和模数转换器等更强的逻辑功能，来实现一套完整的片上相机解决方案。CMOS 图像传感器具有便于大规模生产，而且速度快、成本较低、集成度高的优势，这将是数字相机关键器件的发展方向。经过不断的改进，CMOS 的成像质量已经赶上，甚至超过了 CCD，已经有逐渐取代 CCD 感光器的趋势，并有望在不久的将来成为主流的感光器件。

标准 CMOS 工艺下晶体管间的栅间距必须满足最小工艺要求，因此，晶体管主要依靠其顶部的金属互连线连通，其原理如图 4.42 所示。因此，基于传统 CMOS 工艺的栅间隔将存在势垒，无法完成信号的无损传递。

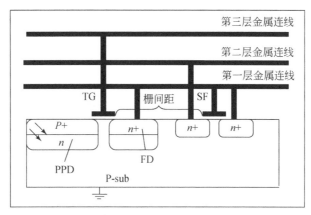

图 4.42　CMOS 金属互连

随着 CMOS 工艺的改进和特征尺寸的缩减，已有的 CIS 工艺已经可以实现极窄栅间距间的电荷转移。但是新工艺下的图像传感器性能还需要进一步探索，图像传感器的性能有待进一步提升。

第 5 章 多模态 CMOS 传感器设计

5.1 新传感器设计概念

随着我国高新技术企业设计制造能力的快速发展，我国的微电子技术在很多领域中都走到了国际前沿，甚至在某些领域处于领先地位。但是其在集成电路设计和制造方面一直受制于日本和美国等发达国家。芯片是电子行业的灵魂，图像传感器芯片是图像采集设备的灵魂。基于"传感器基元程控技术"，设计出了 MS-CCD 和 MS-CMOS，突破了传统采样控制模式，是一种全新的图像传感器应用框架，成倍地提高了传感器的感光灵敏度，提高了图像空间分辨率，实现了我国在芯片设计和应用能力上的创新，具有完全自主知识产权，将图像传感器应用水平推上了一个更高的台阶。

5.2 多模态 CMOS 传感器设计

基于"传感器基元程控技术"设计的 MS-CCD 和 MS-CMOS，其架构探测器重点实现下述 4 种关键性技术：①采样成像模式间的灵活切换功能；②超分辨率图像获取功能；③数字多级可控 TDI 功能；④动目标追踪检测功能。通过对该项技术进行研究，将极大地提高我国图像芯片的自主研发能力，同时，相关技术也可以移植于导弹预警、视频监控和高速检测等视频图像领域。

为了满足探测器的功能需求，其核心器件——图像传感器性能应满足高量子效率、高信噪比、高分辨率和高帧转移速率等指标。为了使图像传感器实现上述性能和功能，针对芯片设计和架构，从以下 4 个方面展开研究：①像素结构设计及单元优化；②传感器驱动电路和读出电路的设计；③分离功能模块片上集成；④芯片整体性架构。

图像传感器实现了将光学信号转换成相应的数字信号，如图 5.1 所示，其主要构件包括像素、LVDS 通道、ADC 转换器等基本单元。高性能、多功能图像传感器的研发正是基于各个构件性能的有机构成。基于多模态超级图像传感器的任务要求，本书重点解决图像传感器设计领域中以下 4 个关键性技术问题：①高性能传感器设计；②高分辨率大面阵图像传感器设计；③高效灵活驱动模块的配置；④多功能芯片整体性架构设计。

首先，将拟实现的功能模块化，完成具有特定功能模块集成的技术验证；其次，根据分离功能验证的技术反馈，完成对整个芯片的架构，并对整体性能进行优化；最后，由分到总，实现片上多功能的集成和样机的生产。

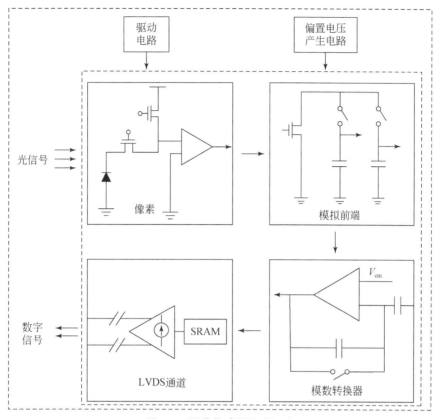

图 5.1　图像传感器芯片组成

5.3　基元程控技术

　　为了实现 MS-CCD 和 MS-CMOS 图像传感器构建,主要从图像传感器关键性能和制约关系入手,针对传统的 CMOS 探测器架构提出了基元程控技术,即利用 CMOS 图像传感器集成度高的优点,通过在片上集成预置程控单元,并配置可变参量,实现多模态图像传感器纵轴开窗、窗口独立曝光、灵活选取图像及 TDI 级数灵活可控 4 种功能。在上述功能实现的基础上,进一步挖掘芯片的潜力,提高传感器成像性能。基于传统 CMOS图像传感器架构,不论是面阵还是线阵,片上仅存一个读出通道,单次成像仅输出一幅图像。为了实现多模态超级传感器对海量数据的吞吐能力,本书对像素阵列数据输出提出多重程控架构,原理如图 5.2 所示,其感光阵列由多个具有独立读出通道的单线阵构成。基于此种架构的图像传感器能够控制单线阵独立曝光,单次成像可以生成多幅数字序列图像,实现图像信号的相关双采样。上述技术的应用可最大限度降低图像噪声,单次可输出 N 幅图像的信号,供后续数据采样处理和图像重组,进一步提高图像分辨率。

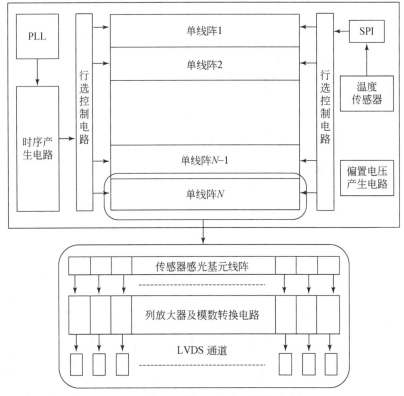

图 5.2　多重程控 CMOS 探测器架构图

针对特定场合感兴趣区域（region of interesting，ROI）研发的基元程控技术能够实现程控灵活开窗技术、开窗独立曝光时间、程控灵活选取图像及 TDI 级数灵活可控 4 种功能。其中程控灵活开窗技术可使传感器沿纵轴方向开窗，窗口大小、位置、数量根据需求灵活可控；开窗独立曝光时间可使不同开窗区域拥有相对独立的曝光时间，同时获得区域在强弱光场的细节；程控灵活选取图像实现图像传感器采样在不同功能模式之间的转换，即既能提高帧转移速率，又能降低数据的冗余度；TDI 级数灵活可控功能的实现，使 TDI 推扫方向和信号累加级数完全由人为设置参数控制，可根据实际情况灵活调整对动态地物的检测方案。上述功能应用可实现图像信息的高效提取和处理。

5.4　传感器性能实现及优化

多模态超级传感器的研发主要围绕 CMOS 图像传感器的关键性指标展开，其主要性能包括量子效率、信噪比、分辨率、图像帧率等。具体涉及图像传感器基元架构、信息获取处理方式、芯片功能架构和多种功能集成等。因此，针对多模态超级传感器性能研发的技术总线和技术路线如图 5.3 和图 5.4 所示。

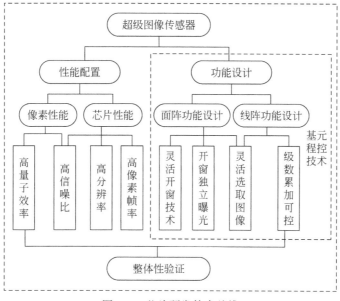

图 5.3　芯片研发技术总线

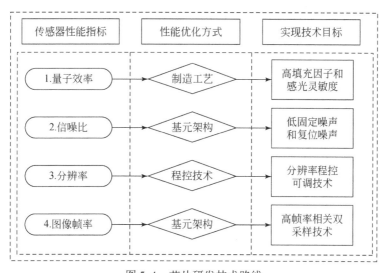

图 5.4　芯片研发技术路线

5.4.1　量子效率

量子效率是反映图像传感器光电转换灵敏度的一个重要特性，与光谱波长有关，可以表征为入射到探测器基元表面的光子能够产生光生电子空穴对的百分比。通常希望图像传感器系统的量子效率越高越好，从原则上来说，只要入射光子能量大于硅的带隙宽度（1.124eV），就将产生一个电子空穴对，量子效率为 1。但是这种理想特性在实际应用中是无法实现的。光子注入过程中产生的注入损失，以及光生载流子的复合效应都会降低量子效率。为降低量子效率的损失途径，可以在传感器基元表面覆盖一层抗反射涂层，另外，利用像素有限的面积，设计合理的像素版图结构，会提高感光基元的填充因子。

通过对基元感光元件进行物理建模，利用半导体工艺仿真工具进行仿真分析，研究效率损失机制，计算光子注入深度，以及载流子复合和产生时间，设计合理的半导体物理参数，从制造工艺的角度优化该特性。

5.4.2　信噪比

图像传感器信噪比定义为，在一定工作条件下，输出信号与噪声的比率。提高输出信号幅值与降低传感器基元噪声都是提高信噪比的途径。不考虑增益可调放大器等后端电路产生的模拟噪声，以及模数转换器的量化噪声，影响图像传感器性能的噪声主要有两类，固定模式噪声与随机噪声。其中固定模式噪声与工艺偏差有关，如感光元件的响应率差异、晶体管的阈值电压差异等；随机噪声包括复位噪声、源跟随器散粒噪声和沟道电阻热噪声等。对于典型的 4 晶体管基元架构，应用全局快门则无法实现相关双采样，将会导致较大的固定模式噪声。要同时实现相关双采样降噪和全局快门，通常要 5 晶体管基元及以上基元架构。但是在基元内增加晶体管往往会引入额外的噪声问题，同时降低了填充因子，影响传感器灵敏度特性。通过新型基元架构进行电路仿真和分析，可以确保在实现全局快门工作方式的同时，最大限度地降低传感器噪声的影响。

5.4.3　分辨率

分辨率的提高通常被认为是一种技术领先优势，这种观点并不正确。对于尺寸相近的传感器芯片，分辨率越高，感光基元密度越大，单个基元感光面积必然越小，较小的感光面积比较大的感光面积捕获的光子数目少。在相同的照度下，小基元比大基元灵敏度低很多。因此，高分辨率传感器虽然可以获得高分辨率信息，但实际上损失了暗部信息，无法记录低照度信息。这种情况下，无论采用何种后续软件图像处理方法，都不可能重现未被记录的信息。同样，采用大基元也无法获得采用小基元所获得的分辨率，虽然可以通过差值运算等提高分辨率，但只是对真实视觉信息的一种近似，原始信息已经丢失。采用一种传感器分辨率程控可变方法，使一个传感器可以满足不同需求的应用场合，大幅提升开发效率，降低开发成本。同时，也可以根据像素尺寸和结构设计合理、相对应的高分辨率ADC，提升数字图像的分辨能力。

5.4.4　图像帧率

图像传感器的帧率定义为单位时间所记录的帧数。高帧率可以得到更流畅、更逼真的视觉体验。CMOS 图像传感器采用标准工艺，易于实现片上高度集成，可实现高速成像应用。提高帧率的方法有：①用全局快门技术实现高速图像传感器，即所有基元同时开始和终止光积分，可以有效控制高速应用中运动物体产生的模糊拖影现象。②在像素尺寸已定的情况下，利用先进工艺尽可能集成更多的 LVDS 通道，如采用顶部和底部同时输出信号的方式。③合理架构像素的输出方式，实现读取通道的复用。④提高时钟脉冲频率等。

通过对上述图像传感器性能进行研究，对基元架构合理设计，以及对制造工艺进行优化，实现高性能图像传感器的制作。

5.5 采样模式研究

卫星采样模式设计是 MS-CMOS 传感器技术的核心内容。采样模式的设计理念如下。

1）成像模式灵活，可以获取多种分辨率的卫星图像数据。

2）图像混叠复杂度低，有利于高效图像处理算法，便于在星上实现。

3）能够较好地实现分辨率提升及能量积分功能。

4）能支持图像运动地物检测及其他应用。

一般的倾斜角及采样频率之间的通用函数关系为，$S = S(\alpha, F)$ 及 $F = F(\alpha)$；其中 S 为分辨率提高程度；α 为倾斜角度；F 为采样频率。

在获得通用公式的前提下，分析不同情况对图像分辨率的提升效果，并基于采样模式的设计理念对采样公式的适应性进行分析，并根据已有的先验知识进一步评估不同采样模式的效能，梳理并建立航天遥感应用需求体系，将应用需求与效能指标相对应，从而建立最佳的 MS-CMOS 采样模式。

面向目标精细特征获取、运动地物检测及参数测算、自适应暗弱信息提取等应用需求，针对 MS-CMOS 的成像特点，研究 MS-CMOS 采样模式，重点研究面向不同成像任务的 MS-CMOS 采样频率控制、传感器优化配置、空间布局等，实现差异化多模态 MS-CMOS 信息获取。

5.5.1 面向目标精细及暗弱特征提取的 MS-CMOS 传感器设计

目标精细及暗弱特征获取重点考虑所获取图像的信噪比和超分辨率的潜力。通过一种基于同平台多传感器的探测方法，所述装置包括传感器布局设计和运动目标探测的方法，如图 5.5 所示。

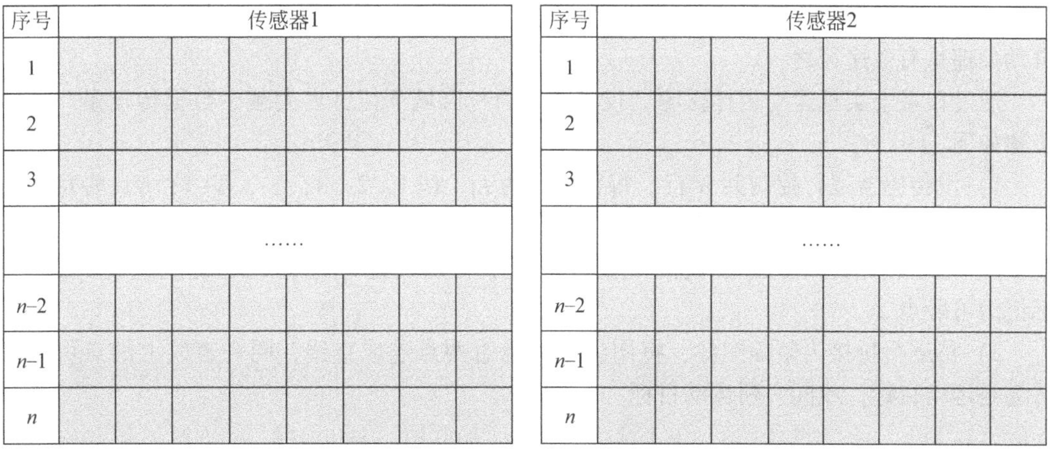

图 5.5 多模态传感器采样模式设计图

1）采用两片传感器沿卫星飞行方向排列，获取的图像分别为 I_1 和 I_2。

2）利用 I_1 和 I_2 所获取的图像进行差值处理，得到结果图像 I_3。

3）设置阈值为 0.2，图像 I_3 中梯度大于该阈值的区域即为运动目标所在区域。

4）设传感器 1 与传感器 2 成像时差为 T，运动距离为 S，运动目标速度为 $V=S/T$。

5）传感器布局。

5.5.2　基于传感器逐行控制的运动目标探测方法

运动地物检测强调运算效率。可以采用一种基于传感器逐行控制的运动目标探测方法，如图 5.6 所示。

序号	传感器1							输出
1								
2								→$|L_2-L_1|$
3								→$|L_3-L_2|$
				……				
$n-2$								→$|L_{n-3}-L_{n-2}|$
$n-1$								→$|L_{n-2}-L_{n-1}|$
n								→$|L_n-L_{n-1}|$

图 5.6　多模态传感器采样模式设计图

1）将传统的逐行累加最后输出，修改为逐行相减，然后逐行输出。

2）设置梯度阈值为 0.2，将图像中梯度大于 0.2 的像素点标记为可疑点。

3）利用霍夫变换求解任意两点直线，同一条直线上的点可以确认为同一目标或一列运动方向相同的目标。

传感器逐行控制带来的问题之一就是数据传输的压力。高频次成像导致数据量剧增，远远超出现有数据传输所能承受的范围。因此，必须通过技术途径缩减数据传输量，星上自动处理是有效途径之一。

通过在星上实现运动目标探测，仅将运动目标区域下传，大大减少数据传输量。具体步骤如下。

1）设传感器逐行控制共 N 行，每行数据为 L_I，$I=1$，2，3，…，$N-1$，N。将每行输出由累加输出改变为相邻行做差并取绝对值，即 $|L_I-L_{I-1}|$，逐行输出。

2）由于相邻行只有运动目标产生较大的差，可以设置阈值为 0.2，梯度超过 0.2 的点标记为可疑点。

3）将逐行拼接为整幅图像，将图像中的任意两点连成直线，同一直线上的点可以被认为是运动目标，或同一列运动目标。

5.5.3　基于传感器隔行控制的运动目标探测方法

基于传感器隔行控制的运动目标探测方法，包括传感器控制模块设计和运动目标星上自动探测方法，如图 5.7 所示。

序号	传感器1						输出
1							
2							$\rightarrow\lvert L_{1+m}-L_1 \rvert$
3							$\rightarrow\lvert L_{2+m}-L_2 \rvert$
				……			
n−2							$\rightarrow\lvert L_{n-2}-L_{n-m-2} \rvert$
n−1							$\rightarrow\lvert L_{n-1}-L_{n-m-1} \rvert$
n							$\rightarrow\lvert L_n-L_{n-m} \rvert$

图 5.7　多模态传感器采样模式设计图

1）将传统的逐行累加最后输出，修改为隔行相减，然后逐行输出。

2）根据所述运动目标星上自动探测的方法，其特征在于设置梯度阈值 0.2，将图像中梯度大于 0.2 的像素点标记为可疑点。

3）利用霍夫变换求解任意两点直线，同一直线上的点可以确认为同一目标，或一列运动方向相同的目标。

传感器隔行控制带来的问题之一就是数据传输压力。高频次成像导致数据量剧增，远远超出现有数据传输所能承受的范围。因此，必须通过技术途径缩减数据传输量，星上自动处理是有效途径之一。

通过在星上实现自运动目标探测，仅将运动目标区域下传，大大减少数据传输量。具体步骤如下。

1）设传感器隔行控制共 N 行，每行数据为 L_I，$I=1$，2，3，…，$N-1$，N。将每行输出由累加输出改变为隔行做差并取绝对值，即 $\lvert L_{I+M}-L_I \rvert$，$\lvert L_{I+M}-L_I \rvert$，逐行输出，$M$ 的值可根据运动目标速度设置为 2 ~ 10 的值。

2）由于相邻行只有运动目标产生较大的差，可以设置阈值为 0.2，梯度超过 0.2 的点标记为可疑点。

3）将逐行拼接为整幅图像，将图像中任意两点连成直线，同一直线上的点可以被认为是运动目标，或同一列运动目标。

5.5.4　基于传感器相邻区域控制的运动目标探测方法

基于传感器相邻区域控制的运动目标探测方法，包括传感器控制模块设计和运动目标星上自动探测方法，如图 5.8 所示。

序号	传感器1						输出
1							
2							
3							
			......				
$m\times2$							$\rightarrow sum(1,m)-sum(m+1,m\times2)$
			......				......
n							$\rightarrow sum(n-m,m)-sum(n-m\times2,n-m+1)$

图 5.8　多模态传感器采样模式设计图

1）将相邻 M 行累加取均值，然后逐区域相减，最后输出。

2）根据权利要求 1 所述运动目标星上自动探测的方法，其特征在于设置梯度阈值为 0.2，将图像中梯度大于 0.2 的像素点标记为可疑点。

3）利用霍夫变换求解任意两点直线，同一直线上的点可以确认为同一目标，或一列运动方向相同的目标。

传感器相邻区域控制带来的问题之一就是数据传输的压力。高频次成像导致数据量剧增，远远超出现有数据传输所能承受的范围。因此，必须通过技术途径缩减数据传输量，星上自动处理是有效途径之一。

通过在星上实现自运动目标探测，仅将动目标区域下传，大大减少数据传输量。具体步骤如下。

1）设传感器相邻区域控制共 N 行，每行数据为 L_I，$I=1$，2，3，$\cdots$，$N-1$，N。将每行输出由累加输出改变为逐区域累加，$S_I=L_I-M+L_I-M+1+\cdots+L_I$，$I=M+1$，$M+2$，$M+3$，$\cdots$，$N-1$，$N$，然后逐区域做差取绝对值，$\text{LOUT}=|S_I+M-S_I|$，$M$ 的值可根据运动目标速度设置为 2～10 的值。

2）由于相邻行只有运动目标产生较大的差，可以设置阈值为 0.2，梯度超过 0.2 的点标记为可疑点。

3）将逐行拼接为整幅图像，将图像中的任意两点连成直线，同一条直线上的点可以被认为是运动目标，或同一列运动目标。

5.5.5　基于传感器高频采样的运动目标探测方法

基于传感器高频采样的运动目标探测方法，包括传感器布局设计和运动目标探测方法，如图 5.9 所示。

1）将传感器采样频率提高 1 倍，获取沿卫星飞行方向采样密度提升 1 倍的图像 I。

2）利用获取的高分辨率图像 I 计算运动目标的运动速度。

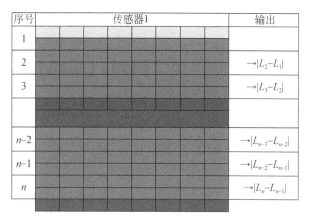

图 5.9　多模态传感器采样模式设计图

5.5.6　基于倾斜采样传感器斜模式的运动目标探测方法

基于倾斜采样传感器斜模式的运动目标探测方法，包括传感器布局设计和运动目标探测方法，如图 5.10 所示。

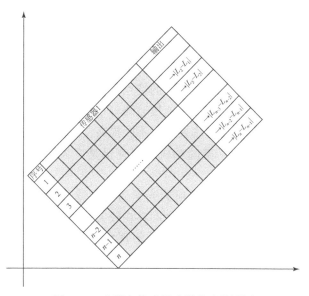

图 5.10　多模态传感器采样模式设计图

1）将传感器旋转 45°放置，同时将采样频率提升 1.4 倍，获取沿卫星飞行方向和垂直于卫星飞行方向采样密度均提升 1.4 倍的图像 I_1 和 I_2。

2）利用获取的高分辨率图像 I 计算运动目标的运动速度。

第6章 数字域 TDI-COMS 技术

6.1 概　述

随着科学技术的不断发展，以及人类对宇宙空间认识的不断加深，人类的开发活动领域从陆地、海洋延伸到大气层，又拓展到宇宙空间。尤其是1957年第一颗人造地球卫星成功发射以后，空间科学研究进入了空前的新局面。航天技术逐渐成为一个国家科技水平和国民经济实力的重要标志，以及促进科技发展、增强经济与国防实力的重要手段。

航天技术作为一门尖端而又极其复杂的综合科学技术，包括遥感、遥测、空间监视、生物学、医学、天文学等多学科技术领域。1960年世界第一颗航天成像卫星于美国发射成功，掀起了空间遥感技术的历史新篇章，空间遥感在各国迅速发展。作为航天技术的一个重要应用领域，空间遥感已成为科学技术研究的热点。目前，空间遥感领域主要依靠航天器（包括卫星、载人航天器、载人空间站和航天飞机等）载体平台上安装的观测设备，如光学遥感相机、成像光谱仪和合成孔径雷达等，在轨道空间获取对地、天体及各种宇宙现象的大量遥感数据信息，从而快速、全面、精确地测定、搜集、定位目标。在诸多空间遥感器中，空间相机以其高分辨力、高可靠性的特点，被广泛应用于军事侦察、测绘、导弹预警、地球资源普查、气象观测、环境和地震监测等军用和民用的各个领域。随着人类对所获取信息的空间分辨率和时间分辨率要求的不断提高，对空间相机的设计、制造和控制技术也提出了更高的要求，因此，空间相机的研究仍是广大工程技术人员所面临的重大问题。

目前，高分辨率成像应用，尤其是航天光学遥感领域，普遍采用 TDI-CCD 作为图像传感器。因为推扫式遥感相机与地面景物之间存在较大的相对速度，使用普通面阵图像传感器拍照会出现拖尾、混叠、模糊和信噪比低的现象，而 TDI-CCD 利用电荷行转移、多级积分等方式匹配星地间相对速度，并提高成像信噪比，是解决空间光学相机推扫成像的理想方式。

然而，随着航天 TDI-CCD 相机的应用，其固有的不足逐渐被人们所认识，概括起来主要包括以下几个方面。

1）TDI-CCD 一般只有几个固定级数可选，级数不能连续调整会带来在某些应用场合得不到合适灰度值的弊端。

2）TDI-CCD 通常只能正向扫描清晰成像，难以在反向扫描或很多大角度敏捷成像应用中达到要求。

3）TDI-CCD 的像移补偿依赖于复杂的机械调偏流机构，以及高精度、高实时性的调偏流控制机构。

4）TDI-CCD 任意时刻所拍摄的图像都不一样，无参照评价给 TDI-CCD 遥感相机图像法在轨自动调焦带来了很大困难。

5）TDI-CCD 价格昂贵，尤其对于我国目前只能依赖于进口的情况。

6）TDI-CCD 需要的偏置电源多，一般为十几种稳定的直流电源，因此，给电源系统的设计带来很多困难。

7）TDI-CCD 的控制时序信号要求严格，通常需要增加一级驱动电路将普通时序波形拉偏至所需电平。

8）TDI-CCD 输出为微弱的模拟信号，易被干扰，因此，在 PCB 和连接线设计中需要充分考虑 TDI-CCD 输出信号的完整性。

9）TDI-CCD 功耗大，一般达到几瓦量级。

10）TDI-CCD 输出为模拟信号，需要增加 A/D 转换等视频处理电路，增加了成像系统的体积、重量和功耗。

上述诸如 TDI-CCD 成像系统结构复杂、电源种类繁多、费功耗、体量大、焦平面热控难度高、级数不可连续调整、需要调偏流机构配合像移补偿、只可单向扫描拍照、图像信息不能随机读取等缺点制约了 TDI-CCD 相机的应用与发展，同时，也不利于未来卫星集成化、小型化的发展趋势。因此，寻求空间高分辨成像的新型技术迫在眉睫。

TDI-CCD 相机的这些不足之处是由 TDI-CCD 器件本身固有特点所决定的，不更换 TDI-CCD 图像传感器很难克服这些不足。于是，与 CCD 同时期诞生的 CMOS 图像传感器进入了航天相机研究者的视野。

近些年来，CMOS 图像传感器以系统集成度高、功耗小、供电电源种类少、外围处理电路规模小、系统重量轻、使用灵活等优势逐渐受到了研究领域的关注，成了研究热点。尤其是随着 CMOS 图像传感器制造工艺的进步，其成像质量与 CCD 不相上下，从而推动 CMOS 图像传感器迅速应用于数码相机、手机、平板电脑等成像设备中，随着 CMOS 应用的不断拓展及其生产工艺水平的进步，CMOS 有取代 CCD 成为未来主流图像传感器的趋势。

在航天应用方面，目前 CMOS 图像传感器已经应用于星敏感器、空间可视监控系统、可视遥感星跟踪器系统、飞船监视器、火星探测器和天体跟踪器中，在空间光学领域展现出了广阔的应用前景。然而 CMOS 在推扫式遥感相机方向的应用还存在某些技术困难，这是因为 CMOS 图像传感器多为面阵结构，难以像 CCD 一样在其内部实现 TDI 功能，所以目前主流遥感相机仍以 TDI-CCD 构架为主。

从 CMOS 传感器的特点可以看出，CMOS 更适合空间应用，而且恰好可以克服 CCD 成像系统的诸多不足。那么如何解决 CMOS 在高分辨率航天遥感器中应用的瓶颈，从而代替 TDI-CCD 呢？数字域 TDI 技术为 CMOS 传感器应用于高分辨率航天遥感提供了一种崭新的思路，使 CMOS 代替 TDI-CCD 成为可能，为未来航天相机向高集成、轻小型化、低功耗方向发展奠定了良好的基础。

6.2　数字域 TDI-CMOS 成像系统

6.2.1　TDI 成像技术概述

对于普通线阵传感器来说，器件灵敏度和光敏元面积是确定值，在输入光照恒定时，欲提高传感器灵敏度，唯一的办法就是增加积分时间，然而增加积分时间将降低空间分辨力，因此，普通线阵传感器无法满足高分辨率的需求，不适用于高速、微光应用。另外，推扫式遥感相机与地面景物之间存在较大的相对速度，使用普通面阵图像传感器拍照会出现拖尾、混叠、模糊和信噪比低的现象。时间延迟积分技术对同一移动中的物体进行多次曝光，积累多次的入射光可大幅提升图像信号和整体亮度，很好地解决了灵敏度与速度、分辨力之间的矛盾。因此，目前对于高分辨率成像的应用，尤其是航天光学遥感领域，普遍采用 TDI 技术。

外界景物经过镜头、图像传感器和一系列处理电路转化为数字图像，这个过程经历了 3 个域：电荷域、模拟域和数字域。因此，TDI 最终实现了对信号的延时累加，必须在这 3 个域中的某个域内进行。目前，TDI 技术的研究多局限于 CCD 工艺，而且航天遥感领域普遍采用 TDI-CCD 作为图像传感器。TDI-CCD 通过势阱和势垒的交替变换在电荷域实现存储转移累加过程，但 CMOS APS 内的电荷不可以长时间存储，因此，对于 CMOS 图像传感器，只能从模拟域或数字域实现 TDI。

1. 电荷域 TDI

时间延迟积分技术对同一移动中的物体进行多次曝光并累加，是解决空间光学相机推扫成像的理想方式。目前，高分辨率成像应用，尤其是在航天光学遥感领域，普遍采用 TDI-CCD 作为图像传感器，国内如天绘一号、嫦娥一号、嫦娥二号、资源三号遥感相机均采用 TDI-CCD。国外如美国的 IKNOS、QuickBird、WorldView、GeoEye 等商业卫星，以及法国的 Pleiades 卫星也都采用 TDI-CCD。因为 TDI-CCD 图像传感器是电荷域 TDI 技术的代表和良好实现，因此，下文以 TDI-CCD 为例说明电荷域 TDI 技术。

从结构上看，TDI-CCD 像一个长方形的面阵 CCD，但从功能上说，它是一个线阵输出 CCD。如图 6.1 所示的 TDI-CCD，其成像区可以看作由 M 行垂直 CCD 寄存器组成。TDI-CCD 为线扫描器件，列数即为像元数，对应于垂直 CCD 寄存器的个数；行数则对应于 TDI 级数。成像区下方有一个转移栅（shifting gate，SG），用于控制电荷从最后一行像元转移到水平移位寄存器，之后经过运放、相关双采样等电路后输出模拟电压。

TDI-CCD 基于对同一移动中的物体进行多次曝光，通过时间延迟积分的方法，积累多次的入射光，增强了光能的收集能力，大幅提升图像信号及整体亮度。很好地解决了灵敏度与速度、分辨力之间的矛盾。假设 TDI-CCD 静止，以运动的小球（地物目标像素）通过传感器阵列来形象描述 TDI-CCD 的工作原理，如图 6.2 所示。

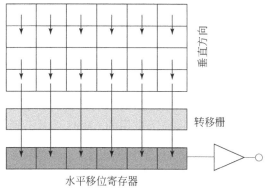

图 6.1　TDI-CCD 结构图

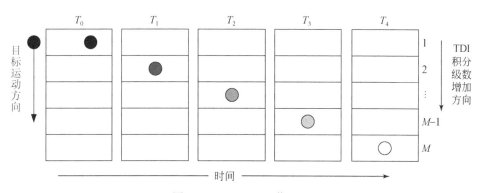

图 6.2　TDI-CCD 工作原理

在推扫成像过程中，目标像素将自上而下依次扫过各级 TDI 像元，而每级像元对目标的凝视时间为一个曝光积分周期 T。在第一个积分周期，TDI-CCD 的第一行，即第一级像元，对目标曝光，并收集电荷。此时异于普通 CCD，光电荷并没有直接输出，而是在曝光结束后转移到第二级像元。在第 2 个积分周期，目标恰好移动到第二级像元的成像区域，第二级像元对同一目标曝光，并在前级转入电荷的基础上继续收集该次曝光的电荷，当曝光积分结束时，累加的电荷再转入第三级像元。在第 3 个积分周期，第三级像元按照同样的方式对同一目标曝光，并进行电荷收集累加和转移。依此类推，直到第 M 个积分周期，此时目标已经移动到该行像元的成像区域，第 M 级像元的光电荷与前面共 $M-1$ 级像元对同一目标的光电荷进行累加后，经过 SG 转入水平移位寄存器，然后同与普通 CCD 传感器读出。显然，M 级积分读出的电荷是单级光电荷的 M 倍，若响应率为 R，其输出信号为

$$S_{\mathrm{tdi}} = E \cdot A \cdot R \cdot T \cdot M$$

式中，E 为输入光照度；A 为传感器的光敏元面积；T 为积分时间。同时，M 级积分的总噪声信号只增加了 $\sqrt{M}$ 倍。

由此可见，级数的增加等效于积分时间的增加或入射照度的增强。所以，在积分时间相同时，TDI-CCD 器件的灵敏度比普通 CCD 高很多，特别适合高速、高分辨率、低光强应用。

2. 模拟域 TDI

对于模拟域 TDI，目前国内外的多数研究集中在模拟域 TDI-CMOS 芯片的研究。如图 6.3 所示，美国 NASA Jet Propulsion Laboratory 最初提出将 CMOS APS 输出映射到一个同样大小的低噪高速模拟电荷"积分器"，在积分电路中实现信号的转移叠加，经过 M 级积分后再将模拟信号送至 ADC 模块。其中模拟电荷积分器附加在 CMOS 传感器的电路结构中。比利时的 CMOSIS 公司研制出一款面向航天应用的 CMOS 芯片，通过在模拟域开辟积分电路的方式实现 TDI 功能（简称模拟域 TDI-CMOS 芯片）。E2V 公司最新推出的 4 线阵 CMOS 相机，在 4S 模式下，相邻两行之间的积分也是通过增加存储、积分电路实现的。韩国科学技术院（Korea Advanced Institute of Science and Technology，KAIST）也开展了相关研究，提出一种新型 CMOS 电荷转移读出电路，实现深度为 64 位的 TDI 操作。

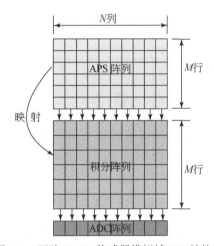

图 6.3　面阵 CMOS 传感器模拟域 TDI 结构图

目前，国内也陆续展开了基于 CMOS 传感器的高分辨率成像技术研究。高峻等在文献中描述了一种高性能 CMOS 线阵 288×4 读出电路的设计，通过在每一列设置输入、积分和列选择三级大规模混合信号电路，实现模拟域 TDI 功能。高静等在文献中论述了利用 SMIC 0.35μm CMOS 工艺实现面阵 CMOS TDI 的电路结构，通过增加积分电路累积曝光像素列完成 TDI，并分析了器件噪声和积分器噪声对电路的影响。

模拟域研究 TDI 比较多的原因是，研究者深受 TDI-CCD 积分原理的影响，追求将 TDI 功能集成入芯片内部。随着低噪声开关电容电路和 CMOS 有源像素传感器的发展，在模拟域实现 CMOS 图像传感器的 TDI 功能在原理上是可行的。此外，TDI 过程越接近成像链路的起点，叠加噪声越小，信噪比越高。由电荷域、模拟域和数字域的对比可知，电荷域离成像链路的源头最近，模拟域次之，数字域最远。由于 CMOS 很难在电荷域实现 TDI，数字域又远离链路源头，所以很多研究者折中地选择在模拟域研究 TDI 技术。

模拟域 TDI 技术需要复杂的硬件电路设计，依赖于复杂的 CMOS 制造工艺，实现难度较大；而且其针对性太强，对不同型号 CMOS 的普适性差。数字域 TDI 恰好可以克服以上缺点，其优势明显。

3. 数字域 TDI

数字域 TDI 是指使时间延迟积分的操作借助于可编程器件、外部存储器等在模数转换后的图像信号上完成，因为 TDI 的过程发生于数字域，因此，文中简称为"数字域 TDI"。数字域 TDI 结构图如图 6.4 所示，传感器直接输出经 ADC 模块转换后的单次曝光对应的数字电压值，在目标与传感器的相对运动过程中，由可编程器件（如 FPGA 等）控制实现同一景物多次曝光数字电压值的累加，从而等效于积分时间的增加，大幅提升图像亮度。

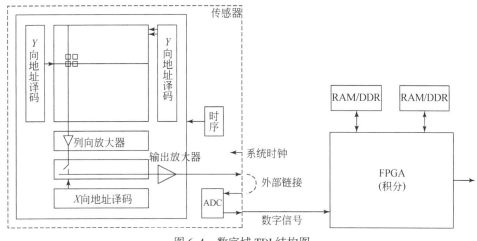

图 6.4　数字域 TDI 结构图

数字域 TDI 脱离传感器内部构造的束缚，因此其适用性、移植性更强，而且其不受制于光电传感器器件的制造工艺，比较适合我国芯片制造业不发达的现状。同时借助于灵活的 FPGA 操作可以实现任意大小、任意方向扫描清晰成像和级数的连续调整，弥补 TDI-CCD 的不足。虽然数字域 TDI 远离链路源头，但其噪声抑制问题并非无法解决，通过探究数字域 TDI 信噪比特性，进而寻求有效的降噪方法，可以弥补数字域 TDI 长链路耦合噪声多的缺陷。CMOS 本身为面阵输出，具有面阵拍照和高清动态视频成像模式，多种成像模式协同工作改变了遥感卫星传统、单一的拍照模式，极大地拓展了遥感相机的功能，使其更智能、更可靠、更灵活。

6.2.2　CMOS 图像传感器的工作原理

CMOS 图像传感器是一个高集成化的图像系统，其组成结构框图如图 6.5 所示。由组成框图可以看出，CMOS 图像传感器主要包含以下部分，用于产生光电效应的像素感光阵列、时序控制电路、列向及行向控制电路、寄存器模块、模拟信号处理电路、ADC 模块，另外，某些类型的 CMOS 图像传感器还可能包括存储器和读出控制电路。

CMOS 图像传感器的工作流程如图 6.6 所示，主要环节如下。

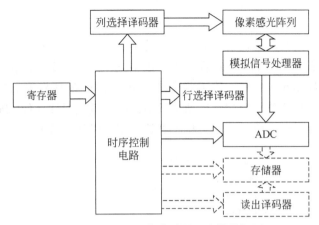

图 6.5　CMOS 图像传感器组成结构框图

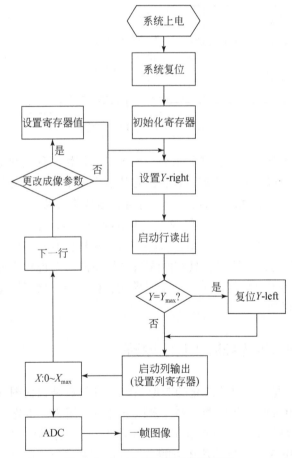

图 6.6　CMOS 传感器工作流程图

1. 系统复位

系统上电后, 应用系统复位信号将所有内部寄存器清零。

2. 初始化

设置内部寄存器的初始化值, 如快门方式选择、开窗大小及位置、增益、偏置、积分时间等。在成像过程中如果需要更改成像参数, 可以通过并行 (时序图如图 6.7 所示) 或串行通信方式更新相应寄存器的值。

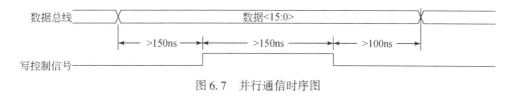

图 6.7　并行通信时序图

3. 帧触发

由帧触发信号启动新的一帧图像的读出。

4. 行触发

利用行触发信号启动新的一行图像数据读出, 包括同步和下载 X- 寄存器。读完一行后会发出指令, 用以指示该行读出完毕和下行数据读出触发的标记。

5. 信号采样/保持

为了适应 A/D 转换器的工作, 设置采样/保持脉冲。

6. A/D 转换

ADC 模块对一幅图像进行数据采集、量化和数字转换。

6.2.3　数字域 TDI-CMOS 成像系统

数字域 TDI-CMOS 成像系统充分利用、发挥 CMOS 传感器的优势, 将 TDI 工作原理和 CMOS 成像原理充分结合起来, 其系统功能框图如图 6.8 所示。该系统具备面阵拍照、动态视频和时间延迟积分三种工作模式, 而且三种模式可根据拍照需求以指令控制的方式任意切换。多成像模式是对目前航天相机单一成像模式的一大突破, 极大地补充了航天相机的工作范围和工作时间, 增强了航天相机的成像能力。尤其是数字域 TDI 成像模式操作灵活, 不仅级数可以连续调整, 而且可以实现任意速度大小和任意速度方向的推扫成像, 特别适用于灵巧或敏捷对地观测成像应用。

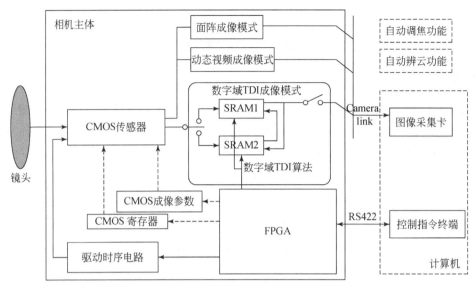

图 6.8　数字域 TDI-CMOS 相机成像系统功能框图

另外，数字域 TDI-CMOS 成像系统凭借面阵成像基础，还为航天相机增添了很多灵活实用的功能，如在轨自主调焦和自动辨云等。因为 TDI-CCD 任意时刻所拍的图像都不相同，所以难以用图像法判定相机聚焦情况，不利于遥感相机进行在轨自主实时调焦。另外，线阵输出图像也不能满足辨云等特殊应用的需求。然而面阵成像则有利于在轨自主调焦和自动辨云的实现。

6.2.4　数字域 TDI-CMOS 成像系统与 TDI-CCD 成像系统性能比较

数字域 TDI-CMOS 成像系统与 TDI-CCD 成像系统都是瞄准航天高分辨成像应用，两者在性能表现上各有优劣。

1. 成像模式

TDI-CCD 的时间延迟积分发生于电荷域，在器件内部，沿着级数减小的方向，电荷逐级转移，因此，电路结构固定，成像模式也局限于扫描成像。然而，数字域 TDI-CMOS 成像系统以面阵成像为基础，可实现面阵拍照、高清动态视频和时间延迟积分三种工作模式，而且三种模式可根据拍照需求以指令控制的方式任意切换。

2. 双向扫描成像

通常，TDI-CCD 芯片只具有正向扫描清晰成像功能，在反向或倾斜（存在一定偏流角）扫描成像时，会因为像移不匹配而导致图像模糊。这是因为 TDI-CCD 一旦制造成型，其电荷转移方向也就确定了，从而决定了其只能沿电荷转移的单一方向扫描成像。虽然现阶段可以定制或购买某些型号的双向扫描 TDI-CCD，但是需要增加一倍电路结构，硬件及功耗等开支大。数字域 TDI 成像模式则可以利用灵活的数字域操作模式，实现任意速度大小和任意速度方向的扫描成像，因此，其特别适用于灵巧或敏捷对地观测成像应用。

3. 级数调整

TDI-CCD 的级数通常只能在 16、32、48、64、96 等几个数值中选择，显然这种离散级数调整方法在某些情况下得不到合适的图像灰度值。数字域 TDI-CMOS 成像系统则可以在一级至最大允许级数范围内连续调整时间延迟积分的次数。

4. 附加功能

数字域 TDI-CMOS 成像系统凭借其面阵成像的基础，可以为航天相机增加很多实用的功能，如自主调焦、自动辨云等在轨自主处理功能。然而，这对于 TDI-CCD 成像系统则十分困难。例如，TDI-CCD 传感器输出的是场景实时变化的图像，任意时刻的图像都不相同，因此，应用图像法自主调焦时前后图像不再有所参照，这给调焦评价带来了极大的困难。

5. 供电与功耗

CMOS 图像传感器通常只需要单一供电电源即可工作，非标准电压由芯片内部转换解决。典型的 CMOS 图像传感器功耗只有几十毫瓦，系统功耗也大约只有 10W。TDI-CCD 需要外界提供近 20 路模拟驱动信号、12 种不同非标准电压的电源。只 TDI-CCD 芯片本身功耗就达到瓦级，加之需要复杂的外围电路，成像系统功耗通常达到数十瓦。

6. 体量

CMOS 传感器的模数转换、信号放大等视频处理电路都集成于芯片内部，因此，成像系统的体积和重量都可以控制在一个较小的范围内。TDI-CCD 成像系统需要有驱动芯片、预放芯片、A/D 转换芯片等大量外置电路，大量外置电路使得 TDI-CCD 成像系统体积很大，同时也增加了系统的重量。

7. 成本

低成本一直是 CMOS 图像传感器的一大优势，也是近些年来 CMOS 传感器迅速占领绝大多数工业和民用市场的一个重要原因。TDI-CCD 在成本方面一直是它的一个劣势。

8. 灵敏度

灵敏度表征图像传感器光敏元在光电效应下产生光电荷的能力。CMOS 图像传感器灵敏度较差，相对于 TDI-CCD 低 30% ~ 50%。这是因为 CMOS 图像传感器采用 0.18 ~ 0.5mm 标准 CMOS 工艺，耗尽区深度只有 1 ~ 2nm，因此，像元对红光及近红外光吸收困难。而 CCD 传感器的像元耗尽区达到 10nm 深度，对可见光和近红外波段光具有近完全收集能力。

9. 开窗

CMOS 图像传感器采用 X-Y 寻址方式，具有任意感兴趣区域开窗选择功能。CMOS 图像传感器的感兴趣区域开窗选择功能不仅能有效提高帧频或行频，而且可以避免大量无效信息的获取。而 TDI-CCD 传感器的顺序读出信号结构使其开窗能力有限。

10. 像素读出频率

CMOS 器件的模拟部分全部集成在芯片内部完成，只需外界提供基频时钟与帧同步信号即可工作，通常只需 3 路常规电源供电，而且直接输出数字图像信号，不需要任何外围模拟电路，所以其像素读出频率远高于 CCD，CYIL2SM1300AA 的像素读出频率已经高达 620 Mpix/s。TDI-CCD 成像系统中大量模拟电路的存在也使得像素读出频率难以提高。虽然 TDI-CCD 芯片本身的像素读出频率最高能达到 25MHz，但在实际应用中，为了保证图像信噪比，一般采用 10MHz 以下的像素读出频率。

11. 抗辐射性

TDI-CCD 传感器的像素单元由 MOS 电容构成，电荷激发的量子效应易受辐射线的影响，而 CMOS 图像传感器的像素单元由光电二极管构成，因此，CMOS 图像传感器的抗辐射能力比 CCD 强十多倍，有利于军事和强辐射应用。但是很多 CMOS 图像传感器为了追求高填充因子，通常会增加一个微透镜，因此，在空间或其他强辐射应用时还需要考虑微透镜带来的影响。

6.3　数字域 TDI 成像技术原理

6.3.1　基本数字域 TDI 算法

数字域 TDI 算法是整个相机设计的核心，而为使算法更适合空间高分辨率成像，必须从传感器成像特点出发。现有面阵 CMOS 图像传感器几乎均有两种电子快门：同步快门和卷帘快门。

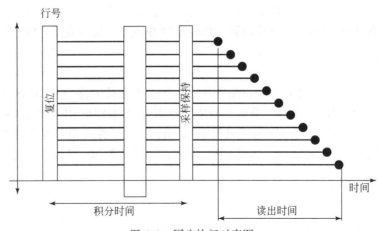

图 6.9　同步快门时序图

同步快门像元阵列的所有行同时曝光，积分结束后再逐行读出，即积分和读出是分时进行的，如图 6.9 所示，其帧周期为

$$T_{\text{frm,syn}} = T_{\text{int,syn}} + T_{\text{readout,syn}}$$

$$= T_{\text{int,syn}} + \left(\text{rbt} + n_{\text{pixels}} \cdot \frac{1}{f_s} \right) \cdot n_{\text{lines}} \tag{6.1}$$

CMOS 图像传感器的卷帘快门与胶片式相机的机械式焦平面快门工作原理相似，如图 6.10 所示。在一个帧周期内读出某行像元的同时，其余行进行复位积分，即一帧图像像元的读出和曝光是并行的，但同一行读出和曝光则是分时进行的。因此，每行像元的积分时间 $T_{\text{int,roll}}$ 与一帧图像所含行数紧密相关：

$$T_{\text{line,roll}} \leqslant T_{\text{int,roll}} \cdot (n_{\text{lines}} - 1) \tag{6.2}$$

$$T_{\text{line,roll}} = \text{rbt} + n_{\text{pixels}} \cdot \frac{1}{f_s} \tag{6.3}$$

由式（6.3）可得，卷帘快门方式下帧周期 $T_{\text{frm,roll}}$ 为

$$T_{\text{frm,roll}} = \left(\text{rbt} + n_{\text{pixels}} \cdot \frac{1}{f_s} \right) \cdot n_{\text{lines}} \tag{6.4}$$

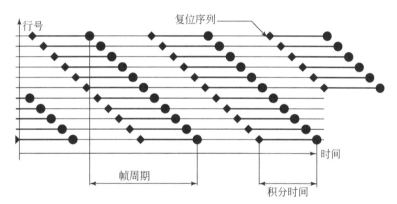

图 6.10　卷帘快门时序图

设 $n_{\text{pixels}} = 1280$，像素读出频率为 40MHz，由式（6.1）～式（6.4）可得，同步快门和卷帘快门一个帧周期内曝光积分时间所占百分比分别为

$$\eta_{\text{int,syn}} = \frac{T_{\text{int,syn}}}{T_{\text{int,syn}} + 35.5 \cdot n_{\text{lines}}} \times 100\% \tag{6.5}$$

$$\eta_{\text{int,roll}} \leqslant \frac{n_{\text{lines}} - 1}{n_{\text{lines}}} \times 100\% \tag{6.6}$$

式中，$T_{\text{frm,syn}}$ 和 $T_{\text{frm,roll}}$ 分别为同步快门和卷帘快门的帧周期，每帧时间又包括积分时间和像素读出时间；$T_{\text{int,syn}}$ 和 $T_{\text{int,roll}}$ 分别为同步快门和卷帘快门的积分时间，传感器利用该时间曝光产生光电荷；$T_{\text{line,roll}}$ 为像素阵列行周期；rbt 为行空白时间，典型值为 3.5μs，CMOS 图像传感器必须利用此时间进行相关双采样；f_s 为像素读出频率；n_{lines} 为每帧图像行数；n_{pixels} 为每行像元数。

对比式（6.1）～式（6.6）可得，在相同的开窗大小和积分时间下，卷帘快门帧频约为同步快门的两倍；相同的帧频时卷帘快门每行像元的曝光时间更长。因此卷帘快门更

利于微光成像。另外，卷帘式快门成像质量优良，具有较低的噪声。然而卷帘快门的缺点是使运动物体成像发生失真，因此，在推扫成像应用中必须分析利用卷帘快门工作时所有像素不同时曝光引起的像移影响。本书利用两种快门分别设计数字域 TDI 算法，并进行分析比较。

　　数字域 TDI 算法流程如图 6.11 所示，而整个算法又包括两部分，首先计算满足后端数字域叠加要求的传感器时序参数，利用 FPGA 控制 CMOS 图像传感器按满足快门方式和 TDI 双重要求的时序工作；其次利用 FPGA 控制数字域各帧像素阵列向对应像素逐行或隔行叠加，得到时间延迟积分图像。其中，第一步控制时序的产生是整个算法的基础和关键，其核心又在于最佳行周期、逆程和开窗行数等时序参数计算公式的推导。

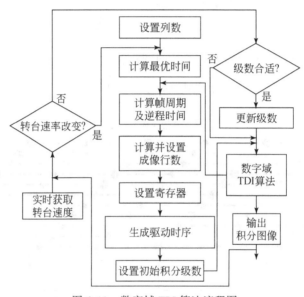

图 6.11　数字域 TDI 算法流程图

1. 时序参数计算

（1）卷帘数字域 TDI 算法时序参数

首先以选用卷帘快门为例，详细阐述数字域 TDI 算法的设计和实现，并将此算法简称为卷帘数字域 TDI。

在实际推扫过程中，推扫速度不可能恒定不变，因此，根据设定行周期推算并控制转台速度的方法存在弊端。尤其是卷帘快门较同步快门对像移匹配要求更高，而本书提出的根据转台速度实时调整最佳行时间的卷帘数字域 TDI 算法，可以克服该弊端。假设偏流角为 0，后端数字域 TDI 采用逐行叠加方式，用角速度为 ω 的转台控制推扫过程，传感器与转台中心轴线的距离为 l，则由推扫速度决定的最佳行周期 $T_{\text{line,TDI}}$ 计算公式为

$$T_{\text{line,TDI}} = \frac{a}{\omega \cdot l} \tag{6.7}$$

每个行周期又由有效（帧周期）和无效（逆程）工作时间组成：

$$T_{\text{frm,roll}} + T_{\text{nicheng}} = T_{\text{line,TDI}} \qquad (6.8)$$

式中，a 为传感器像元尺寸；T_{nicheng} 为逆程时间，该时间段内传感器无动作，但必须用于实现 TDI 行周期连续可调，且满足：

$$0 \leqslant T_{\text{nicheng}} \leqslant T_{\text{line,roll}} \qquad (6.9)$$

由式（6.3）、式（6.6）、式（6.7）、式（6.8）可得，面阵 CMOS 传感器控制时序中行读出脉冲数目（即成像窗口行数）n_{lines} 和逆程时间计算公式分别为

$$n_{\text{lines}} = \frac{\dfrac{a}{w \cdot l} - T_{\text{nicheng}}}{\text{rbt} + n_{\text{pixels}} \cdot \dfrac{1}{f_{\text{s}}}} \qquad (6.10)$$

$$T_{\text{int,roll}} = \frac{a}{w \cdot l} - \left[\left(\text{rbt} + n_{\text{pixels}} \cdot \frac{1}{f_{\text{s}}} \right) \cdot \text{rem} \left(\frac{\dfrac{a}{w \cdot l}}{\left(\text{rbt} + n_{\text{pixels}} \cdot \dfrac{1}{f_{\text{s}}} \right)} \right) \right] \qquad (6.11)$$

当像移速度不匹配时，可以调整卷帘开窗行数（粗调）或逆程时间（精调）来改变像移速度，从而改善像移失配引起的成像模糊。FPGA 利用以上时序参数的推导公式可完成对 CMOS 图像传感器进行驱动，然而时序参数的推导必须根据后端数字域 TDI 算法，而且必须经过数字域 TDI 算法后才能得到积分图像。

（2）同步数字域 TDI 算法时序参数

CMOS 传感器的同步快门又包括非流水同步快门和流水同步快门两种工作模式。下面分别推导两种情况下的时序参数计算公式。

1）非流水同步快门

非流水同步快门的工作时序如图 6.12 所示，一帧图像的所有像素同时曝光，曝光结束后再依次读出各行数据，所有数据读完后再进行下一帧图像的曝光。

图 6.12　非流水同步快门工作时序

式中，FOT 为帧头时间，一般在几十微秒以下，几乎可以忽略。在该模式下，若逆程时间为 0，则推扫成像的行周期等于帧周期：

$$
\begin{aligned}
T_{\text{frm,syn}} &= T_{\text{int,syn}} + T_{\text{readout,syn}} \\
&= T_{\text{int,syn}} + \text{FOT} + T_{\text{image-readout,syn}} \\
&= T_{\text{int,syn}} + \text{FOT} + \left(\text{rbt} + n_{\text{pixels}} \cdot \frac{1}{f_{\text{s}}} \right) \cdot n_{\text{lines}}
\end{aligned} \qquad (6.12)
$$

$$T_{\text{frm,syn}} + T_{\text{nicheng}} = T_{\text{line,TDI}} \qquad (6.13)$$

$$0 \leqslant T_{\text{nicheng}} \leqslant T_{\text{line,syn}} \qquad (6.14)$$

由式（6.12）和式（6.13）可得，面阵 CMOS 图像传感器同步快门控制时序中行读出脉冲数目（即成像窗口行数）n_{lines} 和逆程时间计算公式分别为

$$n_{\text{lines}} = \frac{\dfrac{a}{w \cdot l} - T_{\text{nicheng}} - T_{\text{int,syn}}}{\text{rbt} + n_{\text{pixels}} \cdot \dfrac{1}{f_{\text{s}}}} \tag{6.15}$$

$$T_{\text{nicheng}} = \frac{a}{w \cdot l} - T_{\text{int,syn}} - \left(\text{rbt} + n_{\text{pixels}} \cdot \frac{1}{f_{\text{s}}} \right) \cdot n_{\text{lines}} \tag{6.16}$$

2）流水同步快门

流水同步快门的工作时序如图 6.13 所示。与非流水同步快门一样，流水同步快门一帧图像的所有像素也同时曝光，曝光结束后再依次读出各行数据，但不同的是，下一帧图像的曝光可以与上帧图像的读出并行完成，只要读出在曝光结束前完成即可。图 6.13（a）和图 6.13（b）分别列出了曝光时间长于和短于读出时间的流水同步快门的工作时序。

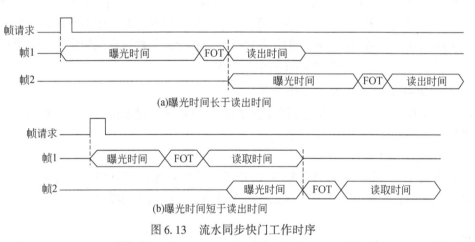

图 6.13　流水同步快门工作时序

定义行周期为一帧图像的读出开始到下帧图像的读出开始之间的时间间隔，或者一帧图像的曝光开始到下帧图像的曝光开始之间的时间间隔。显然，流水同步快门的行频不再等于帧频。以图 6.13（a）为例进行分析，可得

$$\begin{aligned} T_{\text{frm,syn}} &= T_{\text{int,syn}} + T_{\text{readout,syn}} \\ &= T_{\text{int,syn}} + \text{FOT} + T_{\text{image-readout,syn}} \\ &= T_{\text{int,syn}} + \text{FOT} + \left(\text{rbt} + n_{\text{pixels}} \cdot \frac{1}{f_{\text{s}}} \right) \cdot n_{\text{lines}} \end{aligned} \tag{6.17}$$

$$T_{\text{line,TDI}} = T_{\text{int,syn}} + \text{FOT} + T_{\text{nicheng}} \tag{6.18}$$

$$T_{\text{nicheng}} = \frac{a}{w \cdot l} - T_{\text{int,syn}} - \text{FOT} \tag{6.19}$$

综合考虑图 6.13（b）的情况，得到时序参数计算公式：

$$T_{\text{line,TDI}} = \begin{cases} T_{\text{int,syn}} + \text{FOT} + T_{\text{nicheng}}, & T_{\text{int,syn}} \text{ longer} \\ \text{FOT} + \left(\text{rbt} + n_{\text{pixels}} \cdot \dfrac{1}{f_s} \right) \cdot n_{\text{lines}} + T_{\text{nicheng}}, & T_{\text{readout,syn}} \text{ longer} \end{cases} \tag{6.20}$$

$$T_{\text{nicheng}} = \begin{cases} \dfrac{a}{w \cdot l} - T_{\text{int,syn}} - \text{FOT}, & T_{\text{int,syn}} \text{ longer} \\ \dfrac{a}{w \cdot l} - \text{FOT} - \left(\text{rbt} + n_{\text{pixels}} \cdot \dfrac{1}{f_s} \right) \cdot n_{\text{lines}}, & T_{\text{readout,syn}} \text{ longer} \end{cases} \tag{6.21}$$

以上为流水同步快门的数字域 TDI 算法中行周期和逆程时间时序参数的计算公式。

为了最大化提高灵敏度，增加曝光时间，行数应设置为满足成像质量要求的最小级数。最小级数又要求与 CMOS 图像传感器的填充因子有关。可见，一旦行数和行频确定，即可根据约束条件和实际情况，合理分配曝光时间和逆程时间的比例。

（3）"卷帘快门效应"分析

CMOS 图像传感器每个像元的光电转换和电荷收集与 CCD 类似，光电二极管将照射到上面的光子转换为电荷，然后光电荷在电容器中积分，其中，光电流积分的曝光时间由复位信号控制。然而，与 CCD 不同，为了节省成本，CMOS 图像传感器通常不会设置帧缓存器，因此，其像素只能串行读出。图 6.14 是一个典型的 CMOS 图像传感器内部结构图，可以看到 CMOS 图像传感器内部仅有一行读出电路，所以决定了在每次读出操作中，只能由行选择信号选取一行进行读取。读取信号经过列放大器放大后，经过 ADC 模数转换后输出数字图像。

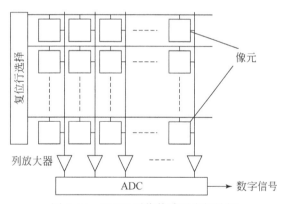

图 6.14　CMOS 图像传感器内部结构

因为只有一行像素读出电路，所以各行的读出不可能有交叠。显然采用卷帘快门模式工作时，每一行的采样时间和积分曝光开始时间都是不同的。图 6.15 列出了卷帘快门读出和曝光的时序图。因为每行曝光开始必须发生在该行前帧读出完成之后，因此，每行曝光积分开始时间也不相同，正因为如此，当相机与目标景物存在相对运动时，会使拍摄图像失真。由卷帘快门带来的运动图像失真称为"卷帘快门效应"。"卷帘快门效应"的严重程度与曝光时间和读出时间长短有关。分析可知，当读出时间与积分时间相当，甚至更长时，相邻两行曝光开始的时间相差很大，会使得"卷帘快门效应"显著。

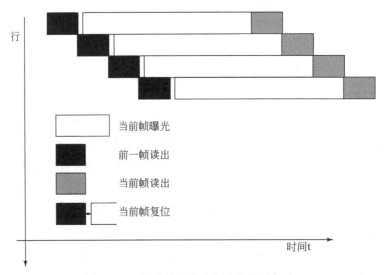

图 6.15　卷帘快门读出和曝光的时序图

因为 TDI 成像过程需要成像系统和目标之间满足一定的相对运动，而且运动方向与扫描方向一致，因此，以三角板沿着传感器扫描方向移动为例说明卷帘快门的成像失真。图 6.16 左侧为三角板沿着传感器扫描方向移动过程的曝光示意图，右侧为成像结果。可见目标运动方向与传感器扫描方向一致时，会导致目标图像几何拉伸；反之，会导致目标图像压扁。

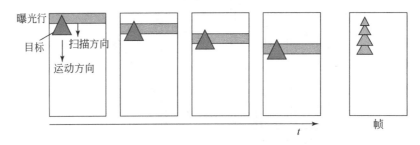

图 6.16　卷帘快门扫描方向失真

"卷帘快门效应"引起的像移会对数字域 TDI 算法带来较大的影响，尤其是在行频较慢时影响更为突出。同步快门则可以有效避免此问题，而且随着同步快门流水操作模式的不断成熟和应用，其在帧频方面并不逊色于卷帘快门，因此，在器件选型和驱动程序设计时首选流水同步快门来设计数字域 TDI 算法。

2. 基于 FPGA 的数字域图像延时叠加

以三级积分为例，逐行叠加的同步数字域 TDI 算法工作原理如图 6.17 所示，卷帘数字域 TDI 算法原理与其类似。

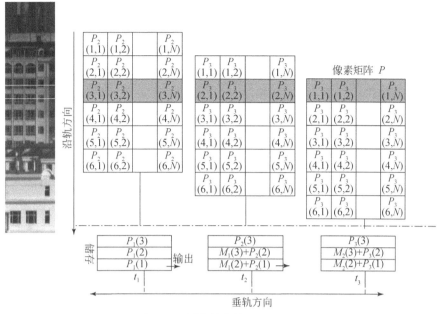

图 6.17　同步数字域 TDI 原理图

在进行推扫成像时，在第一个行周期，CMOS 传感器输出像素矩阵 P_1，FPGA 控制前 3 行数据写入存储器 M 中；经过一个行周期，传感器沿推扫方向移动一个像元宽度，并输出第二帧图像 P_2，此时线阵 1 对应的客体与前帧线阵 2 对应的客体相同，因此，FPGA 控制 P_2 前三行数据，与 P_1 对应数据叠加后存入存储器；同理，第 3 个行周期，存储器 M_1 中存储的是当前帧线阵 1、前一帧线阵 2 和前两帧线阵 3 对同一客体成像数据的叠加，存储器 M_2 中为当前帧线阵 2 和前一帧线阵 3 成像数据的和，M_3 中暂存当前帧线阵 3 的成像数据。每个行周期 M_1 数据叠加完成后，在 FPGA 控制下输出，此时三级积分输出信号为

$$N_{\text{signal}}\ (3)\ =P\ (3)\ +P_2\ (2)\ +P_1\ (3) \tag{6.22}$$

因此，可以推导出 M 级 CMOS 数字域 TDI 算法输出信号灰度值计算公式为

$$N_{\text{signal}}\ (k,\ M,\ j)\ =P_k\ (1,\ j)\ +P_{k-1}\ (2,\ j)\ +\cdots+P_{k-(M-2)}\ (M-1,\ j)\ +P_{k-(M-1)}\ (M,\ j),\ 1\leqslant j\leqslant N \tag{6.23}$$

为了避免饱和溢出失真，当叠加值超过最大量化值时取最大量化值：

$$N'_{\text{signal}}\ (k,\ M,\ j)\ =\begin{cases}N_{\text{signal}}\ (k,\ M,\ j),\ N_{\text{signal}}\ (k,\ M,\ j)\ \leqslant 2^n-1\\ 2^n-1,\ N_{\text{signal}}\ (k,\ M,\ j)\ >2^n-1\end{cases}$$
$$1\leqslant j\leqslant N \tag{6.24}$$

式中，$N'_{\text{signal}}\ (k,\ M,\ j)$ 为第 k 个行周期经过 M 级数字域积分的输出信号值；$P_k\ (i,\ j)$ 为第 k 个行周期，APS 输出像素矩阵的第 i 行、第 j 列信号；n 为量化位数；N 为每行像元数。另外，数字域 TDI 算法的一大优势是积分级数的连续可调。因为积分级数 $M\leqslant n_{\text{lines}}$，而且当积分级数与成像窗口行数 n_{lines} 相等时，TDI 效率将达到最高，因此，为了最大化提高行频，将级数初始值按式（6.25）计算得到，其大小也可在 $[1, M_0]$ 区间得到实时调整。

$$M_0 = \frac{\dfrac{a}{w \cdot l} - T_{\text{nicheng}}}{\text{rbt} + n_{\text{pixels}} \cdot \dfrac{1}{f_{\text{s}}}} \tag{6.25}$$

然而，卷帘快门在一帧曝光时间内也存在像移，因此，卷帘数字域 TDI 算法与图 6.17 所列数字域 TDI 算法略有差别，其示意图如图 6.18 所示。

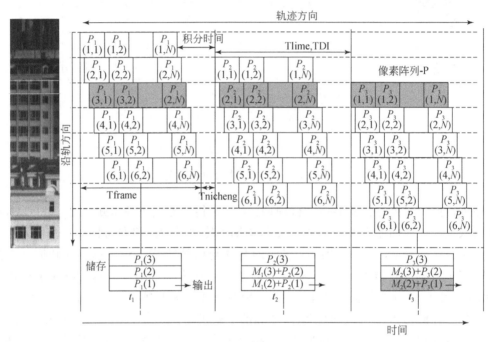

图 6.18　卷帘数字域 TDI 原理图

3. 对比分析

本书分别列出了 CMOS 图像传感器在两种快门三种工作模式下的数字域 TDI 算法的时序计算公式和图像延时叠加。通过对比卷帘、非流水同步快门、流水同步快门三种情况下的数字域 TDI 算法时序计算公式和各自的成像特点，可以得出如下结论。

1）在开窗大小固定的情况下，非流水同步数字域 TDI 的行频最低，根据读出时间与曝光时间比例不同，流水同步数字域 TDI 的行频可能高于也可能低于卷帘数字域 TDI 算法。

2）若开窗大小固定，行频也固定，那么流水同步数字域 TDI 可以获得比非流水同步数字域 TDI 更长的曝光时间，因此，在相同轨道高度和分辨率要求下，使用流水同步数字域 TDI 获取图像的信噪比更高。

3）在同样的信噪比要求下，流水同步数字域 TDI 所需的行转移周期更短，即可以达到的行频比非流水同步数字域 TDI 更高，因此，其更适合高分辨成像应用。

4）在行频一致且总曝光时间一致的条件下，卷帘数字域 TDI 算法的单行像素曝光时间低于流水同步数字域 TDI。

5）推扫相对运动引起的像移会对数字域 TDI 成像质量产生一定的影响，而且卷帘快门较同步快门所受的影响更严重。

根据以上分析结论，书中主要对流水同步数字域 TDI 算法和卷帘数字域 TDI 算法展开进一步研究。

4. 数字域 TDI 算法优化及其实现

图 6.19 积分过程是一个先入后出的操作过程，当积分级数为 4 时，在两个行周期之间，数字信号需要经过三次串行的读写操作来完成信号转移，否则下一行周期信号到来时，原信号将会被淹没。因此，对于物平面上的一行景物，经 FPGA 内部 M 级积分输出时，共需要进行 $M\times(M-1)$ 次存储器读写操作。频繁的读写操作不仅增加了系统的功耗，而且加重了编程负担和出错的可能性。另外，信号的串行转移过程需占用一定的时间，影响 TDI 效率，随着积分级数的增大，串行转移将最终成为提高帧频的瓶颈。

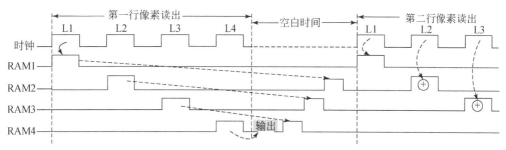

图 6.19　基本数字域 TDI 算法信号流图

针对以上不足，将信号积分过程改进为先入先出的机制，如图 6.20 所示。改进算法将数字信号的串行转移分解到各线阵数据的写入阶段，实现了读写的并行操作。前向转移不仅保证了旧数据在新数据到来前移出，而且彻底解决了信号串行转移的耗时问题。另外，对比图 6.19 和图 6.20 可以发现，对每个存储器的读写操作都各减少一次。若选择成像窗口大小为 $M\times N$，则 M 级积分节约时间为

$$t_{\text{transfer}} = M\times(M-1)\times N\times\frac{1}{f_s} \tag{6.26}$$

式中，f_s 为存储器的读出频率。

工程实现时，若在 FPGA 内部开辟存储空间，则随着积分级数的增加，所需要的双端口 RAM 也相应增加，会导致 FPGA 内部资源紧张，甚至超负荷。对算法实现方式再次进行改进：将数字信号的存储转移到片外，这样不仅可以扩展存储空间，而且利用深度扩展方式和乒乓操作机制可以有效减少存储器的数目，更利于工程实现。

选用两片 $1M\times16\text{bit}$ 的片外 RAM，将每个存储器划分成 m 个连续存储区域，每个区域大小等于图像 CMOS 传感器一个线阵输出的像元数目。设 M 为偶数，第 k 个行周期线阵 i 对应的图像信号用 $S(k,i)$ 表示，它存放在 RAM1 和 RAM2 的固定位置，如图 6.21 所

示。随着级数增大，数字信号的存储不断向纵向深度扩展。通过深度扩展方式来扩展存储区域，有效减少了存储器数目，而且工程实现更加方便。

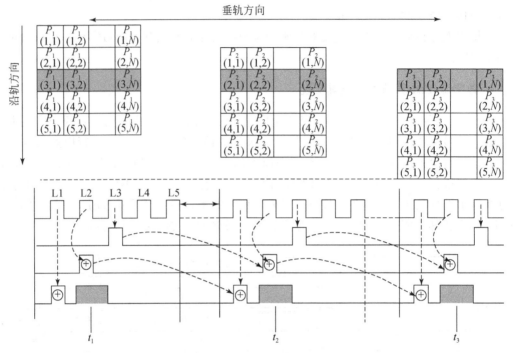

图 6.20　一次改进的数字域 TDI 算法信号流图

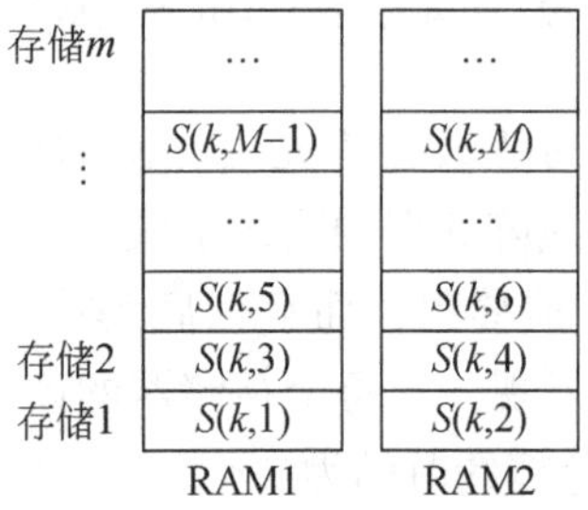

图 6.21　第 k 行周期第 M 个线阵图像信号存储位置关系图

对两个存储器按乒乓操作进行读写，从一个存储器读出前一积分周期信号的同时，与当前积分周期输出信号叠加后，并行存入另一片存储器，实现了读写的并行处理，避免了单个存储器同时读写的问题，如图 6.22 所示。图 6.22 中，$S(k, i)$ 为第 k 个行周期线阵 i 对应的图像信号，$P(k, i)$ 为第 k 个行周期经叠加后存储在片外 RAM 中的图像信号。

输出 M 级积分图像时，为了避免同时读取片外 RAM1 存储区域 1 和存储区域 2 的冲突，利用 FPGA 内部提供的 IP 核，创建大小为每行像元数目的双端口 RAM，专门用于 M 级积分后的图像信号输出。这样，线阵 1 信号在叠加后同时存储到片外 RAM1 的存储区域

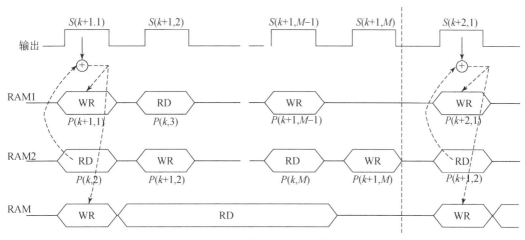

图 6.22 二次改进的数字域 TDI 算法原理图

1 和 FPGA 内部的双端口 RAM。此时，只要在下一行周期前将数据读出就可，这样读出速率可选择的范围更广，而不必受制于像元读出频率。

6.3.2 自适应数字域 TDI 算法

自适应数字域 TDI 算法主要从两方面进行。首先进行自适应曝光算法，通过自适应曝光算法对成像参数进行调整；开始成像后，利用数字域 TDI 算法对相应成像参数下的图像进行像移补偿与配准，最终得到输出图像。

1. 自适应曝光算法

自适应曝光算法主要考虑成像过程中图像亮度与多种参数有关。可以大致表示为如下方程：

$$I = f\left(W_e,\ T,\ G\right)$$

式中，I 为图像输出亮度；f 为曝光函数；W_e 为入射光功率；T 为传感器光曝光时间；G 为成像系统增益。由以上方程可知，调光算法可控区域主要集中在入射光功率、传感器光曝光时间与成像系统增益 3 个部分。

调整入射光功率主要从改变相机的通光孔径（即改变光圈大小）与改变系统入射光的透过率（即改变密度盘的位置）两方面进行，但受制于星载光学系统设计的要求，目前两种方案基本不适用于航天遥感成像。

调整传感器光曝光时间主要考虑调整传感器曝光时间 T_{int} 与积分级数 M；针对 TDI-CCD，由于其无电子快门，所以无法调节曝光时间，可调节参量只有积分级数；TDI-CMOS 与其不同，由于其具备全局快门与卷帘快门等模式，所以除曝光时间以外，曝光参数的选择也会对输出图像产生较大影响。在数字域 TDI 过程中，积分级数 M 的增加会带来一定的像移，像移的产生会对后续 TDI 过程中进行对位配准产生不利影响，而且像移量随级数的增加而增加，所以在成像参数调整的选择上，曝光时间的优先级高于积分级数。

调整成像系统增益 G 可以使 CMOS 信号幅值充满 A/D 量程范围，增大输出数字信号的灰度值范围，实现调光的目的。增益值的设置不是越大越好，因为在信号被放大的同时，噪声也被放大，对增益的调整不会带来信噪比的提升。通常先采用其他调光方法将光积分能量调节到一个合适的范围内，再通过改变增益值调光。所以，改变系统增益实现调光只是一种辅助调光方法，一般不把增益作为第一调光参数。

针对以上分析，结合所选择的 CMOS 传感器，选定数字域 TDI 调光算法中主要调节的成像参数为曝光时间 T_{int}、积分级数 M、成像系统增益 G；在参数选择顺序上，若上行调整，即需要增大相应参数，选择最后调整增益；若下行调整，即需要减小相应参数，最先选择调整增益。

在曝光评价方法的特征参数选择上，主要考虑星上处理的实时性与可操作性需求，选择图像灰度均值 DN_{ave}、图像灰度极大值 DN_{max}、图像灰度极小值 DN_{min} 与图像中饱和点的数量 SAT_{num} 作为统计参数。同时，选取图像灰度均值上限 T_{high}、图像灰度均值下限 T_{low}、图像灰度范围下限 $T_{rg\text{-}low}$、图像中饱和点数量下限 $T_{sat\text{-}low}$ 4 个门限阈值作为判断的准则。用公式表示为

$$\begin{cases} DN_{ave} < T_{low} & \text{曝光不足} \\ T_{low} < DN_{ave} < T_{high} & \text{曝光正常} \\ DN_{ave} > T_{high} & \text{曝光过度} \end{cases}$$

$$\begin{cases} DN_{max} - DN_{min} \geqslant T_{rg\text{-}low} & \text{适合范围} \\ DN_{max} - DN_{min} < T_{rg\text{-}low} & \text{范围窄} \end{cases}$$

$$\begin{cases} SAT_{mm} > T_{sat\text{-}low} & \text{重度过度曝光区域} \\ SAT_{mm} \leqslant T_{sat\text{-}low} & \text{可接受的过度曝光区域} \end{cases}$$

阈值的选取要通过前期实验分析确定，图像灰度极大值 DN_{max}、图像灰度极小值 DN_{min} 的选择要尽量避免噪声干扰。

考虑在轨成像过程中可能会遇到大量云区，云区呈高反特性，对其应用自适应曝光算法，将会不断下调曝光时间与增益，这会导致云缝中的有用地物信息过暗，所以需要先进行自主云区检测，再进行自适应曝光。

首先，为相机设定经验成像参数，将相机调整为面阵模式成像进行预拍，所成图像经由 FPGA 传至 DSP；随后在 DSP 中对图像进行自主云区检测，若检测到一定含量以上的云，则对除去云以外的地物区域进行特征统计与自适应调光计算，对云区亮度特征不予以考虑，若未发现云区或云区少于一定值，则直接进行自适应调光计算；之后根据自适应调光算法计算出的一组成像参数对 FPGA 进行反馈，从而得到反馈后的图像，迭代调光算法，直至所成图像满足阈值设定要求；最后完成参数选择，进入 TDI 成像模式（预设 TDI-CMOS 为 1–M 级连续可调，在确定姿轨信息后，行频必须与像移匹配，此时行转移时间 T_{lines} 确定）。

2. 自适应数字域 TDI 算法

通过预拍进行自适应曝光后，根据所得成像参数开始进行正式成像，并对所成图像进行数字域 TDI 处理。星上姿态与轨道信息变化会带来像移失配状况，进行数字域 TDI 的首要工作为对所涉及的无需求像移进行补偿。

从过景点地理坐标系到光学遥感器像面的坐标变换过程中，共涉及 8 个坐标系，各坐标系定义如下（全部采用右手系）。

（1）地心惯性坐标系 I（i_1，i_2，i_3）

原点 I_0 在地心处，i_2 轴指向北极，i_3 轴为飞行器的轨道平面和赤道面的交点，i_1 轴垂直于 i_2 和 i_3 两轴形成的平面，该坐标系保持惯性空间。

（2）地球坐标系 E（e_1，e_2，e_3）

该坐标系固联于地球，原点 E_0 与坐标系 I 原点 I_0 重合，e_2 指向北极，与 i_2 轴重合，地球坐标系在坐标系 I 内绕 e_2，逆时针方向以角速度 ω 自转。

（3）飞行器轨道坐标系 B（b_1，b_2，b_3）

原点 B_0 在轨道上，b_1 轴指向轨道前向，b_3 轴指向天顶（并过 I 系的原点），b_1 和 b_3 在轨道面内，b_2 与轨道面垂直。坐标系 B 在坐标系 I 内，沿轨道以角速度 Ω 做轨道运动。

（4）景物点的地理坐标系 G（g_1，g_2，g_3）

坐标系 G 的原点 G_0 相机视线与地球表面的交点为该坐标系的原点，g_2 指向北极，与当地经线相切，g_3 指向天顶，并过坐标系 E 的原点，G_2 轴与 G_1 轴和 G_3 轴正交。

（5）飞行器坐标系 S（S_1，S_2，S_3）

该坐标系原点 S_0 与坐标系 B 原点 B_0 重合，飞行器无姿态运动时坐标系 S 和坐标系 B 重合，飞行器的三轴姿态 ϕ、θ、ψ 指坐标系 S 在坐标系 B 内的三轴姿态（推导过程中，飞行器的三轴姿态运动的次序为横滚 ϕ、俯仰 θ、航偏 ψ）。

（6）相机坐标系 C（C_1，C_2，C_3）

相机物镜的节点为该坐标系的原点 C_0，当相机在飞行器内无安装误差时，相机坐标系与飞行器坐标系重合。

（7）像面坐标系 P（P_1，P_2，P_3）

原点为像面中心，P_1 轴和 P_2 轴所在平面即为像面，P 系可以由 C 系沿着 C_3 轴平移得到，而平移距离即为相机的焦距 f。

像移计算过程如下。首先，通过齐次坐标系对景点地理坐标系上景点平面上的一点 $[G_1$，G_2，0，$1]$ 进行 7 次齐次坐标变化，获得其在像面坐标系上的位置矢量，然后再进一步求出其在像面坐标系中的速度矢量。景点地理坐标系到像面坐标系之间的坐标变换示意图和坐标变换过程如图 6.23 所示。

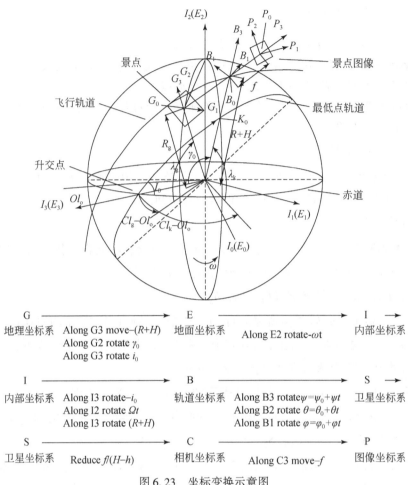

图 6.23 坐标变换示意图

由变换位置方程可以得到从地理坐标系到像面坐标系的变换方程，即像面位置方程为

$$
P = \begin{bmatrix} P_1 \\ P_2 \\ P_3 \\ P_4 \end{bmatrix} = \begin{bmatrix} -\dfrac{f}{(H-h)} & 0 & 0 & 0 \\ 0 & -\dfrac{f}{(H-h)} & 0 & 0 \\ 0 & 0 & -\dfrac{f}{(H-h)} & -f \\ 0 & 0 & 0 & 1 \end{bmatrix} \begin{bmatrix} \cos(\psi_0+\dot{\psi}_t) & \sin(\psi_0+\dot{\psi}_t) & 0 & 0 \\ -\sin(\psi_0+\dot{\psi}_t) & \cos(\psi_0+\dot{\psi}_t) & 0 & 0 \\ 0 & 0 & 1 & 0 \\ 0 & 0 & 0 & 1 \end{bmatrix}
$$

$$
\begin{bmatrix} \cos(\theta_0+\dot{\theta}_t) & 0 & -\sin(\theta_0+\dot{\theta}_t) & 0 \\ 0 & 1 & 0 & 0 \\ \sin(\theta_0+\dot{\theta}_t) & 0 & \cos(\theta_0+\dot{\theta}_t) & 0 \\ 0 & 0 & 0 & 1 \end{bmatrix} \begin{bmatrix} 1 & 0 & 0 & 0 \\ 0 & \cos(\varphi_0+\dot{\varphi}_t) & \sin(\varphi_0+\dot{\varphi}_t) & 0 \\ 0 & -\sin(\varphi_0+\dot{\varphi}_t) & \cos(\varphi_0+\dot{\varphi}_t) & 0 \\ 0 & 0 & 0 & 1 \end{bmatrix}
$$

$$
\begin{bmatrix} 1 & 0 & 0 & 0 \\ 0 & 1 & 0 & 0 \\ 0 & 0 & 1 & -H_0 \\ 0 & 0 & 0 & 1 \end{bmatrix}
\begin{bmatrix} \cos\,(\gamma_0+\Omega_t) & 0 & \sin\,(\gamma_0+\Omega_t) & 0 \\ 0 & 1 & 0 & 0 \\ -\sin\,(\gamma_0+\Omega_t) & 0 & \cos\,(\gamma_0+\Omega_t) & 0 \\ 0 & 0 & 0 & 1 \end{bmatrix}
\begin{bmatrix} \cos\,(i_0) & \sin\,(i_0) & 0 & 0 \\ -\sin\,(i_0) & \cos\,(i_0) & 0 & 0 \\ 0 & 0 & 1 & 0 \\ 0 & 0 & 0 & 1 \end{bmatrix}
$$

$$
\begin{bmatrix} \cos\,(\omega t) & 0 & \sin\,(\omega t) & 0 \\ 0 & 1 & 0 & 0 \\ -\sin\,(\omega t) & 0 & \cos\,(\omega t) & 0 \\ 0 & 0 & 0 & 1 \end{bmatrix}
\begin{bmatrix} \cos\,(i_0) & -\sin\,(i_0) & 0 & 0 \\ \sin\,(i_0) & \cos\,(i_0) & 0 & 0 \\ 0 & 0 & 1 & 0 \\ 0 & 0 & 0 & 1 \end{bmatrix}
$$

$$
\begin{bmatrix} \cos\,(\gamma_0) & 0 & -\sin\,(\gamma_0) & 0 \\ 0 & 1 & 0 & 0 \\ \sin\,(\gamma_0) & 0 & \cos\,(\gamma_0) & 0 \\ 0 & 0 & 0 & 1 \end{bmatrix}
\begin{bmatrix} 1 & 0 & 0 & 0 \\ 0 & 1 & 0 & 0 \\ 0 & 0 & 1 & R \\ 0 & 0 & 0 & 1 \end{bmatrix}
\begin{bmatrix} g_1 \\ g_2 \\ 0 \\ 1 \end{bmatrix}
$$

式中，R 为相对于地心的地球半径；H 和 h 分别为被摄景物处飞行器的轨道高度和地物形成高度；f 为相机焦距；t_0 为轨道倾角；Ω 为飞行器轨道运动相对地心的角速率；r_0 为摄影时刻，在轨道平面飞行器到升交点之间对应的中心角；φ_0，θ_0，ψ_0 分别为飞行器坐标系相对于轨道坐标系在摄影时刻的偏航、俯仰和横滚姿态角；$\dot{\varphi}_t$，$\dot{\theta}_t$，$\dot{\psi}_t$ 分别为飞行器坐标系相对于轨道坐标系的偏航、俯仰和横滚姿态角速率。

对像面位置方程两边对时间 T 求导，则可得到像移速度矢量 $\vec{V_P}$ 为

$$
\vec{V_P} = \begin{bmatrix} V_{P_1} \\ V_{P_2} \\ V_{P_3} \\ 0 \end{bmatrix} = \frac{\mathrm{d}P}{\mathrm{d}t}\bigg|_{t=0} = \begin{bmatrix} \dfrac{\mathrm{d}P_1}{\mathrm{d}t}\big|_{t=0} \\[2mm] \dfrac{\mathrm{d}P_2}{\mathrm{d}t}\big|_{t=0} \\[2mm] \dfrac{\mathrm{d}P_3}{\mathrm{d}t}\big|_{t=0} \\[2mm] 0 \end{bmatrix}
$$

V_{P_3} 通常是小量，因此，进行像移补偿时，一般只对像面上的两个速度分量——横向像移速度分量 V_{P_1} 和纵向像移速度分量 V_{P_2} 进行补偿，最终得到像移速度主向量值 V_P、β 为

$$
V_P = \sqrt{V_{P_1}^2 + V_{P_2}^2} \quad \beta = \arctan\left(\frac{V_{P_2}}{V_{P_1}}\right)
$$

像移速度矢量分解示意图如图 6.24 所示。

传统像移补偿方案为，在计算出偏流角后，通过机械补偿方式对像移速度矢量的方向偏差进行调整，之后利用对传感器行频的调整补偿像移速度矢量的大小偏差，最后得到清晰图像。自适应数字域 TDI 算法主要采用卷帘数字域 TDI 算法，尽量避免使用复杂的调偏流机构，通过对帧间位置偏差进行计算，得到每帧的配准关系，最终实现数字 TDI 模式成像。

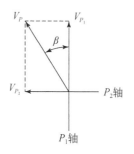

图 6.24　像移速度矢量分解示意图

6.3.3　数字域 TDI 图像信噪比数学模型

研究并建立准确的数字域 TDI 图像信噪比（signal to noiseratio，SNR）数学模型是数字域 TDI 算法的一项重要研究内容，因为数字域 TDI 与 TDI-CDD 有较大区别，因此，必须重新采用针对性方法对数字域 TDI 图像 SNR 数学模型展开研究。

1. 噪声分析

准确的成像系统信噪比模型对于优化相机设计，最终提高图像质量作用重大，尤其是对于高分辨率相机的前期论证作用更大。为使 CMOS 图像传感器更适合空间高分辨率成像，本节开展了详细的信噪比研究分析和实验验证。

图 6.25 是一个完整的 CMOS 图像传感器 APS 电路。其中，左上部是通用的 4T 结构设计，由 1 个光电二极管、1 个转移门和 3 个晶体管（reset，source follower 和 select）组成，完成电荷生成、复位、积分、电荷转移操作。在中间列级电路部分，同一列像素共享同一电路，并完成相关双采样操作。最后经差分放大器输出模拟电压信号，送入模/数转换器（analog-to-digital converter，ADC）模块。由图 6.25 可知，CMOS 相机的总噪声在 4 个不同操作阶段（复位、积分、读出、量化）产生。因为通过应用相关双采样或数字图像处理技术可以极大地消除固定图形噪声，因此，只考虑量化噪声和传感器内部的暂态噪声，其中传感器内部的暂态噪声来源于复位、积分、读出过程。

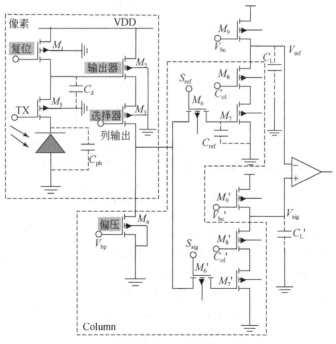

图 6.25　APS 电路

（1）量化噪声

量化噪声是在图像核模拟输出电压转化为数字电压过程中引入的，大小与量化间隔，即传感器满阱电荷数和 AD 量化范围的比值有关。该噪声属于均匀噪声，一旦 APS 和 ADC 模块电路确定后，量化噪声也成了一个定值。与 TDI-CCD 不同，数字域 TDI 发生在模数转换后，M 级积分图像经过了 M 次模数转化操作，因此，属于均匀噪声的量化噪声经 M 级叠加后满足：

$$\hat{\sigma}_{AD} = M \cdot \sigma_{AD}$$
$$= M \cdot \frac{(N_{full})^2}{12 \cdot 2^{2n}} \tag{6.27}$$

（2）传感器内部暂态噪声

1）复位过程噪声

在 CMOS 图像传感器 APS 电路复位期间，占主导地位的噪声是热噪声，满足：

$$\overline{V_{reset}^2} = \frac{kT}{2} \frac{1}{C_{ph}} \tag{6.28}$$

式中，C_{ph} 为光电二极管 P-N 结电容，大小随光电二极管光电流对 P-N 结放电过程生成的电压变化而变化，其表达式为

$$C_{ph}(V_s(t)) = C_0 \left(\frac{V_0 + \varphi}{V_s + \varphi}\right)^{\frac{1}{4}} \tag{6.29}$$

$$V_s(t) = \left[(V_0 + \varphi)^{\frac{3}{4}} - \frac{3\left[I_{ph}(t) + I_{dk}(t)\right]}{4 C_0}(V_0 + \varphi)^{-\frac{1}{4}} t\right]^{\frac{4}{3}} - \varphi \tag{6.30}$$

式中，φ 为 P-N 结内建电势；C_0、V_0 分别为积分起始二极管的初始电容和电压；I_{ph} 为光生电流；I_{dk} 为暗电流。

2）积分过程的噪声

积分过程的噪声主要为霰粒噪声和 $\frac{1}{f}$ 噪声。用 I_{ph}、I_{dk} 分别表示光电流和暗电流，积分结束时霰粒噪声的大小为

$$\overline{V_{reset}^2} = \frac{q\left[I_{ph}(t) + I_{dk}(t)\right]}{C_0^2} t_{int}\left[1 - \frac{1}{2(V_0 + \varphi)} \frac{I_{ph} + I_{dk}}{C_0} t_{int}\right]^2 \tag{6.31}$$

$\frac{1}{f}$ 噪声为自相关函数，在积分结束时趋向于稳定，其大小为

$$\overline{V_{\frac{1}{f}}^2} = \frac{\alpha_H(I_{ph} + I_{dk})^2}{N 4 \pi^2 C_{ph}^2}\left(-\frac{1}{f^2}\right)\bigg|_{f_1}^{f_2} \tag{6.32}$$

式中，N 为自由载流子数目；通常取 $f_1 = \frac{1}{t_{int}}$，$f_2 = +\infty$，因此，当 t_{int} 很小时，$\frac{1}{f}$ 噪声也很小，其影响几乎可以忽略。

3）读出过程噪声

每个晶体管都会引入热噪声和 $\frac{1}{f}$ 噪声，在这一阶段噪声来源于晶体管 M_2-4 和 M_6-9，

其中，晶体管 M_6 起开关作用，电导很大，对总噪声的影响可以忽略，另外，$\frac{1}{f}$ 噪声经过 CDS 电路后基本可被移除，因此，只考虑像素级读出（晶体管 M_2-4）和 CDS 电路（晶体管 M_7-9）的热噪声。像素级读出噪声为

$$\overrightarrow{V^2_{\text{follower}}} = \frac{2kT}{3} \frac{1}{C_{\text{ref}}} \frac{1}{1+\frac{g_{m_2}}{g_{d_3}}} \tag{6.33}$$

$$\overline{V^2_{\text{follower}}} = \frac{2kT}{C_{\text{ref}}} \frac{1}{1+\frac{g_{d_3}}{g_{m_2}}} \tag{6.34}$$

$$\overline{V^2_{\text{follower}}} = \frac{2kT}{3C_{\text{ref}}} g_{m_4} \left(\frac{1}{g_{d_3}}+\frac{1}{g_{m_2}}\right) \tag{6.35}$$

令 $\alpha = \frac{1}{g_{d_3}}+\frac{1}{g_{m_2}}$，则像素级总读出噪声表达式为

$$\overline{V^2_{\text{reset,pixel}}} = \frac{kT}{C_{\text{ref}}} \left[\frac{2}{3g_{m_2}\alpha}+\frac{1}{g_{d_3}\alpha}+\frac{2g_{m_4}\alpha}{3}\right] \tag{6.36}$$

同理，令 $\beta = \frac{1}{g_{d_8}}+\frac{1}{g_{m_7}}$，相关双采样阶段总读出噪声满足：

$$\overline{V^2_{\text{reset,CDS}}} = \frac{2kT}{C_1} \left[\frac{2}{3g_{m_7}\beta}+\frac{1}{g_{d_8}\beta}+\frac{2g_{m_9}\beta}{3}\right] \tag{6.37}$$

通过相关双采样电路后复位噪声几乎可以被消除，而由式（6.31）、式（6.36）、式（6.37）及噪声特性可知，积分过程和读出过程噪声都属于随机噪声，服从泊松分布，并且彼此独立互不相关，因此，传感器总输出噪声表达式为

$$\sigma_{\text{CMOS}} = \sqrt{\left(\overline{V^2_{\text{reset}}}+\overline{V^2_{\text{int}}}\right) H^2_{\text{APS}}+\overline{V^2_{\text{read}}}}$$

$$\approx \sqrt{\left(\overline{V^2_{\text{read,pixel}}}+\overline{V^2_{\text{read,CDS}}}\right)+H^2_{\text{APS}}\overline{V^2_{\text{int}}}} \tag{6.38}$$

式中，H_{APS} 为 APS 输出电压增益。

可见，在量化前，CMOS 图像传感器输出的噪声为暂态噪声，仍符合随机噪声特性，因此，经过 M 级叠加后，该部分噪声满足式（6.39）。又因为 CMOS 图像传感器内部噪声和量化噪声独立分布，因此，相机总噪声计算公式为式（6.40）。另外，由式（6.28）～式（6.37）分析可得，CMOS 内部暂态噪声除与选用的 CMOS 图像传感器（决定读出噪声）有关以外，还受积分时间和辐照度大小的影响。

$$\hat{\sigma}_{\text{CMOS}} = \sqrt{M} \cdot \sigma_{\text{CMOS}} \tag{6.39}$$

$$\hat{\sigma}_{(x,y)} = \hat{\sigma}_{\text{AD}}+\hat{\sigma}_{\text{CMOS}}$$

$$= M \cdot \sigma_{\text{AD}}+\sqrt{M} \cdot \sigma_{\text{CMOS}} \tag{6.40}$$

2. 数字域 TDI 图像 SNR 数学模型

信噪比是衡量图像质量的一个重要指标，尤其是 TDI 相机的最主要考核指标之一。由峰值信噪比（peak signal to noise ratio，RSNR）计算公式及式（6.40）和式（6.41）推导

出数字域 TDI-CMOS 相机 M 级积分图像的信噪比计算公式如下：

$$N_{signal}(k,M,j) = P_k(1,j) + P_{k-1}(2,j) + \cdots + P_{k-(M-2)}(M-1,j) + P_{k-(M-1)}(M,j), \quad 1 \leqslant j \leqslant N$$

(6.41)

$$\begin{aligned}
SNR &= 20 \cdot \lg \frac{M \times f(x,y)}{M \cdot \sigma_{AD} + \sqrt{M} \cdot \sigma_{CMOS}} \\
&= \frac{M \times (\sigma_{AD} + \sigma_{CMOS})}{M \times \sigma_{AD} + \sqrt{M} \sigma_{CMOS}}
\end{aligned}$$

(6.42)

其中，CMOS 相机面阵成像（即一级积分）的图像信噪比为

$$\begin{aligned}
SNR &= 20 \cdot \lg \frac{f(x,y)}{\sigma_{AD} + \sigma_{CMOS}} \\
&= 20 \cdot \lg \frac{\left[(V_0+\varphi)^{\frac{3}{4}} - \dfrac{3[I_{ph}(t) + I_{dk}(t)]}{4 C_0}(V_0+\varphi)^{-\frac{1}{4}} t \right]^{\frac{4}{3}} - \varphi}{\dfrac{N_{full}}{2^N} + \sqrt{H_{APS}^2 \overline{V_{int}^2} + (\overline{V_{read,pixel}^2 + V_{read,CDS}^2})}}
\end{aligned}$$

(6.43)

数字域 TDI 是将 M 次量化后的数字图像叠加，其随机噪声增加了 $\sqrt{M}$ 倍，但属于均匀噪声的量化噪声在 M 次叠加后却增加了 M 倍，因此，其信噪比提高倍数小于 TDI-CCD。然而，随着模数转换器量化位数的提高，量化噪声的影响将逐渐减小，另外，还可以通过在数字图像叠加前增加图像去噪算法的方法，提高积分图像的信噪比，因此，数字域 TDI 算法将完全可以逼近 TDI-CCD 的信噪比提高倍数。

在 SNR 相关理论模型的研究基础上，为了进一步分析验证信噪比与积分级数的关系特性，需要在不同成像条件下获取各积分级数图像，将图像信噪比实验结果与理论值进行比较，实现对理论模型的迭代修正。成像条件主要包括不同曝光时间、不同辐照度、不同成像参数、不同级数等。

6.4　数字域 TDI 成像试验平台方案

6.4.1　实验平台硬件架构

采用等效相机的方式搭建试验平台，由普通面阵 CMOS 替代 MS-CMOS 作为数字域 TDI-CMOS 相机的成像探测器。该试验平台主要针对自适应数字域 TDI 算法进行有针对性的验证，并根据试验完善算法，利用试验平台对自适应数字域 TDI 的工程可行性进行验证。

试验平台由数字域 TDI-CMOS 相机、图像采集与处理系统、三维调节座、高精度转台、高精度滚动靶标系统等组成，如图 6.26 所示。

数字域 TDI-CMOS 相机安装在三维调节座上，利用数字域 TDI-CMOS 相机完成高精度滚动靶标推扫成像，通过控制靶标移动速度来实现数字域 TDI 的像移速度匹配。数字域 TDI-CMOS 相机输出的图像送入图像采集与处理系统进行采集与显示，同时，验证图像重建算法的精度和效能。

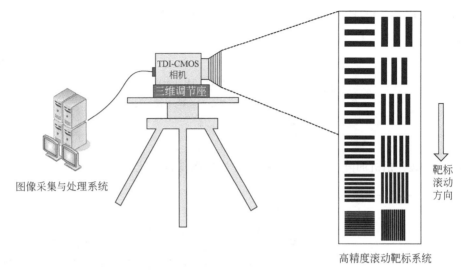

图 6.26　试验验证平台组成

6.4.2　数字域 TDI-CMOS 相机硬件设计

数字域 TDI-CMOS 相机是试验验证平台的核心组成部件，主要完成对把靶标板的光电转换，可选择输出面阵视频图像和数字域 TDI 图像，具备自适应数字域 TDI 功能。

图 6.27 描述了 TDI-CMOS 相机的硬件平台设计。图像传感器选用 CMOSIS 公司的 CMV12000，一款高性能的 CMOSAPS 图像传感器，该器件可以全画面或者开窗口读出，具有抗光晕设置和电子快门技术，视频信号经过采样放大，通过 10BITS 的片上 A/D 转换后，64 路高速串行 LVDS 数字量输出。成像控制和自适应数字域 TDI 算法实现采用的是 FPGA+ DSP 架构。FPGA 主要负责时序逻辑处理，包括 CMOS 图像传感器的时序控制，64 路 LVDS 图像数据缓存与组帧，整个系统的接口逻辑；DSP 是自适应数字域 TDI 算法实现核心，实现 FPGA 输出图像数据捕获、存储、传输，实现自适应数字域 TDI 算法。

自适应数字域 TDI 算法分两步进行：先进行自适应调光，再进行数字域 TDI 成像，具体实现过程如下。

1）在数字域 TDI 成像之前，相机默认工作模式为自适应调光模式，在自适应调光模式下，CMOS 图像传感器在 FPGA 时序控制器的时序控制信号作用下，设置为面阵视频图像输出模式，按照设定成像参数输出全分辨率的视频图像数据，经 FPGA 缓存整合后获取预拍图像。

2）将预拍图像发送至 DSP 数据处理器，经过 DDR3 缓存图像资源，并利用 DSP 对预拍图像进行自适应调光参数计算，获取在自适应调光模式下面阵视频输出的曝光时间和系统增益，并将自适应调光参数反馈至 FPGA，同时，将预拍图像存储到固态盘中。

3）FPGA 根据反馈自适应调光参数重新设定相机成像参数，同样，将获取到的预拍图像送入 DSP，进行自适应调光参数计算，经过反复迭代获取最优的在自适应调光模式下面阵视频输出的曝光时间和系统增益，至此自适应调光模式结束。

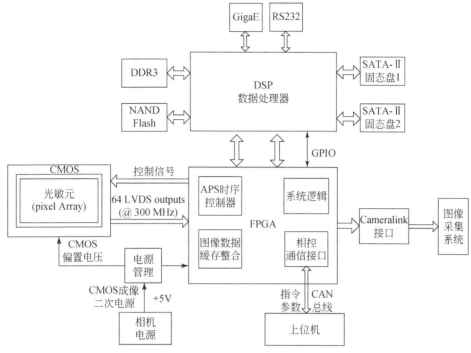

图 6.27 数字域 TDI-CMOS 相机组成框图

4）自适应调光模式结束后，相机转入数字域 TDI 成像模式，DSP 根据转台速度，以及获取的最优曝光时间和增益，重新计算获取在数字域 TDI 成像模式下的最优积分级数、曝光时间、系统增益，并反馈至 FPGA。

5）FPGA 获取数字域 TDI 成像数据后发送给 DSP，DSP 在接收到自适应调光后的数字域 TDI 图像数据后，依次存入固态盘中。

6）待图像采集结束，对固态盘中存储的调光后的图像数据进行数字域 TDI 处理，获取自适应数字域 TDI 图像，回传至 FPGA，由 Cameralink 接口上传至图像采集系统显示。

6.4.3 数字域 TDI-CMOS 相机软件设计

根据多模式相机的功能需求，相机 FPGA 控制软件的功能如图 6.28 所示，主要模块及其功能如下。

1）视频/TDI 成像控制模块

本模块完成 CMOS 相机的成像控制、数字域 TDI 积分算法，以及视频图像与 TDI 图像的切换。

2）图像压缩控制部件

控制 ADV212 芯片，完成芯片的固件加载和参数设置，实现 TDI 图像压缩或视频压缩，支持 TDI 原始图像输出。

3）通信控制部件

完成 UART 串并、并串转换和指令帧译码，为其他软件部件提供指令译码信号和参数。

4）遥测上传部件

将遥测信息收集后组帧，并通过通信控制部件进行并串转换后，将其发送给主控系统。

5）SATA 硬盘控制

通过 SATA 控制 IP 核，控制 SATA 硬盘的读写操作，完成遥感图像的格式化存储。

6）数传控制

通过 SPI 通信，将压缩图像数据打包、组帧后发送给数传发射系统。

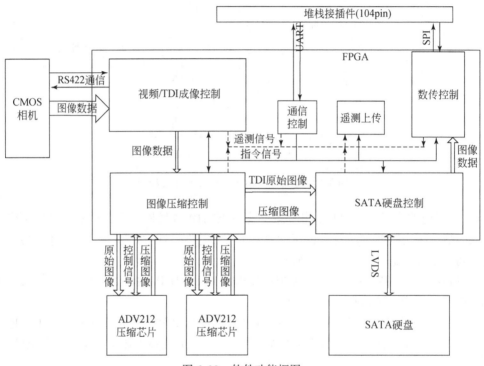

图 6.28　软件功能框图

在整个软件实现中，复杂度最高的软件部件为视频/TDI 成像控制模块，下面就软件的设计方法和资源占用情况进行详细论述。

视频/TDI 成像控制模块主要由 3 个软件单元构成，分别是视频成像处理、CMOS 相机控制和数字域 TDI 成像处理，如图 6.29 所示。

1）CMOS 相机采用 48MHz 驱动。

2）通信速率采用 9600bps。

3）在 TDI 模式下，采用 8 通道输入，TDI 完成后，合并为 1 通道输出。

4）在 TV 模式下，采用 2 通道输入，不进行任何处理，直接采用 2 通道输出。

5）所有的开窗均以芯片中心进行对称开窗，在 TDI 模式下，开窗大小为 2048×100；在 TV 模式下，开窗大小为 1920×1080。

6）TDI 积分级数为 2～100 连续可调。

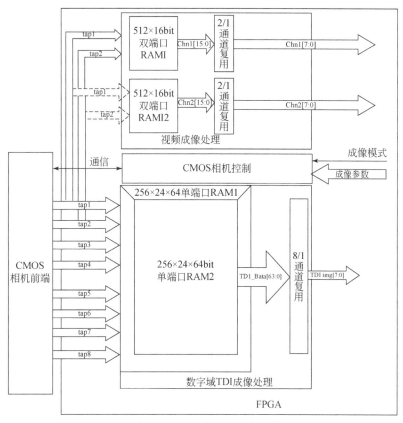

图 6.29 视频/TDI 成像控制模块功能示意图

在 TV 模式下, 帧周期为 33μs（帧频为 30Hz）, 曝光量根据地物特点可调; 在 TDI 模式下, 帧周期随像移速度变化, 曝光量尽量大, 由试验阶段标定。

7）视频成像处理单元。

视频成像处理单元主要完成 CMOS 相机输出图像像素排列顺序的调整, 由于所选用的高速 CMOS 相机前端采用了奇偶像素分 TAP 输出, 所以 TAP1 输出图像的奇数列像素, TAP2 输出图像的偶数列像素, 不能直接进入压缩芯片, 必须先进行像素排列顺序整理。采用两个 512×16 bit 的双端口 RAM, 用于数据缓存, 当 TAP1 与 TAP2 合并为 16 bit 数据, 每行的前 512 个时钟数据写入 RAM1, 后 512 个时钟数据写入 RAM2, 当 RAM1 写满, 开始写 RAM2 时, 则开始同时读取 RAM1 与 RAM2, 将读出的数据由 16bit 分两拍发送, 实现奇偶列重新排列, 输出的 CHN1 数据为 1～1024 列图像, CHN2 数据为 1025～2048 列图像, 完成了像素整理。由于双端口 RAM 占用两倍存储空间, 所以缓存开销为 32.768 kbit。

8）数字域 TDI 积分单元。

数字域 TDI 积分单元开辟了两块大小为 256×24×64 bit 的单端口 RAM 缓存空间, 共消耗 393.216 kbit block RAM 存储资源。为了简化控制, 将 8 个 8 bit 输入合并为 64 bit 统一操作, 如图 6.30 所示。累加过程可由公式表述为

$$\begin{cases} \text{Buf}\,(l, f) = \text{Buf}\,(L+1, f-1) + I\,(L, f) \\ I_{\text{tdi}}\,(f) = \text{Buf}\,(l, f) \end{cases}$$

式中，Buf (l, f) 为缓存中第 f 帧图像到来后，存入第 L 行缓存单元的值；$I (l, f)$ 为第 f 帧图像第 L 行的值；$I_{tdi} (f)$ 为第 f 帧图像到来后，数字域 TDI 输出的值。在每帧图像输入过程中均进行一次数字域积分，并输出一行 TDI 积分图像，TDI 积分图像的行频与 CMOS 帧频一致。

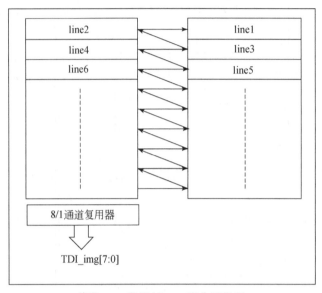

图 6.30　数字域 TDI 积分示意图

9）CMOS 相机控制单元。

根据控制指令，若当前成像为视频模式，则将 CMOS 相机设置为 2TAP 输出，AOI 区域大小设置为 1920×1080，帧频为 30 fps；若当前为 TDI 成像模式，则将 CMOS 相机设置为 8TAP 输出，AOI 区域设置为 2048×S，其中 S 为积分级数，取 1～48 的整数，帧频由当前像移计算得到，以实现像移匹配。

6.4.4　试验验证

从以下 3 个方面对自适应数字域 TDI 技术进行验证。

1）验证自适应曝光方案：利用实验平台在不同环境光与目标区域情况下，针对是否应用自适应调光算法分别进行试验，对两组所得图像进行分析评估，验证自适应曝光算法性能。

2）验证数字域 TDI 方案：利用实验平台在不同姿态角情况下对直接对位累加的数字域 TDI 算法与本书提出的经过像移补偿及图像配准的数字域 TDI 算法分别进行试验，对两组试验结果进行分析评估，验证数字域 TDI 算法性能。

3）验证自适应数字域 TDI 技术：在不同的环境、成像区域与轨道姿态情况下，分别对本书提出的自适应曝光与数字域 TDI 结合的自适应数字域 TDI 技术和传统数字域 TDI 技术进行试验，对两组试验结果进行分析评估，验证自适应数字域 TDI 的技术性能。

6.4.5　主要技术指标验证

1. CMOS 图像传感器最大分辨率

图 6.31 为对基于 CMOS 图像传感器的相机进行图像实时采集的界面，界面右下角显示为当前采集图像的分辨率和帧频。可见，CMOS 图像传感器分辨率达到 2048×1088@340 fps，满足指标要求。

图 6.31　CMOS 相机图像实时采集界面

2. TDI 推扫模式

为了验证 TDI 行时间范围，发送指令，分别设置最小行时间、最大行时间和某一中间行时间，然后用示波器抓取行有效 LVAL 信号。LVAL 信号周期即为行时间，观察图 6.32，可见行时间可以满足指标中 295 ~ 379μs 的要求。

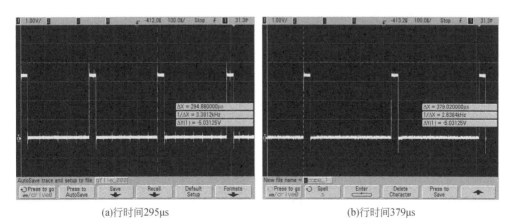

(a)行时间295μs　　　　　　　　　　(b)行时间379μs

图 6.32　行时间测量结果

3. 面阵凝视模式

面阵凝视模式见图 6.33，满足图像分辨率 2048×1088。

序号	传感器							输出
1								
2								$\rightarrow |L_{1+m}-L_1|$
3								$\rightarrow |L_{2+m}-L_2|$
……								
n−2								$\rightarrow |L_{n-2}-L_{n-m-2}|$
n−1								$\rightarrow |L_{n-1}-L_{n-m-1}|$
n								$\rightarrow |L_n-L_{n-m}|$

图 6.33　多模态传感器面阵凝视采样模式设计图

4. 视频模式

高分辨率模式和 BINNING 模式下的图像采集界面如图 6.34 所示，分别满足分辨率为 1920×1080@30fps 和 640×480@30fps 的指标要求。

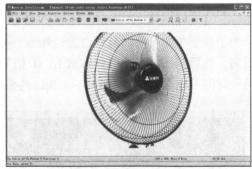

(a)高分辨率模式　　　　　　　　(b)BINNING模式

图 6.34　高分辨率模式和 BINNING 模式下的图像采集界面

5. 曝光时间

分别设置曝光时间为 1ms、10ms 和 30ms，获取各曝光时间下的转动风扇的图像，如图 6.35 所示，其中，曝光时间在 1~30ms 内可连续调整，满足指标要求的曝光时间调整范围。

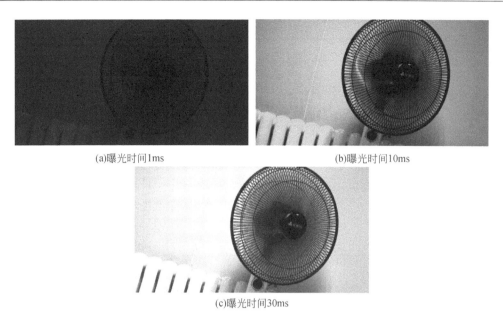

(a)曝光时间1ms　　　　　　　　　　　　(b)曝光时间10ms

(c)曝光时间30ms

图 6.35　不同曝光时间条件下获取的图像

6.4.6　数字域 TDI 图像 SNR 模型验证

由数字域 TDI 图像 SNR 数学模型可知，级数越大，信噪比越大，为了进一步分析验证信噪比与积分级数的关系特性，在不同积分时间和不同辐照度条件下，将图像信噪比实验结果与数字域 TDI 图像 SNR 模型计算理论值进行比较，如图 6.36 所示。其中 CMOS 传感器参数见表 6.1。

表 6.1　CMOS 传感器参数

暗电流/(mV/s)	饱和电压/mV	量化位数/bit
7.22	62.5	10

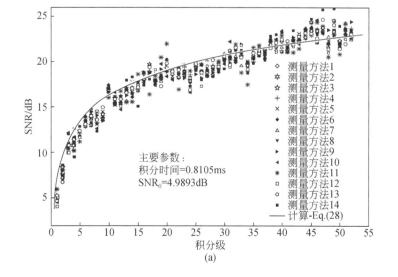

(a)

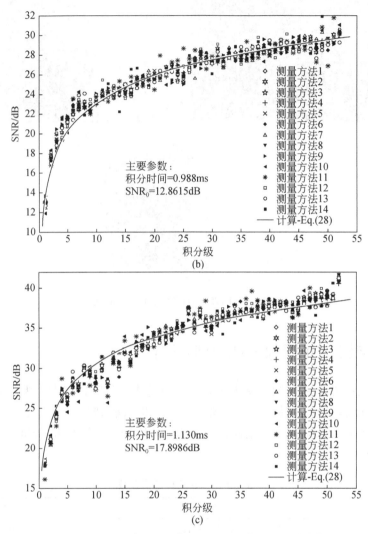

图 6.36　不同积分时间下信噪比的实验值与理论计算值

图 6.37 中的三幅图像分别对应三种积分时间下图像信噪比的实验数据和理论计算结果，其中，图中数据点对应各积分级数下的 14 组实验数据，光滑曲线对应得到的理论值。可见在没有迭代修正理论模型的情况下，每幅图像的多次实验数据与理论计算结果能较好吻合，另外，可以发现 CMOS 图像传感器内部噪声随着积分时间的延长而增大。

5 种辐照度下各积分级数对应的实验数据和模拟结果都十分接近，初步证明模型正确。图 6.37 条曲线的最右端分别对应各辐照度下的近饱和状态，可以看出辐照度增强数字域 TDI 后所能达到的最大信噪比也有所增大，这与光电流相对于暗电流的比例有关。数字域 TDI-CMOS 相机信噪比验证结果表明，当 TDI 级数大于 8 级时，与原始图像相比，信噪比提升 10dB 以上，当 TDI 级数为 16 级时，平均图像信噪比可达到 36dB 以上，满足成像要求。

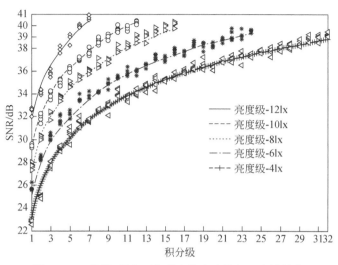

图 6.37 不同辐照度下信噪比的实验值与理论计算值

6.4.7 自适应曝光验证

利用试验平台对自适应曝光算法进行验证，分别采用预先设定的曝光参数和自适应曝光参数对目标场景进行成像。成像结果如图 6.38 和图 6.39 所示。

图 6.38 设定曝光参数获取的图像

图 6.39　自适应曝光获取的图像

从图 6.38 和图 6.39 中可以看出，采用设定曝光参数获取的图像灰度层次压缩，细节丢失严重。而采用自适应曝光参数后，图像能够分布在相机动态范围的高端，灰度层次更加丰富，相机动态范围得到了有效利用。通过对两组所得图像进行分析评估，验证自适应曝光算法性能和正确性。

6.4.8　自适应数字域 TDI 成像验证

自适应数字域 TDI 成像采用一套小型一维转台来实现 TDI 模式线阵扫描成像，采用各种标准图形靶标作为成像目标，转动转台进行扫描成像，通过分析获得图像是否清晰、是否几何变形来进一步分析数字域 TDI 算法的有效性，试验场景如图 6.40 所示。

图 6.40　实验室内原理样机成像实验现场

　　实验室获取的图像如图 6.41 所示，从图像效果来看，TDI 成像效果良好，像移匹配准确，所获取图像中的圆形图案无明显几何变形，说明数字域 TDI 算法合理有效。

图 6.41　实验室内原理样机对靶标成像的实验结果

　　为了进一步验证本书提出的自适应数字域 TDI 算法，进行了外场成像试验，试验现场如图 6.42 所示，采用一维转台对外场目标进行扫描成像。成像结果如图 6.43 所示，获取了动态范围良好、灰度层次更加丰富的数字域 TDI 图像。通过对实验室内和外场成像试验两组成像进行分析与评估，验证了本书提出的自适应 TDI 算法的正确性和工程实现的可行性。

图 6.42　原理样机外景成像现场

图 6.43　原理样机外景成像实验结果

第7章　基于序列图像的超分辨率处理技术

7.1　超分辨率重构方法

由于斜采样模式具有特殊性，在该采样模式下，图像之间的几何关系是已知的，在不考虑采样模式本身误差的情况下，可以假设由斜采样系统得到的图像是经过了高精度配准的低分辨率图像，其噪声水平较低。图像域插值法的主要思想是，选取序列图像中的某一幅图像作为参考图像，根据配准得到的运动参数将其他序列图像映射到参考图像对应的高分辨率网格上，得到非均匀分布的空间采样，然后对所得到的非均匀分布的空间采样图进行非均匀插值处理，从而得到所有整数格网点的像素值。图像域非均匀插值方法具有算法简单、适合星上操作等优点，但是所得到的高分辨率图像会使图像的边界处（即相邻像素点之间的灰度值落差比较大的地方）部分模糊。针对这种模糊，我们设计了带有全差分正则化的 L_1 保真项去噪模型来恢复高分辨率图像的清晰边界，并采用交替乘子法对插值图像进行后处理。

另外，假设高分辨率图像为 x，将斜采样系统得到的低分辨率序列图像映射到同一空间中，得到一幅非均匀采样分布图像，记为 b，我们假设由高分辨率图像 x 到非均匀分布采样图像的过程由一个采样算子 A 控制，则两者之间的关系如下：

$$Ax = b \tag{7.1}$$

对图像超分辨率进行重构实际上就是对图像反问题式（7.1）进行求解。Landweber 迭代法和带预处理的交替乘子迭代法是解决反问题的有效方法。

7.1.1　非均匀插值方法

非均匀插值方法的核心思想是对得到的非均匀分布的空间采样图进行插值计算，得出高分辨率网格点的像素值。

给定 N 幅已知相对位置的低分辨率图像，选取其中一幅为参考图像，构造超分辨率图像网格，对于每个高分辨率图像中的网格点，选取该网格点附近的一个低分辨率图像像素点与该像素点对应图像的相邻的 3 个像素点，这 4 个点形成一个包含高分辨率网格点的正方形区域。由于斜采样模式具有特殊性，这个正方形区域还包含了其他低分辨率图像中的一个像素点，则该正方形区域内存在 $N+3$ 个已知位置的像素点和已知位置的网格点。我们的目的是得到高分辨率图像的网格点的像素值，因此，可以用双线性函数对该区域进行近似逼近，来计算网格点的值。

这里以已知相对位置 5 幅的序列图像为例，对低分辨率图像进行超分辨率重构（图 7.1 显示的是如何在超分辨率网格点上选取插值区域）。

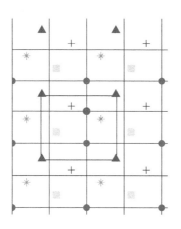

图 7.1 5 幅图像的空间采样图

现在对网格点进行插值，计算网格点的像素值。假设该区域内的点满足双线性函数 $a+bx+cy+dxy$，已知 8 个像素点的值和相对位置为 (x_1,y_1,z_1)，(x_2,y_2,z_2)，(x_3,y_3,z_3)，(x_4,y_4,z_4)，(x_5,y_5,z_5)，(x_6,y_6,z_6)，(x_7,y_7,z_7)，(x_8,y_8,z_8)；高分辨率网格点的值和位置记为 $(x_网，y_网，z_网)$。求解网格点的像素值只需要知道参数 a，b，c，d 的值即可。图 7.1 区域中的点都满足双线性方程 $f(x,y)=a+bx+cy+dxy$，因此，有如下等式：

$$\begin{cases} a+b\,x_1+c\,y_1+d\,x_1y_1=z_1 \\ a+b\,x_2+c\,y_2+d\,x_2y_2=z_2 \\ a+b\,x_3+c\,y_3+d\,x_3y_3=z_3 \\ a+b\,x_4+c\,y_4+d\,x_4y_4=z_4 \\ a+b\,x_5+c\,y_5+d\,x_5y_5=z_5 \\ a+b\,x_6+c\,y_6+d\,x_6y_6=z_6 \\ a+b\,x_7+c\,y_7+d\,x_7y_7=z_7 \\ a+b\,x_8+c\,y_8+d\,x_8y_8=z_8 \end{cases} \tag{7.2}$$

用矩阵的形式表示，可以写出如下形式：

$$Ax=b \tag{7.3}$$

其中，A，x，b 的具体形式如下：

$$A=\begin{pmatrix} 1 & x_1 & y_1 & x_1y_1 \\ 1 & x_2 & y_2 & x_2y_2 \\ 1 & x_3 & y_3 & x_3y_3 \\ 1 & x_4 & y_4 & x_4y_4 \\ 1 & x_5 & y_5 & x_5y_5 \\ 1 & x_6 & y_6 & x_6y_6 \\ 1 & x_7 & y_7 & x_7y_7 \\ 1 & x_8 & y_8 & x_8y_8 \end{pmatrix},\ x=\begin{pmatrix} a \\ b \\ c \\ d \end{pmatrix},\ b=\begin{pmatrix} z_1 \\ z_2 \\ z_3 \\ z_4 \\ z_5 \\ z_6 \\ z_7 \\ z_8 \end{pmatrix}$$

易知式（7.3）为超定方程组，无解。因此，我们需要将式（7.3）转化为求其最小二乘问题：

$$\min \| Ax - b \|_2 \tag{7.4}$$

由于矩阵 A 为列满秩矩阵，因此，最小二乘式（7.3）的最小二乘解是存在且唯一的。正则方程组求解是求解最小二乘解的一个常用的方法。

设 x 为最小二乘解，$b = b_1 + b_2$，$b_1 \in R(A)$，$b_2 \in N(A^{\mathrm{T}})$，残量 $r = b - Ax = (b_1 - Ax) + b_2 = b_2 \in N(A^{\mathrm{T}})$，因此，

$$A^{\mathrm{T}} r = A^{\mathrm{T}} (b - Ax) = 0,$$

所以，x 满足方程组：

$$A^{\mathrm{T}} Ax = A^{\mathrm{T}} b \tag{7.5}$$

由于 A 为列满秩矩阵，所以 $A^{\mathrm{T}} A$ 可逆，$x = (A^{\mathrm{T}} A)^{-1} A^{\mathrm{T}} b$。

所以网格点的像素值 $z = a + bx_{网} + cy_{网} + dx_{网} y_{网}$。

针对上述非均匀插值方法进行了一系列数值实验。首先，我们以 5 幅分辨率为 400×400 的靶标图像为例进行测试。已知 5 幅靶标图像如图 7.2 所示。

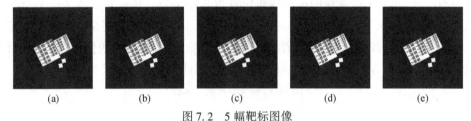

(a)　　　　　(b)　　　　　(c)　　　　　(d)　　　　　(e)

图 7.2　5 幅靶标图像

图 7.2（a）为分辨率为 400×400 的参考图；图 7.2（b）相对于图 7.2（a）在 x 方向上位移了 0.4 个像元，在 y 方向上位移了 0.2 个像元；图 7.2（c）相对于图 7.2（a）在 x 方向上位移了 0.8 个像元，在 y 方向上位移了 0.4 个像元；图 7.2（d）相对于图 7.2（a）在 x 方向上位移了 1.2 个像元，在 y 方向上位移了 0.6 个像元；图 7.2（e）相对于图 7.2（a）在 x 方向上位移了 1.6 个像元，在 y 方向上位移了 0.8 个像元

对该序列图进行非均匀插值处理，可以得到一幅 800×800 的高分辨率图像，如图 7.3 所示。

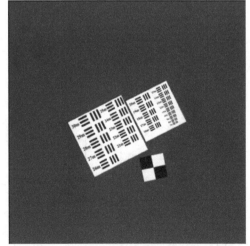

图 7.3　插值得到的分辨率为 800×800 的高分辨率图像

我们还对该序列参考图像进行插值处理，得到一幅分辨率为 1200×1200 的高分辨率图像，如图 7.4 所示。

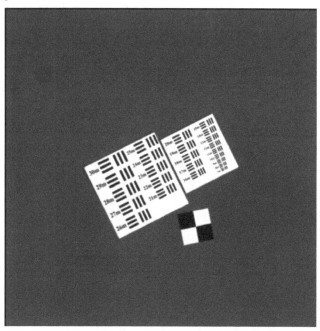

图 7.4　1200×1200 的高分辨率插值图像

将超分辨率图像和参考图像进行部分放大对比，可以看到图像的分辨率得到了明显的提升，如图 7.5 所示。

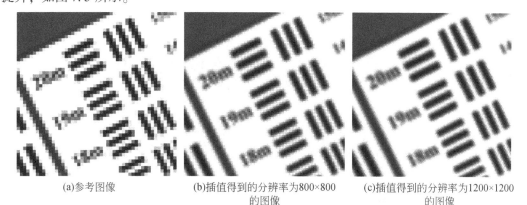

(a)参考图像　　　　　　(b)插值得到的分辨率为800×800　　　(c)插值得到的分辨率为1200×1200
　　　　　　　　　　　　　　　的图像　　　　　　　　　　　　　的图像

图 7.5　插值图像与参考图像部分放大对比图

另外，我们以 5 幅分辨率为 400×400 的遥感仿真图像和 5 幅由原始图像采样生成的 256×256 低分辨率靶标图为例进行测试。已知 5 幅遥感仿真图像如图 7.6 所示。

对该序列图进行非均匀插值处理，可以得到一幅 800×800 的高分辨率图像，如图 7.7 所示。

我们还对该序列参考图像进行插值处理，得到一幅 1200×1200 的高分辨率图像，如图 7.8 所示。

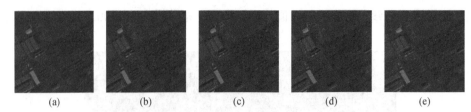

图 7.6 5 幅遥感仿真图像

图 7.6（a）为分辨率为 400×400 的参考图；图 7.6（b）相对于图 7.6（a）在 x 方向上位移了 0.4 个像元，在 y 方向上位移了 0.2 个像元；图 7.6（c）相对于图 7.6（a）在 x 方向上位移了 0.8 个像元，在 y 方向上位移了 0.4 个像元；图 7.6（d）相对于图 7.6（a）在 x 方向上位移了 1.2 个像元，在 y 方向上位移了 0.6 个像元；图 7.6（e）相对于图 7.6（a）在 x 方向上位移了 1.6 个像元，在 y 方向上位移了 0.8 个像元

图 7.7 插值得到的 800×800 高分辨率图

图 7.8 1200×1200 的高分辨率插值图像

　　将高分辨率图像和参考图像进行部分放大对比，可以看到图像的分辨率得到了明显的提升，如图 7.9 所示。

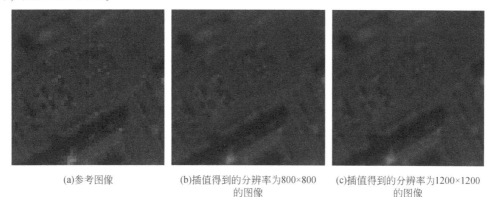

(a)参考图像　　　　　　(b)插值得到的分辨率为800×800　　　(c)插值得到的分辨率为1200×1200
　　　　　　　　　　　　　　　的图像　　　　　　　　　　　　　　的图像

图 7.9　插值图像与参考图像部分放大对比图

　　我们对三幅已知的图像进行仿真，得到 5 幅模拟仿真数据图，来计算该算法的 MSE 值和 PSNR 值。图 7.10 为分辨率为 516×516 的原始图。

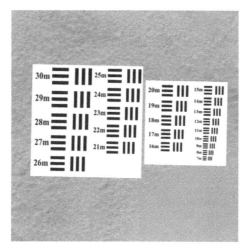

图 7.10　原始图像

　　图 7.11 为对原始图像进行采样得到的 5 幅分辨率为 256×256 的低分辨率图像。

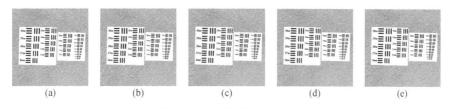

(a)　　　　　(b)　　　　　(c)　　　　　(d)　　　　　(e)

图 7.11　5 幅靶标仿真图像

图 7.11（a）为分辨率为 256×256 的参考图；图 7.11（b）相对于图 7.11（a）在 x 方向上位移了 0.4 个像元，在 y 方向上位移了 0.2 个像元；图 7.11（c）相对于图 7.11（a）在 x 方向上位移了 0.8 个像元，在 y 方向上位移了 0.4 个像元；图 7.11（d）相对于图 7.11（a）在 x 方向上位移了 1.2 个像元，在 y 方向上位移了 0.6 个像元；图 7.11（e）相对于图 7.11（a）在 x 方向上位移了 1.6 个像元，在 y 方向上位移了 0.8 个像元

对该序列图进行非均匀插值处理，可以得到一幅512×512的高分辨率图像，如图7.12所示。

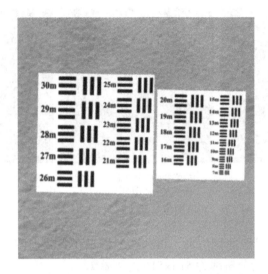

图7.12　插值得到的512×512高分辨率图像

另外两幅分辨率为500×500的原始图如图7.13所示。

　　　　　　　(a)　　　　　　　　　　　　　　　　　(b)

图7.13　另外两幅原始数据

通过对上面两幅图像进行采样，分别得到5幅模拟仿真数据图，如图7.14和图7.15所示。

对该序列图进行非均匀插值处理，可以得到一幅600×600的高分辨率图像，如图7.16所示。

将插值得到的图像与原始图像进行对比，可以得到该算法的MSE值和PSNR值，见表7.1。

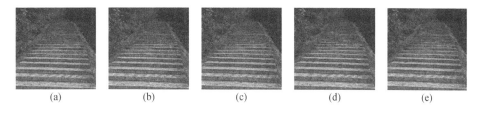

图 7.14　5 幅模拟仿真数据图

图 7.14（a）为分辨率为 300×300 的参考图；图 7.14（b）相对于图 7.14（a）在 x 方向上位移了 0.4 个像元，在 y 方向上位移了 0.2 个像元；图 7.14（c）相对于图 7.14（a）在 x 方向上位移了 0.8 个像元，在 y 方向上位移了 0.4 个像元；图 7.14（d）相对于图 7.14（a）在 x 方向上位移了 1.2 个像元，在 y 方向上位移了 0.6 个像元；图 7.14（e）相对于图 7.14（a）在 x 方向上位移了 1.6 个像元，在 y 方向上位移了 0.8 个像元

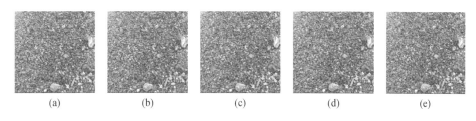

图 7.15　5 幅模拟仿真数据图

图 7.15（a）为分辨率为 300×300 的参考图；图 7.15（b）相对于图 7.15（a）在 x 方向上位移了 0.4 个像元，在 y 方向上位移了 0.2 个像元；图 7.15（c）相对于图 7.15（a）在 x 方向上位移了 0.8 个像元，在 y 方向上位移了 0.4 个像元；图 7.15（d）相对于图 7.15（a）在 x 方向上位移了 1.2 个像元，在 y 方向上位移了 0.6 个像元；图 7.15（e）相对于图 7.15（a）在 x 方向上位移了 1.6 个像元，在 y 方向上位移了 0.8 个像元

(a)由图7.14经过插值得到的图像　　　　　　　　(b)由图7.15经过插值得到的图像

图 7.16　两幅序列图像插值得到的图像

表 7.1　插值图像的 MSE 值和 PSNR 值

图号	MSE	PSNR
图 7.10	126. 3235	27. 1160
图 7.13（a）	949. 6627	18. 3551
图 7.13（b）	2443. 031	14. 2515

7.1.2　插值后的处理方法

在对图像进行非均匀插值时，在图像灰度值变化比较剧烈的地方，最小二乘法解的光滑效应会使图像的边缘模糊。为了增强高分辨率图像的边界，我们采用带 TV 正则化的 L_1 保真项去噪模型：

$$\min \ \|X-Y\|_{L_1}+\alpha \ \|X\|_{\mathrm{TV}} \tag{7.6}$$

这里 X 的 TV 模定义为 $\|X\|_{\mathrm{TV}}=\|\nabla X\|_{L_1}$

α 为正则化参数，用来平衡数据保真项（模型中的第一项）和正则化项（模型中的第二项）。因为非均匀插值在图像比较光滑的部分几乎没有引起模糊，所以我们采用 L_1 数据保真项来保持其光滑部分的灰度值不变，而 TV 正则化项则用来约束图像的边界，使之比较清晰。

该模型是一个非光滑优化问题，没有解析式，我们采用交替方向乘子方法（alternating direction method of multiplies，ADMM）进行求解。首先引入辅助变量 $Z=X-Y$ 和 $W=\nabla X$，式（7.6）等价于约束式（7.7）：

$$\begin{cases} \min \ \|Z\|_{L_1}+\alpha \ \|W\|_{L_1} \\ Z=X-Y \\ W=\nabla X \end{cases} \tag{7.7}$$

则约束式（7.7）的拉格朗日函数为

$$L_{\rho_1,\rho_2}(X,Z,W;\lambda,\mu)=\|Z\|_{L_1}+\alpha \ \|W\|_{L_1}+<X-Y-Z,\lambda>+<W-\nabla X,\mu> \tag{7.8}$$

式中，λ，μ 为对应等式约束的拉格朗日乘子。

则式（7.7）的增广拉格朗日函数为

$$L_{\rho_1,\rho_2}(X,Z,W;\lambda,\mu)=\|Z\|_{L_1}+\alpha \ \|W\|_{L_1}+\frac{\rho_1}{2}\|X-Y-Z\|^2+\frac{\rho_1}{2}\|W-\nabla X\|^2+ \\ <X-Y-Z,\lambda>+<W-\nabla X,\mu> \tag{7.9}$$

二次理论告诉我们，若存在一个拉格朗日函数 L 的鞍点 $(X^*,Z^*,W^*;\lambda^*,\mu^*)$，则 (X^*,Z^*,W^*) 为优化式（7.7）的解。在这种情况下，问题等价于

$$\inf_{(X,Z,W)}\{\sup_{\lambda,\mu}L_{\rho_1,\rho_2}(X,Z,W;\lambda,\mu)\} \tag{7.10}$$

这时，我们可以看到式（7.6）和式（7.7）构成对偶问题。

$$\sup_{\lambda,\mu}\{\inf_{(X,Z,W)}L_{\rho_1,\rho_2}(X,Z,W;\lambda,\mu)\} \tag{7.11}$$

为了保证式（7.9）的解存在唯一性，我们对拉格朗日函数引入惩罚项，式（7.7）的增

广拉格朗日函数为

$$L_{\rho_1,\rho_2}^r(X,Z,W;\lambda,\mu) = \|Z\|_{L_1} + \alpha\|W\|_{L_1} + \frac{\rho_1}{2}\|X-Y-Z\|^2 + \frac{\rho_1}{2}\|W-\nabla X\|^2 + \tag{7.12}$$
$$<X-Y-Z,\lambda> + <W-\nabla X,\mu>$$

式中，ρ_1，ρ_2 为任意的正常数。

这时，若 $(X^*, Z^*, W^*; \lambda^*, \mu^*)$，则 (X^*, Z^*, W^*) 为优化式（2.1）的解。

在实践中，必须解决非约束最优问题：

$$\inf_{(X,Z,W)} L_{\rho_1,\rho_2}^r(X,Z,W;\lambda_n,\mu_n) \tag{7.13}$$

式中，λ_n，μ_n 从对偶函数的最大序列中来：

$$(\lambda_n,\mu_n) = \sup\{\inf_{(X,Z,W)} L_{\rho_1,\rho_2}^r(X,Z,W;\lambda,\mu)\}$$

因此，ADMM 方法的迭代格式可以写成如下形式：

$$\begin{cases} X_{k+1} = \arg\min L_{\rho_1,\rho_2}^r(X,Z_k,W_k;\lambda_k,\mu_k) \\ Z_{k+1} = \arg\min L_{\rho_1,\rho_2}^r(X_{k+1},Z,W_k;\lambda_k,\mu_k) \\ W_{k+1} = \arg\min L_{\rho_1,\rho_2}^r(X_{k+1},Z_{k+1},W;\lambda_k,\mu_k) \\ \lambda_{k+1} = \lambda_k + \rho_1(X_{k+1}-Y+Z_{k+1}) \\ \mu_{k+1} = \mu_k + \rho_2(W_{k+1}-\nabla X_{k+1}) \end{cases} \tag{7.14}$$

这里 X 子问题是一个最小二乘问题，有很多种方法对其进行求解。直接求得其解的解析表达式：

$$X_{k+1} = (\rho_1 I + \rho_2 \nabla^*\nabla)^{-1}[-\lambda_k + \rho_1(Y+Z) + \rho_2\nabla^* W - \nabla^*\mu]$$

W–子问题和 Z–子问题也有显示表达式：

$$W_{k+1} = T_{\frac{\alpha}{\rho_1}}\left(X_{k+1}-Y+\frac{\lambda_k}{\rho_1}\right)$$

$$Z_{k+1} = T_{\frac{1}{\rho_2}}\left(\nabla X_{k+1}+\frac{\mu_k}{\rho_2}\right)$$

这里函数 T 是软阈值算子，其表达式为

$$T_\rho(x) = \begin{cases} x-\rho, & x \geqslant \rho \\ x+\rho, & x \leqslant -\rho \\ 0, & |x| < \rho \end{cases}$$

以图 7.2 中的 5 幅靶标图像得到的插值图像为例子，对该方法进行试验。可以得到如图 7.17 所示的结果。

将后处理的图像与原来插值得到的图像部分放大对比，如图 7.18 所示。

可以看出，经过 ADMM 后处理得到的图像的边界比插值的边界明显清晰，图像分辨率也明显得到了提高。

另外，我们以 5 幅分辨率为 400×400 的遥感仿真图像和 5 幅由原始图像采样生成的 256×256 低分辨率靶标图生成的插值图为例，对其进行测试。已知 5 幅遥感仿真图像得到的插值图为图 7.7 和图 7.8。

可以得到两幅 ADMM 后处理图像，如图 7.19 所示。

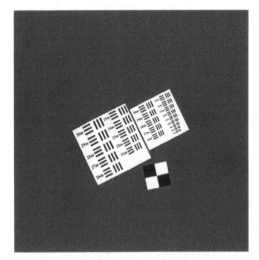 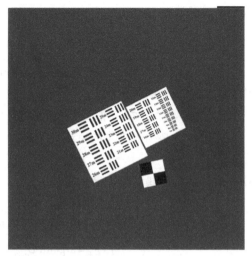

(a)分辨率为800×800的重构　　　　　　(b)分辨率为1200×1200的重构
图像ADMM后处理图像　　　　　　　　图像ADMM后处理图像

图 7.17　ADMM 后处理得到的图像

(a)插值图像　　　(b)分辨率为800×800的ADMM后　　(c)分辨率为1200×1200的ADMM后
处理图像　　　　　　　　　　处理图像

图 7.18　插值图像和 ADMM 后处理图像放大后的对比图

(a)分辨率为800×800的ADMM后处理图像　　　(b)分辨率为1200×1200的ADMM后处理图像

图 7.19　遥感仿真图像的 ADMM 后处理图像

　　将超分辨率图像和参考图像进行部分放大对比，可以看到图像的分辨率得到了明显的提升，如图 7.20 所示。

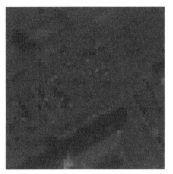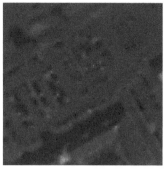

(a)参考图像　　　　　　(b)分辨率为800×800的ADMM后　　　(c)分辨率为1200×1200的ADMM后
　　　　　　　　　　　　　　　处理图像　　　　　　　　　　　　　处理图像

图 7.20　插值图像与参考图像部分放大对比图

　　对图 7.12 进行 ADMM 后处理，得到图 7.21。

　　对图 7.16（a）进行 ADMM 后处理，得到图 7.22。

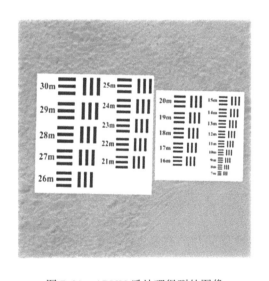

图 7.21　ADMM 后处理得到的图像　　　　　图 7.22　ADMM 后处理得到的图像

　　对图 7.16（b）进行 ADMM 后处理，得到图 7.23。

　　将插值得到的图像与原始图像进行对比，可以得到该算法的 MSE 值和 PSNR 值，见表 7.2。

图 7. 23　ADMM 后处理得到的图像

表 7. 2　插值图像的 MSE 值和 PSNR 值

图号	MSE	PSNR
图 7. 10	158. 1103	26. 1965
图 7. 13（a）	1670. 3	15. 9029
图 7. 13（b）	2980. 9725	13. 3872

7.1.3　Landweber 迭代方法

假设待求的高分辨率图像为 x，通过采样得到的低分辨序列图像为 b，低分辨率序列图像是由高分辨率图像进行欠采样得到的，因此，我们抽象地认为欠采样过程为算子 A。则高分辨率图像与低分辨率序列图像之间可以通过如下关系联系起来：

$$Ax = b \tag{7.15}$$

Landweber 迭代方法是解决式（7.15）这类线性反问题的有效方法。算法的核心思想是给出一系列低分辨率图像，由算法估计出一个高分辨率图像，再由得到的高分辨率图像进行采样，得到新的低分辨率系列图像，不停地迭代、重建高分辨率图像，对实际的高分辨率图像进行模拟。其主要过程可以由图 7.24 表示。

由于式（7.15）的解无法直接获得，因此，将其转换为最小二乘问题：

$$\min \frac{1}{2} \parallel Ax - b \parallel^2 \tag{7.16}$$

通过选取合适的正则化系数 α，Landweber 方法的迭代格式可以写成如下形式：

$$x^{(n+1)} = x^{(n)} + \alpha A^* \, (b - A \, x^n) \tag{7.17}$$

式中，A^* 为 A 的对偶算子。

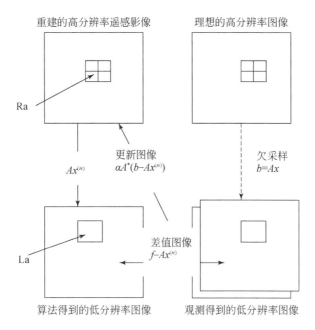

图 7.24　Landweber 迭代框架图

在这里，无法直接获得欠采样算子 A 的表达形式，而该迭代算法需要知道计算 Ax 和 A^*b 的方法，首先，计算 Ax（图像欠采样过程），对于每一个低分辨率序列图像中的点 $b(i, j)$，可以找到该点在高分辨率图像网格中的位置，选取该点所在的正方形区域内，对该点进行双线性插值，可以唯一确定该点的像素值，因此，可以得到整个序列图像。其次，计算 A^*b（高分辨率图像重构过程），A^*b 无法直接获得，可以通过对偶算子对每个点的值进行计算，对 $\forall b \in B$，$<Ax, b> = <x, A^*b>$，其中，B 是低分辨率序列图像形成的空间，设 $e(i, j)$ 为高分辨率图像形成的空间的基，则容易得到 $<Ae, b> = <e, A^*b>$，即 $A^*b_{i,j} = <Ae(i, j), b>$。

Landweber 算法的步骤：

1）输入序列图像（以 5 幅低分辨率序列图像为例，记为 B_1，B_2，B_3，B_4，B_5，B 为 B_1，B_2，B_3，B_4，B_5 在高分辨率网格下的采样图），残量值 ε，最大迭代次数 K，步长 a。

2）初始化图像，高分辨率图像 $X=0$；残量 $R=100$。

3）重复进行 4）~7），直到残量低于给定的值 ε，或者迭代次数达到 K。

4）对高分辨率图像 X 进行采样，得到低分辨率图像 $b^i = AX$；b^i 为 b_1^i，b_2^i，b_3^i，b_4^i，b_5^i 在高分辨率网格下的采样图。

5）对低分辨率序列图像 b_1^i，b_2^i，b_3^i，b_4^i，b_5^i 进行超分辨率重构，$Y^i = A^*(B-b^i)$，b^i 为低分辨率序列图像在高分辨率网格中的采样图像。

6）得到超分辨率图像：$X = X + a\,Y^i$。

7）更新误差：$R = \|Y^i\|$，跳到第 4）步。

以图 7.2 中的 5 幅低分辨率序列图为例，用 Landweber 迭代方法进行计算，得到一幅 800×800 和 1200×1200 的 Landweber 迭代图像，结果如图 7.25 所示。

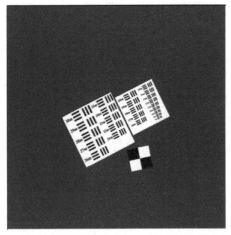
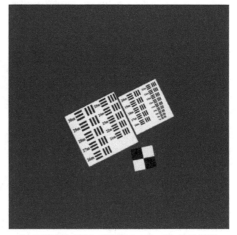

(a)分辨率为800×800的Landweber迭代图像　　　(b)分辨率为1200×1200的Landweber迭代图像

图 7.25　Landweber 迭代得到的图像

将 Landweber 迭代法和参考图像进行部分放大比较可得图 7.26。

(a)参考图像　　(b)分辨率为800×800的Landweber　(c)分辨率为1200×1200的Landweber
　　　　　　　　　　迭代得到的图像部分放大　　　　　迭代得到的图像部分放大

图 7.26　Landweber 迭代图与参考图局部对比

可以明显看出，由 Landweber 迭代法得到的图像的分辨率得到了很大的提高。图像的细节也能够清晰地表现出来。

另外，以 5 幅 400×400 的遥感仿真图像和 5 幅由原始图像采样生成的 256×256 低分辨率靶标图为例，对其进行测试。已知 5 幅遥感仿真图像为图 7.26。

可以得到两幅分辨率分别为 800×800 和 1200×1200 的图像，如图 7.27 所示。

将超分辨率图像和参考图像进行部分放大对比，可以看到图像的分辨率得到了明显的提升，如图 7.28 所示。

对 5 幅由原始图像图 7.10 模拟生成的图 7.11 进行 Landweber 迭代计算，得到图 7.29。

我们对图 7.14 进行 Landweber 迭代，得到图 7.30。

对图 7.15 进行 Landweber 迭代，得到图 7.31。

(a)分辨率为800×800的Landweber迭代图像　　　　(b)分辨率为1200×1200的Landweber迭代图像

图 7.27　遥感仿真图像的 Landweber 迭代图像

(a)参考图像　　　　　　(b)分辨率为800×800的　　　　　　(c)分辨率为1200×1200的
　　　　　　　　　　　　　Landweber迭代图像　　　　　　　　Landweber迭代图像

图 7.28　Landweber 迭代图像与参考图像部分放大对比图

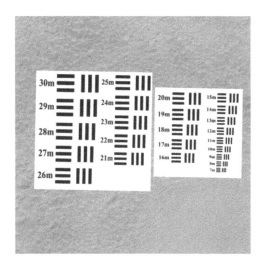

图 7.29　Landweber 迭代算法得到的图像

图 7.30　Landweber 迭代得到的图像

图 7.31　Landweber 迭代得到的图像

将插值得到的图像与原始图像进行对比，可以得到该算法的 MSE 值和 PSNR 值，见表 7.3。

表 7.3　插值图像的 MSE 值和 PSNR 值

图号	MSE	PSNR
图 7.10	33.2799	32.9090
图 7.13（a）	493.0648	21.2018
图 7.13（b）	610.5128	20.2738

7.1.4　带预处理的交替方向乘子方法

由 7.1.3 可知，高分辨率序列图像与低分辨率序列图像之间存在着一定的联系，对图像进行超分辨率重构实际上相当于对式（7.15）的 x 进行求解。

由于对这个问题直接进行求解存在很大的难度，需要对问题进行正则化，并求其近似解。通过一个给定的转换算子 W，可以使得到的解是稀疏的。因此，等价于考虑如下约束优化问题：

$$\begin{cases} \text{minimize } f(Wx) \\ \text{s. t. } Ax=b, x(i,j) \in [0,255] \end{cases} \tag{7.18}$$

通过辅助变量 $y=Wx$，式（7.18）可以等价于式（7.19）：

$$\begin{cases} \text{minimize } f(y) \\ \text{s. t. } Ax=b, x(i,j) \in [0,255], y=Wx \end{cases} \tag{7.19}$$

该约束问题的增广拉格朗日函数为

$$L_{\rho_1,\rho_2}(x,y;\lambda,\mu)=f(y)+<\lambda,Ax-b>+<\mu,y-Wx>+\frac{\rho_1}{2}\|Ax-b\|^2+\frac{\rho_2}{2}\|y-Wx\|^2 \quad (7.20)$$

采用 ADMM 算法可以得到高分辨率图像的迭代格式为

$$\begin{cases}x_{k+1}=\mathrm{argmin}_{x(i,j)\in[0,255]}L_{\rho_1,\rho_2}(x,y_k;\lambda_k,\mu_k)\\ x_{k+1}=\mathrm{argmin}L_{\rho_1,\rho_2}(x_{k+1},y;\lambda_k,\mu_k)\\ \lambda_{k+1}=\lambda_k+\rho_1(Ax_{k+1}-b)\\ \mu_{k+1}=\mu_k+\rho_2(y-Wx_{k+1})\end{cases} \quad (7.21)$$

其中，子问题 x 为二次问题，解的形式为

$$x_{k+1}=(\rho_1(A)^*(A)+\rho_2W^*W)^{-1}((A)^*(\rho_1b-\lambda_k)+W^*(\rho_2y_k-\mu_k))$$

直接求解 x 子问题存在两个困难：第一个困难点是，直接计算 x 子问题的计算量超大，主要的计算量来自于 A^*A 的对其有逆；第二个困难点是 x 子问题中存在约束条件。因此，我们对 x 子问题进行处理。用变量 $z=x$，$y=Wx$，则原问题变为

$$\begin{cases}\text{minimize } f(y)\\ \text{s. t. } Az=b,Wz-y=0,z=x,z(i,j)\in[0,255]\end{cases} \quad (7.22)$$

相应的拉格朗日函数为

$$L_{\rho_1,\rho_2,\rho_3}(x,y,z;\lambda,\mu,v)=f(y)+<\lambda,Az-b>+<\mu,y-Wx>+<v,z-x>+$$

$$\frac{\rho_1}{2}\|Az-b\|^2+\frac{\rho_2}{2}\|y-Wx\|^2+\frac{\rho_3}{2}\|z-x\|^2 \quad (7.23)$$

则解的迭代格式为

$$\begin{cases}z_{k+1}=\mathrm{argmin}_{x(i,j)\in[0,255]}\left\{L_{\rho_1,\rho_2,\rho_3}(z,y_k,x_k;\lambda_k,\mu_k,v_k)+\frac{1}{2}\|z-z_k\|_Q^2\right\}\\ y_{k+1}=\mathrm{argmin}L_{\rho_1,\rho_2,\rho_3}(z_{k+1},y,x_k;\lambda_k,\mu_k,v_k)\\ x_{k+1}=\mathrm{argmin}L_{\rho_1,\rho_2,\rho_3}(z_{k+1},y_k,x;\lambda_k,\mu_k,v_k)\\ \lambda_{k+1}=\lambda_k+\rho_1(Ax_{k+1}-b)\\ \mu_{k+1}=\mu_k+\rho_2(y-Wx_{k+1})\\ v_{k+1}=v_k+\rho_3(z_{k+1}-x_{k+1})\end{cases} \quad (7.24)$$

式中，Q 为线性有界正定算子，满足 $\|z\|_Q^2=<z,Qz>$，$\forall z\in\chi$，选取合适的 Q 算子可以减少方程的运算量。

对于 z 子问题，其迭代式可以写成如下形式：

$$z_{k+1}=(\rho_1A^*A+\rho_2W^*W)^{-1}[A^*(\rho_1b-\lambda_k)+W^*(\rho_2y_k-\mu_k)+\rho_3x_k-v_k+\rho z_k]$$

选取 $Q=\rho I-\rho_1A^*A$，可以将该形式化解为

$$z_{k+1}=[\rho_2W^*W+(\rho_3+\rho)I]^{-1}[A^*(\rho_1b-\lambda_k)+W^*(\rho_2y_k-\mu_k)+\rho_3x_k-v_k+\rho z_k]$$

y-子问题和 z-子问题也有显示表达式：

$$x_{k+1}=\begin{cases}0, & z<0\\ \dfrac{v_k}{\rho_3} & z\in[0,255]\\ 255 & z>255\end{cases}$$

$$y_{k+1} = T_{\frac{1}{\rho_2}}\left(Wz_{k+1} + \frac{\mu_k}{\rho_2}\right)$$

其中，函数 T 是软阈值算子，其表达式为

$$T_\rho(x) = \begin{cases} x-\rho & x \geqslant \rho \\ x+\rho & x \leqslant -\rho \\ 0 & |x| < \rho \end{cases}$$

在这里，Ax 和 A^*b 的计算方法和 Landweber 迭代方法的计算方法是一致的。带预处理的交替乘子方法步骤如下。

1）输入低分辨率序列图像，参数 ρ，ρ_1，ρ_2，ρ_3，迭代次数 K，误差 ε。

2）初始化：λ_0，μ_0，$v_0 = 0$，$x_0 = y_0 = z_0 = 0$。

3）重复进行 4）～7），直到残量低于给定的值 ε，或者迭代次数达到 K。

4）计算子问题 z：

$$z_{k+1} = [\rho_2 W^* W + (\rho_3 + \rho) I]^{-1}[A^*(\rho_1 b - \lambda_k) + W^*(\rho_2 y_k - \mu_k) + \rho_3 x_k - v_k + \rho z_k]$$

5）计算子问题 y：

$$y_{k+1} = T_{\frac{1}{\rho_2}}\left(W z_{k+1} + \frac{\mu_k}{\rho_2}\right)$$

6）计算子问题 x：

$$x_{k+1} = \begin{cases} 0 & z < 0 \\ \dfrac{v_k}{\rho_3} & z \in [0, 255] \\ 255 & z > 255 \end{cases}$$

7）计算残量 R：

$$R = \text{norm}(z_k - z_{k+1})。$$

这里 Ax 和 A^*b 的计算方法与 Landweber 迭代方法的计算方法是一致的。以图7.2 中的 5 幅低分辨率序列图为例，用带预处理的交替方向乘子方法（PADMM）进行计算，得到一幅分辨率为 800×800 和 1200×1200 的 PADMM 迭代图像，结果如图 7.32 所示。

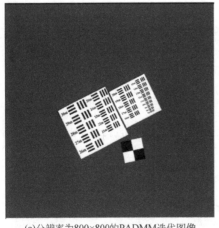 

(a)分辨率为800×800的PADMM迭代图像　　　　(b)分辨率为1200×1200的PADMM迭代图像

图 7.32　PADMM 迭代得到的图像

将 PADMM 迭代法和参考图像进行部分放大比较，如图 7.33 所示。

(a)参考图像　　　　(b)分辨率为800×800的PADMM　　(c)分辨率为1200×1200的PADMM
　　　　　　　　　　迭代图部分放大　　　　　　　　迭代图部分放大

图 7.33　PADMM 迭代图与参考图局部对比

可以明显看出由 PADMM 迭代法得到的图像的分辨率得到了很大的提高。图像的细节也能够清晰地表现出来。

另外，我们以 5 幅分辨率为 400×400 的遥感仿真图像和 5 幅由原始图像采样生成的256×256 低分辨率靶标图为例，对其进行测试。已知 5 幅遥感仿真图像为图 7.6，可以得到两幅分辨率分别为 800×800 和 1200×1200 的图像，如图 7.34 所示。

(a)分辨率为800×800的PADMM迭代图像　　　　(b)分辨率为1200×1200的PADMM迭代图像

图 7.34　遥感仿真图像的 PADMM 迭代图像

将超分辨率图像和参考图像进行部分放大对比，可以看到图像的分辨率得到了明显的提升，如图 7.35 所示。

对 5 幅由原始图像图 7.10 模拟生成的图 7.11 进行 PADMM 迭代计算，得到图 7.36。

对图 7.14 进行 Landweber 迭代，得到图 7.37。

对图 7.15 进行 Landweber 迭代，得到图 7.38。

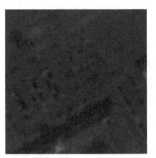

(a)参考图像　　　　　　　(b)分辨率为800×800的　　　　　(c)分辨率为1200×1200的
　　　　　　　　　　　　　　PADMM迭代图像　　　　　　　　PADMM迭代图像

图 7.35　PADMM 迭代图像与参考图像部分放大对比图

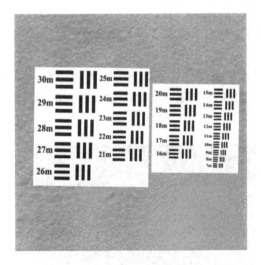

图 7.36　PADMM 迭代算法得到的图像　　　图 7.37　Landweber 迭代得到的图像

图 7.38　Landweber 迭代得到的图像

将插值得到的图像和原始图像进行对比，可以得到该算法的 MSE 值和 PSNR 值，见表 7.4。

表 7.4　插值图像的 MSE 值和 PSNR 值

图号	MSE	PSNR
图 7.10	38.2280	32.3070
图 7.13（a）	886.5384	18.6538
图 7.13（b）	1058.2232	17.8850

对以上 4 种方法进行评价，见表 7.5。

表 7.5　对上述四种超分辨率图像进行评价

项目	插值	ADMM	Landweber 迭代	PADMM
级别或分数	一般	较好	很好	很好

从算法得到的图像和原始图像进行比较，对四种超分辨率图像算法的评价，如表 7.6 所示。

表 7.6　根据实验数据的 MSE 值和 PSNR 值对四种方法进行评价

项目	插值	ADMM	Landweber 迭代	PADMM
级别或分数	一般	一般	很好	较好

由实验数据可以看出，序列低分辨率图像通过双线性插值算法能够得到一幅质量比较好的超分辨率图像，不过该图像中的边缘位置存在一定的模糊，后处理的模型和 ADMM 算法能够对双线性插值法得到的高分辨率图像进行进一步加工，使图像的特征能够更加清晰，图像分辨率更高。另外，假设遥感图像降质过程为线性算子，则序列图像超分辨率重构问题可以看成是线性反问题。我们采用两种迭代正则化方法来进行求解，分别为 Landweber 迭代和 PADMM。其中 Landweber 迭代可以看成是对于残差函数的梯度下降方法，而 PADMM 则是用来求解带有线性约束的全变差最小化问题。这两种方法都可以高效地得到遥感图像的超分辨率重构。从图像的重构程度来看，Landweber 迭代和 PADMM 得到的效果最佳，ADMM 后处理的结果也很好，插值算法得到的结果相比于其他算法没那么好，但是也能够得到清晰的图像。

7.2　基于 L_0 正则化约束的图像超分辨率重建

超分辨率重建技术可以明显提高图像的空间分辨率，改善成像质量，其中，模糊函数的估计和图像先验模型的选取会严重影响重建图像的质量。本书引入亮度与梯度联合约束的方法对超分辨率重建中的模糊函数进行盲估计，提高超分辨率重建中参数估计的精度，并基于图像的统计特征，在重建模型中，选择亮度与梯度联合约束图像先验，增强图像的先验信息，抑制重建结果中的噪声与伪影。实验结果证明，本书的算法能够有效提高超分辨率重建过程中的模糊估计精度，利用联合约束先验可以得到更好的重建结果。

7.2.1　引言

图像超分辨率是一种提升图像空间分辨率的有效方法，它通过对多幅具有互补信息的低分辨率图像进行处理，重构出一幅或多幅高分辨率图像。图像超分辨率重建技术是由Tsai 和 Huang 于 1984 年首次提出的，他们发展了一种利用多幅具有亚像素位移的图像实现超分辨率重建的频率域方法。

之后，虽然一些学者在此基础上进行了改进和发展，但频率域方法难以融入空域的先验信息，而且只能局限于全局平移运动和线性空间不变降质模型，没有考虑运动模糊和光学模糊带来的点源扩散函数（point spread function，PSF）的可变性，因此，这类方法已不再是研究的热点；相反，相比于频率域方法，空域超分辨率重建具有诸多优势，可以将复杂的运动模型与相应的插值、滤波和重采样过程融合在一起进行处理，更符合图像退化的复杂过程。超分辨率重建技术却在空域得到了相当大的发展，目前，国内外学者已经发展了多个空域处理的框架，主要包括非均匀内插、迭代反投影、凸集投影（projection onto convex set，POCS）、最大似然估计（ML）、最大后验估计（maximum a posterior，MAP）、MAP/POCS 混合方法等。在这些研究框架中，基于 MAP 的超分辨率重建方法对超分辨率重建这个病态问题进行正则化，转化成有唯一解的代价函数最优化问题，并具有降噪能力强、融入空间先验约束能力强等优点，得到了广泛的应用。国内外学者基于 MAP 框架发展了多种图像超分辨率方法，广泛应用在遥感、视频监控和医学图像处理等多个领域。

在 MAP 框架里，在进行图像超分辨率重建过程中，存在许多参数的求解，包括模型参数，如运动位移矢量、模糊函数等，这些参数的求解精度与重构高分辨率图像的质量密切相关。在多帧图像超分辨率重建中，成像过程中的模糊退化函数在大多数情况下是未知的，所以通常在低分辨率图像序列进行超分辨率重建之前，需要进行模糊估计，获取模糊函数。因此，为了提高超分辨率重建的精度，需要考虑一种鲁棒性的模糊函数估计方法，获得更精确的模糊参数，抑制参数估计误差对重建过程的影响，从而提高图像重建的精度。

模糊函数描述了图像形成过程中受到模糊退化影响程度的大小。因此，模糊估计在图像超分辨率重建中发挥着重要作用，其精度直接影响着超分辨率重建图像的质量。但在大部分实际应用中，图像成像过程中的模糊退化情况比较复杂，很难准确估计模糊函数。现有的模糊函数估计方法主要分为两大类：一类是特征区域分析法，通过对图像上的已知目标或具有特殊特征的区域进行分析，测量得到模糊函数，其中常用的测量方法包括刃边法、点源法、脉冲法等；另一类是盲估计方法，即在对图像形成过程中的模糊退化信息所知甚少，或者完全未知的情形下，将其视为经典的不适定问题，对其进行求解，采用降质观测图像对原图像和模糊函数同时进行估计。从模型构建的角度模糊函数估计可以分为以下三种方法：MAP 方法、变分贝叶斯方法、稀疏表达方法。其中，MAP 的主要思想是，在已知模糊图像的前提下，使清晰图像或点扩散函数（point spread function，PSF）出现的后验估计达到最大，其灵活选取先验的特点使得基于 MAP 的方法成为模糊函数估计中应用最普遍的一类框架。

本书基于图像的统计特征，在模糊估计和超分辨率重建模型中，引入 ℓ_0 范数的亮度与梯度联合约束的图像先验函数，增强图像的先验信息，减少重建结果中可能存在的噪声与伪影效果；同时，利用 ADMM 进行模型的优化求解，获得使能量函数最小化的最优结果，进行重建图像的快速、精确求解。本书使用模拟图像序列和真实图像序列进行了实验。实验结果证明，本算法能够有效地提高超分辨率重建图像的精度，得到较好的重建结果。

7.2.2　图像观测模型

在超分辨率重建中，观测模型描述了理想高分辨率图像和低分辨率观测图像之间的关系，建立精确的观测模型是进行高质量超分辨率重建的关键。可以将低分辨率图像的形成过程理解为是由一幅高分辨率图像经过一系列降质过程产生的，降质过程包括几何运动、光学模糊、降采样和附加噪声等。如果用矢量表示所求的高分辨率图像 g_k，表示用于重建的某一幅低分辨率图像（k 为图像编号，$k = 1$，2，$\cdots$，m），得到一个常用的图像观测模型：

$$g_k = D_k B_k M_k z + n_k$$

式中，M_k，B_k，D_k 和 n_k 分别为几何运动矩阵、模糊矩阵、亚采样矩阵和附加噪声。由于低分辨率观测图像的大小相同，则各幅低分辨率图像的降采样矩阵也相同，即 $D_1 = D_2 = \cdots D_m = D$。同时，因为实际情况中的低分序列图像在获取过程中经历的模糊程度也大致相同，即 $B_1 = B_2 = \cdots B_m = B$，所以上述观测模型可以简化为如下形式：

$$g_k = DBM_k z + n_k \tag{7.25}$$

由上述模型可以看出，超分辨率重建模型的求解就是通过已知降质后的图像，尽可能重建出高分辨率图像的过程，是一个典型的病态逆问题。

7.2.3　超分辨率重建中的模糊函数

模糊函数描述了图像形成过程中受到模糊退化影响程度的大小。因此，模糊辨识在图像超分辨率重建中发挥着重要作用，获取成像过程中的模糊函数是进行图像超分辨率重建的前提，其精度直接影响着超分辨率图像的质量。虽然在一些情况下，传感器厂商提供的参数信息包括成像系统的 PSF 信息，即成像过程中的总体模糊函数，但该信息不能准确表达大气模糊和运动模糊，准确度不高，而且往往不容易获取。因此，在多数情况下，需要对成像系统的 PSF 进行估计。

1. 模糊函数类型

常见的模糊函数类型有三种，分别是线性运动模糊函数、Gauss 模糊函数和散焦模糊函数。如果用 $b(i, j)$ $b(i, j)$ 表示模糊函数，无论它是哪种类型，均应满足以下先验条件。

Ⅰ. $b(i, j)$ 是确定的和非负的，即

$$b(i,j) \geqslant 0$$

Ⅱ. $b(i, j)$ 有有限支持域；

Ⅲ. 图像模糊退化过程不损失图像的能量。这意味着：

$$\sum_{i, j} b(i, j) = 1$$

在某些实际问题中还可以给出更多的先验知识，如 $b(i, j)$ 的对称性、Gauss 型或散焦型等。

（1）线性运动模糊函数

通常认为线性运动模糊是均匀模糊，即对局部相邻像素取平均值。其主要形成原因是，成像系统和观测目标之间有相对匀速直线移动。水平方向上的线性移动模糊函数可以表示为

$$b(i,j) = \begin{cases} \dfrac{1}{L} & 若 -\dfrac{L}{2} \leqslant i \leqslant \dfrac{L}{2}, 且 j = 0 \\ 0 & 其他 \end{cases}$$

式中，L 为线性运动模糊函数的长度。在实际应用中，如果线性移动模糊函数不在水平方向上，则可以类似地对其进行定义。Patti 等学者在他们提出的超分辨率重建算法中考虑了这种模糊函数。

（2）Gauss 模糊函数

Gauss 模糊函数是许多光学测量系统和成像系统最常见的模糊函数。对于这些系统，决定系统点扩散函数的因素比较多。众多因素综合的结果总是使点扩散函数趋于高斯型。典型的系统有光学相机、CCD 摄像机、γ-相机、CT 机、成像雷达和显微光学系统等。另外，在天文观测和卫星遥感成像过程中，由大气扰动造成的图像退化模糊也常被建模为高斯型。Gauss 模糊函数可以表示为

$$b(i,j) = \begin{cases} K e^{-\frac{i^2+j^2}{2\sigma^2}} & 若 (i,j) \in C \\ 0 & 其他 \end{cases}$$

式中，K 为归一化常数，其作用是使模糊函数所有成员的和为 1；σ^2 为模糊函数方差，用来表示模糊的程度；C 为 $b(i, j)$ 的圆形支持域。大部分图像超分辨率重建方法均假定模糊函数为 Gauss 类型。

（3）散焦模糊函数

几何光学的分析表明，点光源通过光学系统后成像为一个点。但是当物距、像距和焦距不能满足高斯成像公式时，会出现光学系统散焦，此时点光源所成的像就不再是一个点，而是一个均匀分布的圆形光斑。散焦模糊函数可以定义为

$$b(i,j) = \begin{cases} \dfrac{1}{\pi R^2} & 若 i^2 + j^2 \leqslant R^2 \\ 0 & 其他 \end{cases}$$

式中，R 为散焦斑半径。Rajan 和 Chaudhuri 等学者在他们提出的超分辨率重建算法中考虑了这种模糊函数。

2. PSF 支持域估计方法

PSF 支持域即点扩散函数的形状和尺寸大小，点扩散函数系数的估计是基于支持域的，如果估计出来的支持域与实际的支持域不相符，点扩散函数系数的求解结果的有效性也就不能得到很好的保证，因此，PSF 支持域的确定也非常重要。

对于 PSF 支持域的估计，国内外已发展了几种方法。一些学者利用模糊图像在频率域中的特性，或者更有优势的倒谱特性识别模糊，识别或估计出模糊类型及其相应的模型参数，此类算法简单，可靠性较高，但该算法具有明显的局限性，需要事先了解点扩散函数的参数化模型、不适合高斯型的模糊等。另一种方法是，预先设计一个大的模糊支持域，然后在每次迭代中裁剪给定支持域的边界，直到到达或接近真实的模糊支持域，该方法得到的支持域一般是不规则的，非常不利于计算机上的算法实现，因此，需要对其进行特殊的处理，保证支持域为矩形形状，同时该方法对阈值非常敏感，运算量也较大。

Chen 和 Yap 则发展了一种最小化图像移位自相关的方法——自回归滑动平均法（auto regressive moving average，ARMA）估计模糊支持域，首先模糊图像被一个自回归（auto regressive，AR）模型系数构成的滤波器滤波，再通过最小化滤波后图像的水平或竖直方向上的移位自相关，来分别得到对应的支持域大小，具有较强的稳健性，本书主要对此方法进行详细描述。

（1）AR 模型与移动平均模型（moving average，MA）

数学上，AR 模型被描述为，如果时间序列 y_t 是它的过去值和随机项的线性函数，可以表示为

$$y_t = \varphi_1 y_{t-1} + \varphi_2 y_{t-2} + \cdots + \varphi_p y_{t-p} + \mu_t \quad t = 1, 2, \cdots, n$$

则称该时间序列 y_t 是自回归序列，即由过去一系列值预测 t 时刻的值，上式称为 p 阶自回归模型，表示为 AR(p)。其中，随机误差项 μ_t 是均值为零的白噪声序列，其方差表示为 σ_μ^2。

如果时间序列 x_t 是它的当前和过去的随机误差项的线性函数，即可以表示为

$$x_t = \mu_t - \theta_1 \mu_{t-1} - \theta_2 \mu_{t-2} - \cdots - \theta_q \mu_{t-q}$$

则称该时间序列 x_t 是移动平均序列，上式称为 q 阶移动平均模型，表示为 MA(q)。将上面的一维概念应用到二维概念，由一组图像序列 $\{f_1, f_2, \cdots, f_i, f_{i+1}, \cdots, f_p\}$ 构建一幅图像 f，即 $f = a_1 f_1 + a_2 f_2 + \cdots + a_p f_p + w$，式中，$a_1 + \cdots + a_p$ 为自回归系数；w 为加性高斯白噪声；图像序列 $\{f_1, f_2, \cdots, f_i, f_{i+1}, \cdots, f_p\}$ 由 f 循环移位得到。由此构建原始图像序列的 AR 模型，另外，假设成像系统的点扩散函数是空不变的，则 MA 模型可模拟退化过程 $g = Hf + n$。

（2）ARMA 支持域估计方法

模糊过程可以被模型化为一个二维卷积，可分离意味着模糊过程在水平方向和竖直方向是不相关的，换言之，模糊算子 $h(i,j) = h(i)h(j)$，也就是说，一个二维卷积项能被分解为两个一维卷积项。因此，PSF 的支持域可以分别在水平和竖直方向上进行估计。

基于 AR 模型，原始图像可以用如下二维 AR 过程进行描述：

$$f = Bf + e$$

式中，B 为模型相关系数构成的矩阵，结合退化过程数学模型 $g = Hg + n$，可以给出退化图像的另一种表达：

$$g = H(I-B)^{-1}e + n$$

令 r 为退化图像经过滤波器 L 滤波后的图像，即

$$r = Lg$$

这里取

$$L = I - B$$

因为 I 和 B 都是分块循环矩阵，所以 L 也是分块循环矩阵。那么有

$$r = Lg = He + (I-B)n$$

上式表明模糊矩阵 H 和原始图像相关系数构成的矩阵 $I-B$ 在两种噪声权重作用之和构成了图像 r。n 和 e 是不相关的两个噪声序列，并且它们都属于加性高斯白噪声；此外，在许多实际应用中，e 的方差要远大于 n 的方差。换言之，模糊效果在图像 r 中得到了充分的体现。模糊支持域估计准则给出如下公式：

$$p = \arg_m \min[J(m,0)]$$
$$q = \arg_n \min[J(0,n)]$$

式中，p、q 为模糊支持域分别在竖直方向和水平方向上的估计值；$J(m,n)$ 为图像 r 的自相关，定义为

$$J(m,n) = \frac{1}{(N-n)(M-m)} \sum_{x=n}^{N-1} \sum_{y=m}^{M-1} r(x,y) \times r(x+n,y+m)$$

式中，M 和 N 分别为图像的竖直大小和水平大小。

3. PSF 系数的估计方法

（1）交互式选择方法

交互式选择方法是实际图像处理中经常用到的一种确定 PSF 系数的方法，即通过设定多个备选的 PSF 分别进行处理，通过对处理结果进行分析、评价，选择最优的 PSF。一般首先需要确定模糊的类型，该过程可以通过主观的猜测来完成，也可以通过客观求解的方法获取。很明显，仅根据图像的物理背景进行交互式选择不仅费时费力，有时也难以保证模糊函数辨识的精度。

（2）特征区域分析法

另一个常用方法是通过对图像上的已知目标或具有特征的区域进行分析，进行模糊函数的辨识，如黑色背景中的白色点，或者白色线、图像中的直边缘等。例如，对遥感图像进行 PSF 估计的方法主要有刃边法、点源法、脉冲法等，这些方法已被广泛应用于各种中、高分辨率卫星图像中。

刃边法是一种适合中、高分辨率卫星的 PSF 估计方法，利用图像上高反射与低反射的直线相交区域，首先确定刃边的亚像素位置，然后利用样条插值函数对这些像元数据进行内插及平均后，得到边缘扩散函数 ESF，ESF 经过差分后，得到线扩散函数 LSF，再经过二维转换得到 PSF。下面对用刃边法进行 PSF 估计的步骤进行详细介绍。

1）边缘检测

刃边法的第一步是确定地物边缘的精确位置，边缘位置由逐行的亚像元信息确定。对该行像元进行简单的数据差分，在最大梯度值处取 5 个点，建立三次多项式，二阶导数为 0 的位置即为所求的亚像元的边缘位置。

三次多项式：

$$y = ax^3 + bx^2 + cx + d$$

二阶导数为 0，即

$$6ax + 2b = 0$$

2）边缘点的最小二乘拟合

将 1）得到的亚像元的边缘位置用最小二乘法拟合到一个线性方程 $Y = Ax + b$ 上。其中，

$$a = \frac{\left[m \left(\sum_{i=1}^{m} X_i Y_i \right) - \left(\sum_{i=1}^{m} X_i \right) \left(\sum_{i=1}^{m} Y_i \right) \right]}{\left[m \left(\sum_{i=1}^{m} X_i^2 \right) - \left(\sum_{i=1}^{m} X_i \right)^2 \right]}$$

$$b = \frac{\left(\sum_{i=1}^{m} X_i^2 \sum_{i=1}^{m} Y_i \right) - \left(\sum_{i=1}^{m} X_i Y_i \right) \left(\sum_{i=1}^{m} X_i \right)}{\left[m \left(\sum_{i=1}^{m} X_i^2 \right) - \left(\sum_{i=1}^{m} X_i \right)^2 \right]}$$

式中，m 为数据个数；X_i 为行数；Y_i 为亚像素位置。

3）像元位置校准

由 2）拟合得到的边缘位置呈现为一条直线，所以以每行像元的边缘位置为原点，分别向左、右取相同个数的像元。

4）求校准后图像各列像元的平均值

此处用三次样条插值函数对校正后的边缘数据进行差值计算，在各行像元值相邻的两个数据间内插 20 个点，分别得到一条假定连续的直线，并取平均值得到边缘扩散函数 ESF。

5）获得线扩散函数 LSF

线扩散函数的计算可以通过对边缘扩散函数 ESF 进行简单差分实现。该差分方法应用于平均后的插值函数。差分函数为

$$\text{LSF}(n) = \text{ESF}(n) - \text{ESF}(n-1)$$

6）LSF 函数的修剪

通过修剪边界线的两侧，可以达到减少噪声的目的。只保留 LSF 梯度值最大点的两侧部分，按模板大小进行适当取舍，尽量将频率的遗漏值减小到最低。

7）PSF 估计

假设图像像元的变化在垂直位置方向和平行位置方向一致，分别使垂直方向和平行方向上的 LSF 矩阵相乘，得到 PSF 函数的模板，以供下一步图像复原函数使用。

以下是利用中巴资源二号卫星获取的遥感图像进行 PSF 函数估计的实例，首先得到边缘扩散函数，如图 7.39 所示，图 7.39（a）为插值前图像各行 ESF，图 7.39（b）为进行三次样条插值后得到的图像各行 ESF，图 7.39（c）为平均 ESF。利用以上 ESF 求解的 LSF 如图 7.40（a）所示，把线扩散函数扩展到二维，得到点扩散函数，如图 7.40（b）

所示。

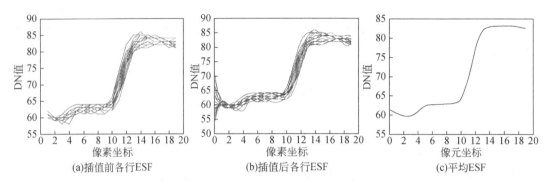

(a)插值前各行ESF   (b)插值后各行ESF   (c)平均ESF

图7.39 边缘扩散函数

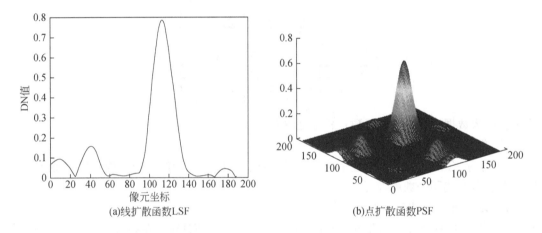

(a)线扩散函数LSF   (b)点扩散函数PSF

图7.40 线扩散函数 LSF 与点扩散函数 PSF

（3）PSF 的盲估计

PSF 的盲估计即在对图像形成过程中的模糊退化信息所知甚少，或者完全未知的情况下，采用降质观测图像对原图像和模糊函数同时进行估计。针对单幅图像，经典的 PSF 盲估计方法有迭代盲去卷积方法、最大似然法、正则化方法、凸集投影法和最大后验估计法等，近年来，稀疏感知法（Lou et al.，2011）、非局部均值法（Zhao et al.，2010）也被用于 PSF 的盲估计。理论上，这些针对单幅图像的 PSF 估计方法都可以经过扩充与推广，应用于多幅图像的超分辨率重建。

7.2.4 重建方法

在 MAP 框架下进行图像超分辨率重建时，运动参数和模糊函数的求解精度直接影响重构高分辨率图像的质量。高精度的运动参数为图像重建提供精确的互补信息，盲模糊估计方法能够在模糊退化函数未知的情况下，获得与实际情况近似的模糊参数，有效地移除重建图像中的模糊。本书从改进运动估计、模糊函数两个主要参数的求解方法来提高参数求解精度，抑制参数估计误差对于重建过程的影响，从而提高图像重建的精度。

1. 模糊估计方法

图像模糊主要是因为成像目标在曝光期间与成像系统之间相对运动和成像时传感器对焦不准等。这两类模糊的实质均是信号的混叠，信号的欠采样会造成邻域像素（曝光期间的光照）彼此之间的影响，通常采用点扩散函数（PSF）对模糊过程进行描述。因此，模糊估计方法一般是寻找一个连续 PSF 的离散描述，称为模糊核，计算观测图像的 PSF 是图像超分辨率重建中的一个关键环节，其精度直接影响重建图像的质量。图像模糊退化过程是一个线性不变的过程，可以描述成一个线性模型，模糊图像是模糊核和潜在的高分辨率清晰图像的卷积加上一定的噪声，该噪声通常假设为加性高斯白噪声：

$$g = I * k + e \tag{7.26}$$

式中，I 和 e 分别为清晰图像和噪声；k 为模糊核；$*$ 为卷积算子。由模型可以看出，图像去模糊问题是从一幅模糊图像中恢复得到干净图像和相应的模糊核，这是一个严重的病态逆问题，每一幅模糊图像都可以由多组 (I, k) 通过退化模型得到。基于 MAP 的模糊估计方法，凭借其灵活选取先验的特点，成为模糊函数估计中应用最普遍的一类框架。

基于最大后验概率理论的模糊估计问题可以表示为

$$P(I, k \mid g) \propto P(g \mid I, k) p(I) p(k)$$

式中，概率项 $P(g \mid I, k)$ 描述了干净图像存在时模糊图像的概率密度函数，构成 MAP 模型的数据一致性约束项，一般用 l_2 范数进行约束；$p(I)$ 和 $p(k)$ 分别表示对干净图像和模糊核的先验概率。相对于图像的大小，模糊核的尺寸一般很小，基于观测统计，其还具有相当平滑的特点，通常也用 l_2 范数进行约束。因此，对于一幅给定的模糊图像，可以通过以下正则化模型的求解来估计干净图像和模糊核：

$$(I, k) = \arg\min_{I, k} \| I \times k - g \|_2^2 + \mu \| k \|_2^2 + \sigma p(I) \tag{7.27}$$

式中，μ 和 σ 分别为图像和模糊核的先验权重，在计算过程中，为了方便参数的调节，一般会保持两个先验权重相等；$p(I)$ 为干净图像的先验约束。

在图像先验的选取上，Chan 和 Wong 选取全变分先验模型，Shan 等选取图像梯度值具有的自然图像稀疏先验特性做约束项，本书介绍一种由亮度与梯度联合约束的图像先验模型，该先验模型是由 Pan 等基于文字图像的统计特征提出来的，通过统计对比清晰与模糊的文字图像在像素亮度和梯度上的分布特征，构建 L_0 范数的亮度与梯度联合约束的图像先验模型。

$$U(I) = \| z \|_0 + \| \nabla z \|_0$$

单一的亮度先验约束是基于单独的像元，在图像复原中会引入严重的噪声和伪影，梯度先验约束是基于相邻像素差异，会在图像复原中增强平滑，减少伪影；而亮度与梯度联合约束可以增强图像的先验信息，减少噪声与伪影效果，抑制由梯度约束导致的过度平滑。

因此，通过引入联合先验约束模型，式（7.27）可以表示为

$$(I, k) = \arg\min_{I, k} \| I \times k - g \|_2^2 + \mu \| k \|_2^2 + \sigma (\| z \|_0 + \| \nabla z \|_0)$$

其中，为方便计算，在图像先验约束中，亮度与梯度的约束被认为是同等强度。上述能量函数中，除参数以外，主要有图像 I 和模糊核 k 两个需要求解的未知变量，通过使用变量分割，对中间图 I' 和模糊核 k' 进行交替迭代求解，获得使能量函数最小的最优化结果。

2. MAP 重建方法

由图像观测模型式（7.25）可知，低分观测图像并不能提供充足的重建信息，超分辨率重建是一个严重的病态逆问题。在本书中，我们将采用基于 MAP 的超分辨率重建方法，对超分辨率重建这个病态问题进行有效的正则化约束，从而稳定求解，借助先验知识将其转化为有唯一解的代价函数最优化问题。

MAP 超分辨率重建是在已知低分辨率观测图像序列的前提下，使高分辨率图像出现的后验概率达到最大。即

$$z^\wedge = \arg\min_z \{ p(z \mid g) \} \tag{7.28}$$

根据贝叶斯公式可得

$$z^\wedge = \arg\min_z \left\{ \frac{p(g \mid z) p(z)}{p(g)} \right\}$$

z 独立于 g，所以分母可以直接消去。同时，对公式右端取对数，可得

$$z^\wedge = \arg\min_z \{ \lg p(g \mid z) + \lg p(z) \} \tag{7.29}$$

$p(g \mid z)$ 描述了高分辨率图像存在时，低分辨率图像的概率密度函数，$p(g \mid z) = p(n)$ 为拟然函数，由观测模型的噪声模型确定。通常假定观测模型的噪声为均值为 0，方差为 η^2 的高斯类型噪声，即

$$p(g_k \mid z) = \frac{1}{C_1} \exp\left\{ -\frac{\| g_k - DB\,M_k z \|}{2\,\eta^2} \right\} \tag{7.30}$$

式中，C_1 为常数；概率密度函数 $p(z)$ 为高分辨率影像 z 的先验概率，一般具有以下形式：

$$p(z) = \frac{1}{C_2} \exp\left\{ -\frac{1}{\beta} U(z) \right\}$$

式中，C_2 为常数；β 为控制参数；$U(z)$ 为图像能量函数。令 $W_k = DB\,M_k$，把式（7.30）和式（7.26）代入式（7.29），消去常数，可以得到一般的 MAP 代价函数形式如下：

$$z^\wedge = \arg\min_z \left\{ \sum_k^K \| g_k - W_k z \|_2^2 + \lambda U(z) \right\} \tag{7.31}$$

这个式子主要由 3 个部分组成。第一项 $\sum_k^K \| g_k - W_k z \|_2^2$ 为数据一致性约束项，描述模型误差；而第二项 $\lambda U(z)$ 表示图像先验项，决定求解的稳定性和唯一性；而正则化参数 λ 用来控制两项相对贡献量。

常用的影像先验模型为拉普拉斯先验、高斯–马尔可夫先验，但在图像重建中，都会造成图像边缘和细节信息的模糊。结合 7.2.3 节中，模糊估计所利用的亮度与梯度联合约束图像先验模型，在本书 MAP 超分辨率重建框架中，使用能够有效保护图像细节信息、抑制过度平滑的联合先验。图像先验项采用联合约束先验，将式（7.28）代入式（7.31）中，最终所需求解的最小化代价函数如下：

$$z^{\wedge} = \arg\min_z \left\{ \sum_k^K \| g_k - W_k z \|_2^2 + \lambda \ (\| z \|_0 + \| \nabla z \|_0) \right\} \tag{7.32}$$

3. 数值求解

快速、稳定的求解方法对于重建模型非常关键，由于重建模型中存在 ℓ_0 范数的正则化项，此模型函数是一个非凸函数，因此，其对于式（7.32）的最小化是一个比较难解的计算问题。ADMM 是图像处理中比较广泛使用的凸集优化方法，通过添加辅助变量的方法，将非线性优化问题转化为求解增广拉格朗日函数问题。对于本书的重建模型，通过引入与 z 和 ∇z 相对应的辅助变量 u 和 v，目标函数可以改写为

$$z^{\wedge} = \arg\min_z \left\{ \sum_k^K \| g_k - W_k z \|_2^2 + \lambda (\| u \|_0 + \| v \|_0) \right\} \text{ s. t. } u = z, v = \nabla z$$

利用增广拉格朗日方法将上式转为无约束的优化问题：

$$z^{\wedge} = \arg\min_z \left\{ \sum_k^K \| g_k - W_k z \|_2^2 + \beta P_1^{\mathrm{T}}(z - u) + \frac{\beta}{2} \| z - u \|_2^2 + \mu P_2^{\mathrm{T}}(\nabla z - v) + \right.$$
$$\left. \frac{\mu}{2} \| \nabla z - v \|_2^2 + \lambda (\| u \|_0 + \| v \|_0) \right\}$$

式中，P_1 和 P_2 为拉格朗日乘子；β 和 μ 为惩罚函数的惩罚参数。对于上式的无约束优化问题，可以有效地通过交替优化的方法来进行求解，通过固定 z、u 和 v 3 个变量其中的两个来求解另一个变量，对这 3 个变量进行循环迭代求解，直到迭代过程收敛。

在对 z 进行迭代求解中，假设变量 u 和 v 已知，并将其初始化为 0，所需求解的模型转换为易于求解的二次函数。在每次迭代过程中，通过求解下式来获得更新的图像 z：

$$z^{\wedge} = \arg\min_z \left\{ \sum_k^K \| g_k - W_k z \|_2^2 + \beta P_1^{\mathrm{T}}(z - u) + \frac{\beta}{2} \| z - u \|_2^2 + \mu P_2^{\mathrm{T}}(\nabla z - v) + \frac{\mu}{2} \| \nabla z - v \|_2^2 \right\}$$

使上式值达到最小的必要条件是使其对于 z 的偏微分为 0，即

$$\sum_k^K W_k^{\mathrm{T}}(W_k z - g_k) + \beta P_1^{\mathrm{T}} + \beta(z - u) + \mu P_2^{\nabla\mathrm{T}} + \mu \nabla^{\mathrm{T}}(\nabla z - v) = 0$$

整理得

$$\sum_k^K W_k^{\mathrm{T}}(W_k z - g_k) + \beta P_1^{\mathrm{T}} + \beta(z - u) + \mu P_2^{\nabla\mathrm{T}} + \mu \nabla^{\mathrm{T}}(\nabla z - v) = 0$$

$$z = \left(\sum_k^K W_k^{\mathrm{T}} W_k + \beta + \mu \nabla^{\mathrm{T}}\nabla \right)^{-1} \left(\sum_k^K W_k^{\mathrm{T}} g_k + \beta(u - P_1^{\mathrm{T}}) + \mu \nabla^{\mathrm{T}}(v - P_2) \right)$$

$$u^{n+1} = S_{\lambda/\beta}(z^{n+1} + P_1^n) \quad v^{n+1} = S_{\lambda/u}(\nabla z^{n+1} + P_2^n)$$
$$P_1^{n+1} = P_1^n + (z^{n+1} - u^{n+1}) \quad P_2^{n+1} = P_2^n + (\nabla z^{n+1} - v^{n+1})$$

上式中，固定变量 z 时，利用一般的软阈值方法来求解辅助变量 u 和 v；增加残差项是为了提高优化问题的求解精度和速率。通过交替迭代求解，最后可以得到 3 个变量的收敛最优解。

7.2.5　实验与结果

为了更充分地对重建结果进行定量评价，将通过模拟实验从模糊函数估计和图像先验

两个方面来验证本书所采用的方法对于图像信息重建的有效性，并分别用三次内插法、传统 MAP 方法和本书方法对遥感图像进行重建实验，比较分析本方法的重建效果。

1. 模拟序列图像实验

实验中采用的图像分别是"靶标"（大小为 460×264）和遥感图像（大小为 400×400），如图 7.41（a）所示。根据式（7.25）的图像观测模型，分别对图像添加不同程度的噪声和模糊，对降质图像进行亚采样，通过隔像素取平均值的方法可得到 4 幅与原始高分辨率图像相比具有亚像元位移的模拟图像，降采样因子设为 2。

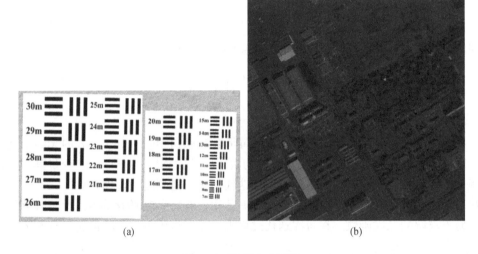

(a)　　　　　　　　　　　　　　　　(b)

图 7.41　模拟实验图像

在实验中，我们采用 PSNR 和结构相似性指数（structure similarity image measure，SSIM）作为重建图像的评价标准。通常，PSNR 值和 SSIM 值越大，表示重建结果越理想。

（1）盲与非盲模糊估计方法下的重建结果

本组实验的目的是对比盲模糊估计方法与非盲模糊估计方法对图像重建的影响。首先对原始图像进行降采样，然后分别为图像添加均值为 0，方差为 0、0.001 和 0.005（归一化后）的高斯噪声，得到三组低分辨率图像序列。对于三组低分辨率图像序列，在模糊函数已知的情况下，选择联合约束的方法进行运动参数估计，并分别利用非盲模糊估计和联合约束的盲模糊估计进行图像超分辨率重建对比实验，重建中的图像先验选择常用的总变分先验。

图 7.42 和图 7.43 给出了视觉效果比较，表 7.7 给出了实验具体的评价指标结果。盲模糊估计在图像模糊函数未知的情况下也可以估计出较精确的模糊函数，进行图像的超分辨率重建。由实验结果对比可以看出，在图像超分辨率重建中，随着模拟实验数据中噪声的增强，相比于非盲模糊估计，盲模糊估计方法下的重建结果越来越稳健。噪声的存在会在一定程度上改变模拟实验中添加的原始模糊，而在进行模糊估计时，盲模糊估计的方法能够考虑到噪声对模糊的影响，估计得到最后的真实模糊情况，特别是在真实的实验数据

下，更能体现其优势。

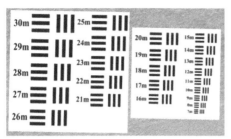
(a)原始图像

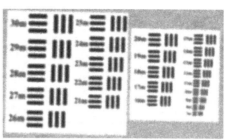
(b)三次内插图

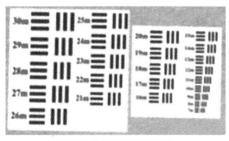

(c)非盲模糊估计下的重建

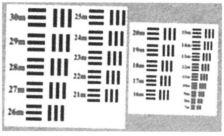
(d)盲模糊估计下的重建

图 7.42　无高斯噪声时，不同模糊估计下的重建结果

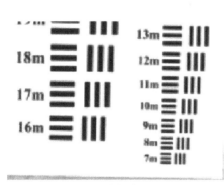
(a)原始图像

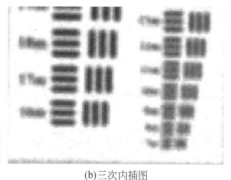
(b)三次内插图

(c)非盲模糊估计下的重建

(d)盲模糊估计下的重建

图 7.43　图 7.42 中（a）~（c）局部细节放大图

表7.7　高斯噪声时，不同模糊估计下的重建结果比较

噪声方差	评价指标	三次内插法	非盲模糊 估计下的重建	盲模糊 估计下的重建
0	SSIM	0.762	0.904	0.896
	PSNR	24.994	27.712	27.643
0.001	SSIM	0.695	0.866	0.879
	PSNR	23.064	26.693	27.073
0.005	SSIM	0.602	0.799	0.829
	PSNR	20.866	25.298	25.929

（2）不同图像先验下的重建结果

上述实验分别从模糊估计方法比较和分析了本书所采用方法的优越性，本组实验将从图像先验的角度来考虑。利用联合约束图像先验模型进行图像的超分辨率重建，同时，将其与拉普拉斯先验模型和 Huber-Markov 先验模型，以及 TV 先验模型处理的结果进行对比分析。

图7.44 和图7.45 给出了视觉效果比较，表7.8 给出了实验具体的评价指标结果。盲模糊估计在图像模糊函数未知的情况下，也可以估计出较精确的模糊函数，进行图像的超分辨率重建。通过对比可以看出，拉普拉斯先验模型在噪声抑制方面的效果最差，在保证细节信息的前提下，图像的平滑区域中残留有大量噪声；传统的 HMRF 模型通过分区域选择不同类型的先验约束，能够产生既能抑制噪声，又不损失图像细节信息的效果，与传统的 TV 先验模型效果相似；但是这些都是比较普适的图像先验模型，对于大多数图像都通用，本书所采用的联合约束图像先验模型通过统计得到特定的先验信息，相比于传统的图像先验模型，能够提供更多的细节信息。由图7.45 显示的放大区域可以清晰地辨别联合约束图像先验模型在超分辨率过程中对细节信息恢复的能力。

(a)拉普拉斯先验模型　　　　　　　　　　(b) Huber-Markov先验模型

(c)TV先验模型

(d)联合约束图像先验模型

(e)原始图像

图 7.44 0.001 高斯噪声时，不同图像先验下的重建结果

(a)拉普拉斯先验模型

(b) Huber-Markov先验模型

(c)TV先验模型　　　　　　　　　　　(d)联合约束图像先验模型

(e)原始图像

图 7.45　图 7.44 中（a）~（e）局部细节放大图

表 7.8　高斯噪声时，不同图像先验模型下的重建结果比较

噪声方差	评价指标	拉普拉斯先验模型	Huber-Markov 先验模型	TV 先验模型	联合约束图像先验模型
0	SSIM	0.942	0.958	0.957	0.992
	PSNR	32.653	33.798	33.761	37.057
0.001	SSIM	0.905	0.925	0.919	0.969
	PSNR	30.462	31.929	31.875	35.643
0.005	SSIM	0.846	0.853	0.857	0.897
	PSNR	27.272	28.321	28.338	32.418

2. 真实序列图像实验

真实实验中是通过多模式采样获取同一场景低质量图像，选取其中的 5 幅，通过裁剪，得到 220×190 像素大小的靶标图像，进行超分辨率重建（简称本方法）。为了充分验证本方法的有效性，我们将采用传统 MAP 方法进行实验结果的对比分析。图 7.46（b）为三次内插结果，图 7.46（c）为传统 MAP 方法重建结果，图 7.46（d）为本方法重建结果。为了更好地进行视觉比较，将图 7.46 中的部分区域分别进行放大显示，如图 7.47 所示。由对比结果可以看出，简单的插值方法相比于空间重建的方法，在重建结果上有明显的差距，本方法和传统的 MAP 方法都能得到质量更好的高分辨率图像。同时，在视觉效果对比上，本方法明显优于传统的 MAP 方法，重建得到的图像质量更好，更好地增强了图像的细节信息，有效地减少了图像中存在的模糊和噪声，能够更清晰地重建出图像上的文字等内容。真实序列的图像重建实验再次验证了本方法的有效性。

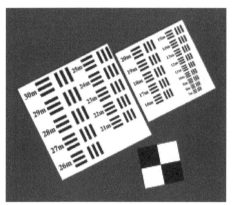
(a)参考图像

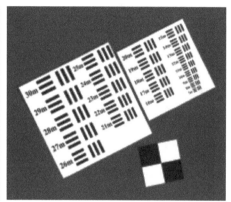
(b)双三次卷积结果

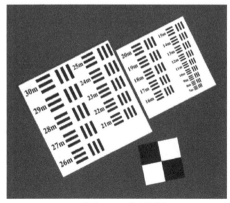
(c)传统MAP重建结果

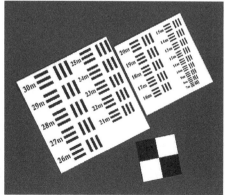
(d)本方法

图 7.46 真实图像重建结果

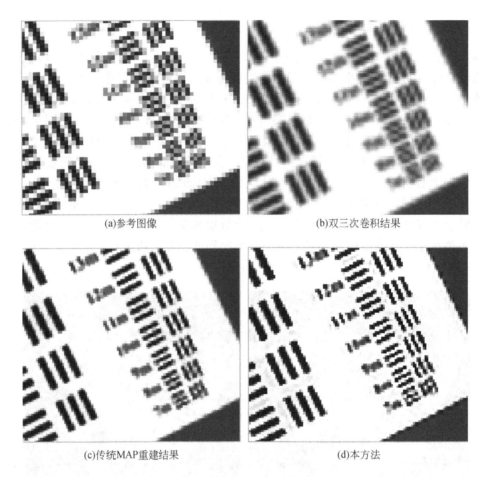

(a)参考图像   (b)双三次卷积结果

(c)传统MAP重建结果   (d)本方法

图 7.47　图 7.46 中（a）~（d）局部细节放大图

7.2.6　总结

本书基于图像的统计特征，在模糊估计和超分辨率重建模型中，引入 l_0 范数的亮度与梯度联合约束图像先验函数，增强图像的先验信息，抑制重建结果中的噪声与伪影。实验证明，基于亮度与梯度联合约束的盲模糊估计方法在图像重建中能够有效提高模糊函数的估计精度，尤其是在进行真实实验，模糊函数未知时，盲模糊估计方法的优势更加明显，能够明显提高图像重建精度，同时，利用联合约束图像先验函数有效减少了图像中存在的模糊和噪声，更好地增强了图像中的细节信息。

7.3　基于双边结构张量的局部自适应图像超分辨率重建方法

利用超分辨率重建技术可以有效提高图像的空间分辨率，其中，先验模型的选取尤为关键。本节主要在介绍常用先验模型的基础上，通过在 MAP 的框架下引入双边结构张量测度, 联合像素邻域 4 个方向的梯度算子, 提出一种局部自适应先验模型, 从而构建图像超分辨率重建模型, 并利用迭代重加权范数 (iteratively reweighted norm) 对其进行转换求解。利用标准的测试图像进行实验, 将提出的局部自适应先验模型与拉普拉斯先验模型及 Huber-Markov 先验模型的重建结果进行对比, 从而验证了该先验模型的有效性。

7.3.1　引言

超分辨率重建技术由 Tsai 等于 1984 年首次提出, 他们发展了一种采用多幅欠采样图像提高分辨率的频率域方法, 基本思想是根据傅里叶变换的移位特性, 消除多帧观察图像的混叠效应, 对高分辨率图像的傅里叶变换系数进行估计。频率域方法的优点是方法直观、计算简单, 因此, 早期的超分辨率重建研究多在此框架下进行。但是频率域方法难以融入先验信息, 而且只能局限于全局平移运动和线性空间不变降质模型, 没有考虑运动模糊和光学模糊带来的点源扩散函数的可变性, 因此, 这类方法已不再是研究的热点。

相比于频率域方法, 空域超分辨率重建具有诸多优势, 已成为研究的主流。目前, 国内外学者已经发展了多个空域处理的框架, 主要包括非均匀内插、POCS、迭代反投影、ML、MAP、MAP/POCS 混合方法等。在这些研究框架中, MAP 方法有严谨的理论支持, 能够将运动模型与降采样、运动模糊、光学模糊等复杂因素结合起来, 作为一个整体过程考虑, 并具有较强的融入空间先验约束的能力, 可将病态问题转化成有唯一解的代价函数最优化问题, 因此, 应用最为广泛。基于 MAP 框架, 国内外学者发展了多种图像超分辨率重建方法, 广泛应用在了遥感、医学图像处理等多个领域。

在 MAP 框架中, 先验模型对图像重建具有重要的影响。拉普拉斯先验模型、GMRF (高斯–马尔可夫先验模型) 等 l_2 范数先验主要对图像施加平滑约束, 易产生图像过平滑现象; 而以 TV 先验为代表的 l_1 范数先验则更侧重边缘的保持, 但噪声较强时会在平滑区域形成阶梯效应。Huber-Markov 先验模型是一种局部自适应先验模型, 可以对平滑区域和边缘区域进行不同的处理, 在去除噪声的同时, 保护图像边缘信息。然而, Huber-Markov 先验模型在噪声较强的情况下依然缺乏稳健性, 处理后的图像容易残留噪声, 并且 Huber-Markov 先验模型属于典型的混合范数问题, 其非线性特征使得模型的求解效率不高。

本节介绍的局部自适应重建方法是以 Huber-Markov 先验模型为基础, 引入双边结构张量对先验函数进行 l_1 范数与 l_2 范数的分段, 从而构建一种局部自适应的先验模型, 有效提高重建模型的稳健性; 同时, 为了快速求解混合范数的问题, 引入迭代重加权的思想, 将模型的混合范数先验转换到 l_2 范数, 基于预条件共轭梯度方法进行图像的快速、精确求解。

7.3.2　MAP 超分辨率重建框架

1. 图像观测模型

在超分辨率重建中, 观测模型描述了理想高分辨率图像和低分辨率观测图像之间的关系, 建立精确的观测模型是进行高质量超分辨率重建的关键。可以将低分辨率图像的形成过程理解为是一幅高分辨率图像经过一系列降质过程产生的，降质过程包括几何运动、光学模糊、降采样和附加噪声等，如图 7.48 所示。如果用矢量 z 表示所求的高分辨率图像，g_k 表示用于重建的某一幅低分辨率图像（k 为图像编号，$k=1,2,\cdots,m$），得到一个常用的图像观测模型。

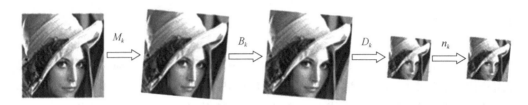

图 7.48　图像降质过程

$$g_k = D_k B_k M_k z + n_k \tag{7.33}$$

式中，M_k，B_k，D_k 和 n_k 分别为几何运动矩阵、模糊矩阵、亚采样矩阵和附加噪声。低分辨率观测图像的大小相同，则各幅低分辨率图像的降采样矩阵也相同，即 $D_1 = D_2 = \cdots = D_m = D$；同时，因为实际情况中的低分序列图像在获取过程中经历的模糊程度也大致相同，即 $B_1 = B_2 = \cdots = B_m = B$，所以上述观测模型可以简化为如下形式：

$$g_k = DB\, M_k z + n_k$$

由上述模型可以看出，超分辨率重建模型的求解就是通过已知降质后的图像，尽可能重建出高分辨率图像的过程，是一个典型的病态逆问题。在本节中，我们将采用基于 MAP 的超分辨率重建方法，对超分辨率重建这个病态问题进行有效的正则化约束，从而稳定求解，借助先验知识，将其转化为有唯一解的代价函数最优化问题。

令 $W_k = DB\, M_k$，通过贝叶斯原理可以得到一般的 MAP 代价函数形式如下：

$$z^{\wedge} = \arg\,\min_k \left\{ \sum_k^K \; \| g_k - W_k z \|_2^2 + \lambda U(z) \right\}$$

上式主要由 3 个部分组成。第一项为数据一致性约束项，描述模型误差；而第二项 $U(z)$ 为图像先验项，决定求解的稳定性和唯一性；而正则化参数 λ 用来控制两项相对贡献量。

2. MAP 重建模型

依照上述观测模型式（7.32），K 幅低分辨率观测图像表示为 $g = \{g_1,g_2,\cdots,g_k\}$，根据基于贝叶斯准则的最大后验估计理论，可以将问题表述为

$$z^{\wedge} = \arg\,\max_z \left[p(z \,|\, g) \right]$$

根据贝叶斯公式，可得

$$z^{\wedge} = \arg\,\max_z \left[\frac{p(g \,|\, z) p(z)}{p(g)} \right]$$

分母对重建没有影响，可以直接消去，基于不同低分辨率观测图像之间相互独立的前提，通过对右端取对数，可得

$$z^\wedge = \arg \max_z \left[\sum_k^K \lg p(g_k \mid z) + \lg p(z) \right] \tag{7.34}$$

式中，第一项描述了高分辨率图像存在时低分辨率图像的概率密度函数，可由模型噪声进行表达。由观测模型式（7.33）可知，$p(g_k \mid z) = p(n_k)$ 表示了模型噪声的类型。通常假定观测模型的噪声为均值为 0，方差为 σ^2（假定每幅低分辨率观测图像的噪声方差相同）的高斯类型噪声，即

$$p(g_k \mid z) = \frac{1}{C_1} \exp\left(-\frac{\| g_k - W_k z \|_2^2}{2\sigma^2} \right) \tag{7.35}$$

而图像先验概率密度函数一般具有如下形式：

$$p(z) = \frac{1}{C_2} \exp\left[-\frac{1}{\beta} U(z) \right] \tag{7.36}$$

式中，C_1 和 C_2 为常数；β 为控制参数；$U(z)$ 为能量函数。把式（7.35）和式（7.36）代入式（7.34）中，经过几步简单的化简，则可得如下代价函数：

$$z^\wedge = \arg \min_z \left[\sum_k^K \| g_k - W_k z \|_2^2 + \lambda U(z) \right]$$

式中，$\lambda = \dfrac{2\sigma^2}{\beta}$，控制着求解过程中两项的相对贡献量。

7.3.3　常用的图像先验模型

因为超分辨率重建过程是一个病态反问题，因此，需要施加一定的图像先验模型，使得求解过程更加稳定，并保证求解结果的唯一性。现将常用的图像先验模型介绍如下。

1. 拉普拉斯先验模型

拉普拉斯先验模型是由 Tikhonov 正则化方法推广得到的。Tikhonov 正则化的基本思想是对不特定问题的解的高频成分施加惩罚约束，从而使最终得到的不特定问题的解为一个平滑解。

拉普拉斯先验模型是超分辨率重建中常用的图像先验模型之一，其能量函数常被定义为

$$U(z) = \| Qz \|^2$$

式中，Q 为高通滤波算子，常选用二维拉普拉斯算子：

$$\frac{\partial^2 f(x,y)}{\partial x^2} + \frac{\partial^2 f(x,y)}{\partial y^2} = f(x+1, y) + f(x-1, y) + f(x, y+1) + f(x, y-1) - 4f(x, y)$$

显而易见，使用拉普拉斯先验模型能够限制待估计超分辨率图像的高频成分，给图像施加一定程度的平滑约束，以此限制超分辨率图像中的噪声。但是由于图像中的细节信息，如图像边缘，与噪声一样也是高频成分，使用拉普拉斯先验模型会导致重建后图像的边缘模糊。

2. 马尔可夫先验模型

拉普拉斯先验模型的基本思想为，限制不特定问题的解为一个平滑解。但在实际的超

分辨率重建中，解的平滑常常是不希望看到的。一方面，实际图像中总有许多由边缘和点构成的细节，损失这些细节就意味着损失信息；另一方面，观测图像中的有用细节信息常常难以与噪声相互区分开来。而在进行超分辨率重建时，保护图像边缘细节信息和抑制图像噪声是一对矛盾。为了达到这个目的，需要推广 Tikhonov 正则化的概念，发展其中最本质的思想：问题的解必须在物理上合理，并且连续地依赖于数据。也就是说，在对超分辨图像进行求解时，不再强调图像的平滑性限制，而是引入其他符合图像物理事实的限制。

当我们观察图像时，从视觉上能够大致地区分图像的纹理和噪声，这是因为图像的纹理具有某种关联性和规律性。一个很自然的问题就是，如何利用图像的这种特性来提高图像超分辨率重建效果。马尔可夫随机场（Markov random field，MRF）模型着眼于每个像元关于它的一组邻近像元的条件分布，能够有效地描述图像的局部统计特征，因此，学者经常把图像建模为一个马尔可夫随机场。利用马尔可夫随机场模型与 Gibbs 随机场等价，得到随机场的联合概率分布。分布函数取决于所谓的势函数，并且分布函数的每一项对应图像像元的邻域系统的一个集簇。因此，图像的概率分布函数是图像纹理的一个统计描述。

在图像超分辨率重建中，应用较多的是高斯–马尔可夫随机场（Gaussian Markov random field，GMRF）先验模型，此时假设图像数据服从高斯正态分布。GMRF 先验模型的能量函数具有以下形式：

$$U(z) = \sum_{c \in C} V_c(z)$$

式中，c 为一个集簇，即图像像素的邻域系统，而 C 则为图像上所有集簇的集合；$V_c(z)$ 为与集簇 c 对应的势函数，具体定义为

$$V_c(z) = \sum_{m=1}^{4} p\left[d_c^m(z)\right]$$

式中，$d_c^m(z)$ 为图像在集簇 c 内的平滑测度；1、2、3、4 分别表示水平、竖直、对角线和反对角线 4 个方向。很明显，平滑测度在图像平滑区域内数值较小，在图像边缘处数值则相对较大，一般由一阶或二阶线性差分来表示。本书采用以下 4 个二阶差分算子：

$$d_c^1(z(x,y)) = z_{x-1,y} - 2z_{x,y} + z_{x+1,y}$$

$$d_c^2(z(x,y)) = (z_{x,y-1} - 2z_{x,y} + z_{x,y+1})$$

$$d_c^3(z(x,y)) = \frac{\sqrt{2}}{2}(z_{x-1,y-1} - 2z_{x,y} + z_{x+1,y+1})$$

$$d_c^4(z(x,y)) = \frac{\sqrt{2}}{2}(z_{x-1,y+1} - 2z_{x,y} + z_{x+1,y-1})$$

$p(\cdot)$ 表示图像平滑测度的函数，此处选用二次函数，即

$$p(i) = i^2$$

另一种对于图像更为合理的假设是，认为图像是分块平滑的，即图像由平滑区域组成，但区域间是不连续的。基于上述假设，学者提出了描述图像分块平滑的 HMRF 先验模型，减少对图像中高频成分的惩罚，从而在一定程度上保护重建后图像的边缘。主要将平滑测度函数改为更为稳健的 Huber 函数，其具体定义如下：

$$p(i) = \begin{cases} i^2 & i \leq T \\ 2T|i| - T^2 & i > T \end{cases}$$

这里，T 为 Huber 函数的阈值。可以看出，Huber 函数 $p(i)$ 是一个分段函数，一部分为二次函数，另一部分为一次线性函数，参数 T 即为一次函数和二次函数的分界点。而这个分界点恰好控制着图像不同区域的先验约束，即通过衡量影响不同区域的空间特性，在平滑区域选择保平滑的先验模型，而在边缘和纹理区域选择保细节的先验模型。Huber 函数实质上就是对 $d_c^t z$ 做分段处理，当 $d_c^t z$ 数值小于阈值时，则认为区域相对平滑，用 l_2 范数做光滑处理；当 $d_c^t z$ 值大于阈值 T 时，则认为区域细节相对丰富，属于高频成分，用 l_1 范数做鲁棒处理，从而达到既能抑制噪声，又相对不损失图像细节的目的。

3. TV 先验模型

另一种能够保持图像边缘信息的先验模型是由 Osher 等提出的 TV 先验模型，该模型首先用于提出解决图像去噪问题，然后逐渐发展到图像去模糊和超分辨率重建问题中。其具体的定义如下：

$$U(z) = \mathrm{TV}(z) = \sum_i \sqrt{(\nabla_i^h z)^2 + (\nabla_i^v z)^2}$$

式中，$\nabla_i^h z$ 和 $\nabla_i^v z$ 分别为像素 i 沿水平方向和垂直方向的梯度。通常将上式定义的总变分模型称为各向同性的 TV 先验模型。同样，各向异性 TV 模型定义如下：

$$\mathrm{TV}(z) = \sum_i |\nabla_i^h z| + |\nabla_i^v z|$$

实验结果表明，各向同性 TV 先验模型的处理效果要好于各向异性 TV 先验模型的处理效果。

TV 先验模型假设图像是分段平滑的，其可以很好地保持图像的边缘信息。但是同时，也会在强噪声下在图像的平滑区域产生阶梯效应（stair effects），而且不能很好地保持图像的纹理信息。因此，为了解决上述问题，许多学者提出了空间信息自适应总变分模型，通过提取图像不同区域的空间信息来控制 TV 先验模型在不同区域的约束强度，从而能够更好地抑制噪声和保持纹理信息。

另外一种能够保持图像边缘信息的先验模型是由 Farsiu 等提出的双边总变分（bilateral total variation）模型，它通过比较原始高分辨率图像和将其平移整数像素后的图像，然后对两者之间的差求加权平方和。其具体的定义形式如下：

$$\mathrm{BTV}(z) = \sum_{l=0}^{p} \sum_{m=0}^{p} \alpha^{m+1} \|z - S_x^l S_y^m z\|_1$$

式中，矩阵 S_x^l 和 S_y^m 分别为将图像 z 沿 x 和 y 方向分别平移 l 个和 m 个像素，$0 < \alpha < 1$ 为尺度加权系数，用以控制正则化项的尺度自适应。

可以看出，如果只考虑 $l=0$，$m=1$ 和 $m=1$，$l=0$，而且令 $\alpha=1$，双边总变分模型就会近似演变为各向异性的 TV 先验模型：

$$\mathrm{TV}(z) = \|z - S_x^l z\|_1 + \|z - S_y^l z\|_1 = \|Q_x z\|_1 + \|Q_y z\|_1$$

同样，为了平衡先验约束在不同空间特性像素的约束强度，Li 等发展了一种局部信息自适应的双边总变分模型。其定义如下：

$$\text{LABTV}(z) = \sum_{l=0}^{P} \sum_{m=0}^{P} \frac{1}{P_x(m,l)} \varphi(m,l)^{|m|+|l|} \| z - S_x^l S_y^m z \|_{P_x(m,l)}^{P_x(m,l)} \tag{7.37}$$

上述模型与原始的双边总变分模型的不同之处在于，对于利用图像不同像素的空间信息来控制不同位置的尺度加权系数 α，使得 α 在边缘区域具有较小的值，而在平滑区域具有较大的值，从而达到更佳抑制噪声和保持边缘的目的。

4. 非局部总变分（non-local TV）先验模型

最近，随着图像非局部相似性性质的发现，Antoni Buades 等发展了基于非局部相似性的图像非局部均值滤波算法。通过搜索待滤波像素窗口在某一范围内的结构相似块，用欧几里得距离计算他们的权值，最后对所搜索到的块进行加权平均，得到滤波后的图像。实验结果表明，非局部均值滤波能够在消除影像噪声的同时，很好地保持影像的结构信息。因此，Osher 等将非局部均值算法引入到影像先验模型的构建过程当中，发展了非局部先验模型。主要思想如下。

首先，利用图像非局部相似性性质构建非局部梯度算子：

$$\nabla_{\text{NL}} u(x,y) = [u(y) - u(x)] \sqrt{w(x,y)}$$

式中，$u(x)$ 为参考图像块；$u(y)$ 为搜索到的结构相似性块；$w(x,y)$ 为两者之间的权值，其定义如下：

$$w(x,y) = e^{\frac{-G[u(x)-u(y)]}{2h^2}}$$

式中，为 h 一调节参数，一般设定为影像的噪声标准差。

利用非局部梯度算子，非局部总变分先验模型可以定义为

$$J_{\text{NL-TV}}(u) = \sum_{i=1}^{M} |\nabla_{\text{NL}} u(x_i)|$$

7.3.4 局部自适应的超分辨率重建方法

前面我们介绍了传统超分辨率重建算法中常用的 3 个图像先验模型：拉普拉斯先验模型、马尔可夫先验模型、TV 先验模型，这三种先验模型都能解决超分辨率重建问题，但它们保护图像边缘的程度各不相同。其中，拉普拉斯先验模型和 GMRF 先验模型往往使图像边缘在重建过程中模糊，HMRF 先验模型因其能够描述图像的分块平滑，而在一定程度上保护图像边缘。本节我们将从另一个角度考虑图像保护问题：图像边缘像素与各个不同方向上的邻近像素亮度差异不同，即中心像素和邻近像素之间的关联程度有所不同，因此，对中心像素和邻近像素施加的约束程度也有所不同。基于此，我们提出了一种局部自适应的加权 HMRF 图像先验模型，其主要思路为，在 MAP 框架下引入双边结构张量测度，同时考虑像素周围梯度信息和像素之间的欧几里得距离关系，对结构张量矩阵进行加权，再联合像素邻域 4 个方向的梯度算子提出一种局部自适应的加权 MRF 图像先验，从而构建图像超分辨率重建模型，并且，为了快速求解混合范数的问题，我们利用迭代重加权范数（iteratively reweighted norm）的方法对其进行范数转换，通过基于预条件的共轭梯度方法进行重建图像的快速、精确求解。

1. 基于双边结构张量的超分辨率模型

Huber-Markov 先验模型采用 4 个方向上的梯度信息来作为图像同质和异质区域的分段标准。但是在噪声较强的情况下，方向梯度在同质区域对噪声非常敏感，稳定性较差，如图 7.49 所示，航空影像的重建结果中的平滑区域有明显的噪声点残留。

(a)Huber-Markov先验模型处理结果　　　　　　　(b)处理结果放大细节图

图 7.49　强噪声情形下航空影像超分辨率重建结果

本节引入一种较为稳健的判别测度——双边结构张量，并结合传统模型中 4 个方向的二阶梯度算子，进行图像平滑和边缘区域的判别，从而构建局部自适应的先验模型。对于边缘，用 l_1 范数保持边缘；对于平滑区域，用 l_2 范数抑制噪声。

张量场在二维的灰度图像空间中可以理解为对欧几里得空间的每个点赋予一个张量值，即可以用一个定义域为向量场和值域为标量场的函数表示。双边结构张量同时考虑像素周围梯度信息和像素之间的欧几里得距离关系。首先利用水平和垂直两个方向的梯度信息，对一定窗口大小内的每一个像素构造结构张量矩阵：

$$S(x,y) = \nabla G(x,y) \nabla G(x,y)^{\mathrm{T}}$$

式中，$\nabla G(x,y)$ 为像素的水平方向和垂直方向梯度的组合矩阵：

$$\nabla G(x,y) = \begin{bmatrix} G_x \\ G_y \end{bmatrix}$$

这样，每个像素的结构张量矩阵可以表示为

$$S(x,y) = \begin{bmatrix} (G_x)^2 & G_x G_y \\ G_y G_x & (G_y)^2 \end{bmatrix}$$

图像邻域系统内像素的位置关系和相似性都能够反映这个局部块的内部信息。因此，双边结构张量结合了空间距离式（7.38）和梯度距离式（7.39），对结构张量矩阵进行加权，能够更准确地排除噪声的影响，用来衡量图像局部的平滑程度。

$$d_i^s = \sqrt{(x_i - x_0)^2 + (y_i - y_0)^2} \tag{7.38}$$

$$d_i^g = \sqrt{(\nabla_i^x - \nabla_0^x)^2 + (\nabla_i^y - \nabla_0^y)^2} \tag{7.39}$$

式中，d_i^s 为像素 (x_i, y_i) 和中心像素 (x_0, y_0) 的欧几里得距离；d_i^g 为像素之间水平、垂直两个梯度方向的距离。可以定义权值系数：

$$N(i) = \frac{1}{C} \exp[-(d_i^s)^2] \cdot \exp[-(d_i^g)^2]$$

这里的系数 C 用来归一化权值，表示为

$$C = \frac{1}{n} \sum_i \exp[-(d_i^s)^2] \cdot \exp[-(d_i^g)^2]$$

因此，双边结构张量矩阵可以定义为

$$S'(x,y) = \begin{bmatrix} N(i)(G_x)^2 & N(i)G_xG_y \\ N(i)G_yG_x & N(i)(G_y)^2 \end{bmatrix}$$

为了避免重建结果中的马赛克效应，可以通过取一定大小的窗口，从而利用更加丰富的像素梯度信息，取中心像素的结构张量矩阵为

$$S_m = \frac{1}{n} \sum_i S_i'(x, y) = \frac{1}{n} \sum_{i=1}^n N(i) \nabla G_i(x, y) \nabla G_i(x, y)^{\mathrm{T}} \quad m = 1, 2, \cdots, t_m$$

式中，n 为这个窗口内像素的数目；t_m 为对于一幅图像分块的总数；$S_i'(x, y)$ 为对应每个像素的双边结构张量矩阵。对于 S_m 这样一个半正定对称矩阵，它的性质可以通过其特征值 λ_1 和 λ_2 反映。这里我们只需要区分平滑或边缘区域，因此，一般考虑两种情况，若 λ_1 和 λ_2 绝对值之和较小，则说明像素周围区域是平滑的；若两个特征值之和较大，则可将像素周边视为边缘像素点。

最终的像素结构张量定义为

$$S_m = |\lambda_1| + |\lambda_2|$$

双边结构张量构造了梯度的线性关系，并同时考虑图像局部块的空间距离和梯度距离的信息，因此，其相比于单方向梯度作为判别标准更为稳健。本节采用的分段方式是，采用双边结构张量和 4 个方向平滑测度联合判别的方法，可以将先验项表示为

$$U(z) = \sum_{c \in C} \sum_{t=1}^4 \| d_c^t(z) \|_{p^t}^{p^t}$$

根据像素周围的纹理分布情况来确定 Lp 范数对像素梯度进行约束。区别于传统的 Huber-Markov 先验模型，这里的 Lp 范数不再单一取决于 4 个方向上的梯度。当像素双边结构张量值和方向梯度同时小于阈值时，则视为平滑区域，用 l_2 范数处理；而其余区域用 l_1 范数处理，保持细节信息。我们将决定每个像素集簇的范数 p 的函数定义为

$$p_{x,y}^t = \begin{cases} 2 & d_c^t(z^{(k)}) \leqslant T_1, St(x,y) \leqslant T_2 \\ 1 & \text{else} \end{cases} \tag{7.40}$$

通过这种方式，将双边结构张量信息和 4 个方向的梯度信息结合起来，共同参与图像分段的过程，从而增强噪声情况下先验项重建的鲁棒性。结合局部自适应先验，所要求解的最小化能量函数可以表示为

$$z^{\wedge} = \arg\min\left(\sum_k^K \| g_k - W_k z \|_2^2 + \lambda \sum_{c \in C} \sum_{t=1}^4 \| d_c^t(z) \|_{p^t}^{p^t} U(z) \right) \tag{7.41}$$

2. 迭代重加权范数转换

迭代重加权范数（iteratively reweighted norm，IRN）算法是由迭代加权最小二乘（iteratively reweighted least squares，IRLS）发展而来的。算法的主要思想是，通过选取合适的权系数矩阵，将不定范数问题转换为等价的常规 l_2 范数问题，这样可以通过常规求解方法来优化目标泛函。

混合范数先验的重建模型难以直接转换成线性方程，用共轭梯度法等优化算法进行求解。迭代重加权范数为解决不定范数问题提供了一种优化思路，在这种算法思想的理论基础上，我们可以有效地将混合范数转化为 l_2 范数问题，然后用快速的数值求解方法进行计算。经过证明，迭代加权变换后的方程解最终收敛于代价函数的极小解。本节的先验模型可以构造权系数矩阵来进行线性化：

$$V^t = \mathrm{diag}(\ |\ d_c^t(z)\ |^{\ p^t-2})$$

这里的 p 由阈值 T_1 和 T_2 决定，见式（7.40），最终的加权矩阵定义如下。

$$V_{x,y}^t = \begin{cases} 1 & d_c^t(z^{(k)}) \leqslant T_1, St(x,y) \leqslant T_2 \\ |\ d_c^t(z)\ |^{-1} & \mathrm{else} \end{cases}$$

即模型的能量函数转换为

$$z^\wedge = \arg\min\left(\sum_k^K \|\ g_k - W_k z\ \|_2^2 + \lambda \sum_{c\in C}\sum_{t=1}^4 \|\ (V^t)^{1/2}\ d_c^t(z)\ \|_2^2\right)$$

到目前为止，本节所求解的问题变为求常规 l_2 范数的最小化最优解。对这个能量函数进行最小化求解时，需要求得其拉格朗日方程，然后优化求解：

$$\nabla E(Z) = \sum_k W_k^\mathrm{T}(W_k z - y_k) - \lambda\ L_z z = 0$$

式中，L_z 为先验项求导之后的线性系数矩阵。当要处理的系数矩阵为大型稀疏矩阵，又不能保证其条件数很小时，传统的共轭梯度法收敛速度很难满足我们的需求，预条件共轭梯度法通过对系数矩阵进行分解，可以加快求解速度，本节采用基于带状近似逆条件（FBIP）的预条件共轭梯度法对模型进行求解。

7.3.5　实验与结果

本节主要通过两组实验验证算法的有效性。采用的是一幅航空图像和一幅 SPOT-5 图像，分别对图像添加不同比例的噪声和不同程度的模糊，根据前述的图像观测模型，通过降质可得到 4 幅与原始高分辨率图像（图 7.50）具有亚像元位移的模拟图像。

4 幅图像采用如下亚像元位移：（0, 0），（0, 0.5），（0.5, 0），（0.5, 0.5），下述各种模型都仅考虑全局运动模型，降采样因子设为 2。在实验中，我们采用 PSNR 和 SSIM 作为重建图像的评价标准。PSNR 定义如下：

$$\mathrm{PSNR} = 10\ \lg \frac{L^2 N_1 N_2}{\sum_{x-1}^{N_1}\sum_{y=1}^{N_2}[z^\wedge(x,y) - z(x,y)]^2}$$

(a)航空影像　　　　　　　　　　　　　　(b)SPOT-5

图 7.50　原始高分辨率图像

式中，N_1、N_2 为图像尺寸；L 为图像量化的灰度级别；$z^\wedge$ 为重建图像；z 为原始图像。PSNR 是图像超分辨率重建中应用最为广泛的方法之一，单位是分贝（dB）。而 SSIM 定义为

$$SSIM = \frac{(2\mu_z\mu_{z'}+C_1)(2\sigma_{zz'}+C_2)}{(\mu_z^2+\mu_{z'}^2+C_1)(\sigma_z^2+\sigma_{z'}^2+C_2)}$$

式中，μ_z 为原始高分辨率图像的灰度平均值；$\mu_{z'}$ 为重建图像的灰度平均值；σ_z 为原始高分辨率图像的方差；$\sigma_{z'}$ 为重建图像的方差；$\sigma_{zz'}$ 为原始图像和重建图像的协方差；C_1 和 C_2 分别为常数。通常，PSNR 值和 SSIM 值越大，表示重建结果越理想。

1. 实验结果的精度评价

首先对航空影像进行降采样，然后分别对图像添加均值为 0，方差为 0.001 ~ 0.005（归一化后）的高斯噪声，得到 5 组低分辨率图像序列（简称本方法）。然后用本方法对其进行超分辨率重建，同时将其与拉普拉斯先验模型和 Huber-Markov 先验模型处理的结果进行对比分析。

表 7.9 给出了实验具体的评价指标结果，图 7.51 和图 7.52 给出了视觉效果比较。由实验结果可以看出，拉普拉斯先验模型抑制噪声的效果最差，在保证细节信息的前提下，图像的平滑区域残留了大量噪声；传统的 HMRF 模型在结果上优于拉普拉斯先验模型，能够在去除噪声的基础上保持边缘细节，但在强噪声时其对噪声十分敏感，会产生分段判别的误差，从而在平滑区域导致噪声残留。由图 7.52 显示的放大区域可以清晰辨别三种方法在超分辨率过程中对噪声的敏感性，本方法能够在边缘保持和噪声去除两者之间达到较好的平衡效果，PSNR 和 SSIM 指数在各种噪声情形下都有稳定的提高。

表 7.9　高斯噪声情况下航空影像重建结果比较

噪声方差	评价指标	拉普拉斯先验模型	HMRF 先验模型	双边结构张量先验模型法
0.001	SSIM	0.862	0.895	0.938
	PSNR	28.514	33.199	33.413
0.002	SSIM	0.819	0.877	0.889
	PSNR	27.047	30.838	31.482
0.003	SSIM	0.792	0.839	0.852
	PSNR	26.798	28.643	29.262
0.004	SSIM	0.737	0.820	0.827
	PSNR	26.050	27.646	28.263
0.005	SSIM	0.646	0.753	0.769
	PSNR	25.505	26.428	26.892

(a)拉普拉斯先验模型　　　　(b)Huber-Markov先验模型　　　　(c)双边结构张量先验模型

图 7.51　0.001 高斯噪声情况下的重建结果

(a)拉普拉斯先验模型　　　　(b)Huber-Markov先验模型　　　　(c)双边结构张量先验模型

图 7.52　图 7.51 中 (a) ~ (c) 局部细节放大图

　　本节在第二组模拟实验中对纹理更加丰富的 SPOT-5 序列图像添加噪声方差为 0.001、0.003 和 0.005 的高斯噪声。因为模拟实验中 PSF 的大小通常被视为已知，因此，本节在这组实验中考虑在图像中加入大小为 3×3，方差为 1 的高斯模糊。SPOT-5 图像的重建实验结果如下，表7.10给出了具体几种方法的定量评价结果。图7.53和图7.54表现了重建结果目视效果的差异。这组实验证明，在考虑模糊的情况下，先验函数依然有效。图7.54显示的是重建图像右上角区域的放大效果，可以看出实验结果的优势主要体现在平滑区域处理的增强上，这是因为双边结构张量在噪声情况下获取局部信息的稳健性，能够在一定程度上克服传统平滑测度对噪声的敏感性。

表7.10 高斯噪声情况下重建结果最优解比较

噪声方差	评价指标	拉普拉斯先验模型	HMRF 先验模型	双边结构张量先验模型法
0.001	SSIM	0.886	0.906	0.924
	PSNR	27.209	31.415	32.636
0.003	SSIM	0.740	0.895	0.899
	PSNR	25.831	28.523	29.095
0.005	SSIM	0.715	0.887	0.897
	PSNR	24.031	27.685	28.357

(a)拉普拉斯先验模型　　　(b)Huber-Markov先验模型　　　(c)双边结构张量先验模型

图7.53　0.003高斯噪声情况下的重建结果

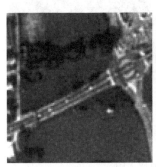  

(a)拉普拉斯先验模型　　　(b)Huber-Markov先验模型　　　(c)双边结构张量先验模型

图7.54　图7.53中（a）~（c）对应局部细节放大图

本节先验模型采用的分段方式是双边结构张量和方向梯度算子联合判别，双边结构张量利用了像素周围局部"大范围"梯度的总体信息，能够更好地在噪声环境下将平滑区域和边缘纹理区域区分开，比简单的梯度算子更加具有鲁棒性；而保留 4 个方向的二阶梯度算子，则有利于利用邻域系统各个方向上的梯度信息。实验结果证明，"整体联合局部"的像素信息获取方式结合阈值分割对图像先验进行分段处理是一种有效的重建方法。算法结果定量指标的提高程度与图像纹理分布有一定关系，但无论是定量评价，还是从视觉效果上看，利用双边结构张量和方向梯度联合分段，结合迭代重加权范数思想，求解混合范数问题，都能够有效提升图像超分辨率重建结果的质量。

2. 优化算法的效率比较

为了验证求解算法的效率，将本节提出的快速求解算法与传统手动调试步长的梯度下降法进行了比较。下面这组实验主要通过评价指标 PSNR 和能量函数残差的变化情况，比较算法的收敛时间和迭代次数，验证迭代重加权求解的精度和速度。

本节选取了 Cameraman 序列影像中噪声方差为 0.001 的一组实验，通过比较 Huber-Markov 先验模型，用最速下降法直接求解，以及迭代重加权范数结合预条件共轭梯度法求解这两种情况的收敛速度，来验证本优化算法的求解优势。在这里，采用能量函数的相对梯度范数 $dt = \| \nabla E(z^n) \| / \| \nabla E(z^0) \|$ 来作为判别收敛的残差。

表 7.11 和图 7.55 显示了 Huber-Markov 先验模型在两种优化算法下的求解情况，这里迭代收敛条件设置为：当迭代次数大于 100 次，或相对梯度范数 dt 小于迭代收敛残差 10^{-4} 时，将迭代视为收敛。

表 7.11　最速下降法和迭代重加权转换的效率比较

优化算法	PSNR	迭代收敛次数/次	求解时间/s
最速下降法	28.486	100	88.6
迭代重加权	28.750	25	28.8

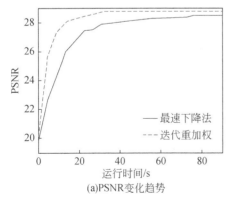

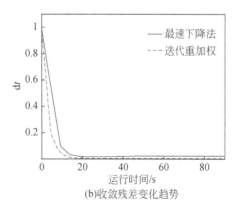

(a)PSNR变化趋势　　　　　　　　(b)收敛残差变化趋势

图 7.55　两种求解方法的收敛情况比较

由实验结果可以看出，经过迭代重加权范数转换后的线性优化策略比起传统的优化方法，在迭代次数和求解时间上都有大幅提高，并且能够获得更加准确的最优化解。

7.3.6　总结

本节引入双边结构张量对图像进行细节信息的评估，与方向梯度测度联合分段建立了图像超分辨率重建的先验模型，并采用了迭代重加权范数的思想应用于非线性混合范数问题的求解。实验证明，本节提出的基于双边结构张量的局部自适应先验模型能够提高重建精度，特别是在噪声情况下更加稳健，可以在抑制平滑区域噪声的同时，有效保持图像的边缘信息；另外，迭代重加权方法不但可以提高超分辨率重建模型中混合范数问题的求解速度，而且还可以使求解更加稳定和精确。

7.4　亮度−梯度联合约束超分辨率重建

利用图像超分辨率技术可以有效地改善图像质量，提升图像的分辨率，图像配准的精度直接影响超分辨率重建的质量。本节引入亮度−梯度联合约束的方法对超分辨率重建中的运动参数进行估计，提高超分辨率重建中配准参数估计的精度，并基于图像特征，在重建模型中，选择基于亮度−梯度联合约束的图像先验模型，增强图像的先验信息，抑制重建结果中的噪声与伪影。实验证明，亮度−梯度联合约束的方法能够有效提高复杂情况下的运动估计精度，高精度的参数求解在超分辨率重建中能够明显提高图像重建精度，有效减少了图像中存在的伪影和噪声，更好地增强了图像中的细节信息。

7.4.1　引言

高精度的图像配准是成功进行图像超分辨率重建的前提，其精度直接影响着超分辨率重建图像的质量。通常而言，在超分辨率重建中，参考帧与非参考帧图像各目标或像素之间的亚像素位移矢量可以通过构建参数模型进行估计求解。然而，当图像中存在相互独立的运动目标时，参数模型并不能用来表示两幅图像之间的全局变换。为了解决这种局部相对运动的问题，需要利用逐像素的方法进行运动估计。现代光流（optical flow，OF）估计方法是基于图像像素灰度变化趋势，利用像素灰度值之间的关系进行运动估计，能够获得亚像素精度的运动位移矢量，满足超分辨率重建对运动估计的要求。但是，针对一些包含复杂运动的图像，光流估计方法仍然面临很大的挑战，学者就如何解决复杂运动模式下的运动估计问题在相关文献中进行了充分考虑，提出了很多改进算法，其中，重要的一种就是，在变分模型下进行基于全局平滑约束的光流估计方法，如参考文献、实验证明，这些方法能够在一定程度上提高非连续、遮挡、光照变化等复杂情况下的运动估计精度。

本节引入亮度与梯度联合约束的光流运动估计方法进行图像之间的运动参数估计，同时，为了兼顾大尺度位移和细微位移的情况，采用由粗到精的金字塔型多尺度光流运动估计方法，提高运动参数估计的精度；同时，利用共轭梯度方法进行模型的优化求解，获得使能量函数最小化的最优结果，进行重建图像的快速、精确求解。本节使用模拟图像序列和真实图像序列进行了实验。实验结果证明，采用本算法能够有效提高超分辨率重建图像的精度，得到较好的重建结果。

7.4.2　几何运动估计方法

运动估计是求解影像间相对位移的过程。在基于运动的超分辨率重建中，若影像间的相对位移未知，则需要使用运动估计方法对运动参数进行求解，这是实现影像超分辨率重建的必要步骤，其精度对影像重建结果有很大影响。

影像运动估计方法有很多种，从影像处理方式上一般可以分为 3 类，主要有图像块法、像素法和特征法。图像块法的基本原理是，假设块内各像素具有相同的位移量，然后在每个块到参考影像的某一给定特定搜索范围内，根据一定的匹配准则，找出与当前块最相似的块即匹配块，则匹配块与当前块之间的相对位移即为运动位移。像素法是利用影像灰度值之间的关系进行运动估计的方法，主要包括灰度投影法、光流场法、像素相关法等。特征法是以参考影像中某一特征结构作为标记，在当前影像中搜索找到对应的特征结构，从而获得影像的相对位移量。

1. 图像配准准则

影像匹配是基于某种配准准则，衡量影像间达到配准的标准。在运动估计算法中，常用的匹配准则有最小绝对值误差（MAD）、最小均方误差（MSE）、最大相关系数（CC）。如果分别用 g_k 和 g_l 表示图像 k 和图像 l，$X=[x, y]^T$ 和 $X'=[x', y']^T$ 表示图像 k 和图像 l 的坐标位置，设图像 l 为参考图像，则图像配准的目标就是确定图像 k 相对于参考图像 l 的几何变换 $T(\cdot)$，即将图像 k 中的坐标 x 映射到参考图像 l 所在的坐标系 x' 下，可表示为

$$X'=T(x)$$

如果用 $f_k^{(l,T)}$ 表示在参考图像上利用几何变换 $T(\cdot)$ 对图像 k 的预测，则可以得到如下对应关系式：

$$g_k=f_k^{(l,T)}+\varepsilon \tag{7.42}$$

式中，ε 为模型误差。

（1）MAD

在图像配准中，几何变换 $T(\cdot)$ 可以通过最小化 MAD 配准准则确定，MAD 定义为

$$\mathrm{MAD}(T)=\frac{1}{M_1 M_2}\| g_k-f_k^{(l,T)} \|_1$$

式中，$\|\cdot\|_1$ 为 l_1 范数；M_1、M_2 为图像的尺寸。使 MAD 达到最小的 $T(\cdot)$ 即为所求的几何变换。

（2）MSE

MSE 配准准则定义为

$$\mathrm{MES}(T)=\frac{1}{M_1 M_2}\| g_k-f_k^{(l,T)} \|_2^2$$

式中，$\|\cdot\|_2$ 为 l_2 范数；M_1、M_2 为图像尺寸。同样，使 MSE 达到最小的 $T(\cdot)$ 即为所

求的几何变换。

（3）CC

CC 配准准则定义为

$$CC(T) = \frac{\sigma_{k,l}}{\sigma_k \sigma_l}$$

式中，σ_k 和 σ_l 分别为图像 g_k 和 $f_k^{(l,T)}$ 的标准差；$\sigma_{k,l}$ 为两幅图像的协方差。使 CC 达到最大的 $T(\cdot)$ 即为所求的几何变换。

2. 全局运动估计方法

图像 k 相对于参考图像 l 的全局几何变换 $T(\cdot)$ 能够由一系列未知模型参数显示表达。此时，通过对模型参数进行求解得到图像像素之间亚像素位移矢量的方法称为全局配准方法。一般情况下，根据不同的实际运动情况，可以假定全局几何变换 $T(\cdot)$ 为不同的参数模型。

（1）常用的全局变换模型（图 7.56）

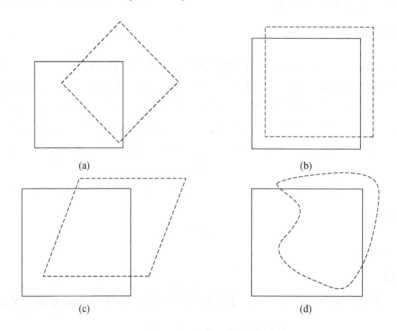

图 7.56　几种常用的全局变换模型（实线为变换前，虚线为变换后）

1）全局平移变换模型

最简单的全局运动变换模型 $T(\cdot)$ 为全局平移变换模型，该模型假设两幅图像 g_k 和 g_l 中的所有像素在水平方向和垂直方向上具有相同的位移量，如图 7.56（a）所示。全局平移变换模型 $T(\cdot)$ 可以表示为

$$T(X) = \begin{bmatrix} 1 & 0 \\ 0 & 1 \end{bmatrix} \times X + \begin{bmatrix} a_0 \\ b_0 \end{bmatrix}$$

式中，a_0 和 b_0 分别为水平方向和垂直方向的位移量。

2）平移-旋转变换模型

比全局平移变换模型更为复杂的变换模型为平移-旋转变换模型，如图 7.56（b）所示，它假设两幅图像 g_k 和 g_l 之间的几何变换不仅有水平方向和垂直方向上的位移量 a_0、b_0，还有一个旋转角度 α。平移-旋转变换模型 $T(\cdot)$ 可以表示为

$$T(X) = \begin{bmatrix} \cos\alpha & -\sin\alpha \\ \sin\alpha & \cos\alpha \end{bmatrix} \times X + \begin{bmatrix} a_0 \\ b_0 \end{bmatrix}$$

3）六参数仿射变换模型

六参数仿射变换模型是比较常用的模型之一，它不但支持平面的平移和旋转，还支持缩放和去边，如图 7.56（c）所示。六参数仿射变换模型 $T(\cdot)$ 可以表示为

$$T(X) = \begin{bmatrix} a_1 & a_2 \\ b_1 & b_2 \end{bmatrix} \times X + \begin{bmatrix} a_0 \\ b_0 \end{bmatrix}$$

式中，a_0，a_1，a_2，b_0，b_1，b_2 为 6 个模型参数。

4）八参数二维线性变换模型

八参数二维线性变换模型 $T(\cdot)$ 的示意图如图 7.56（d）所示，其变换关系可以表示为

$$g_k(x,y) = g_l(a_0 + a_1 x + a_2 y + a_3 xy, b_0 + b_1 x + b_2 y + b_3 xy) + \varepsilon(x,y)$$

式中，a_0，a_1，a_2，a_3，b_0，b_1，b_2，b_3 为 8 个模型参数。

（2）模型的求解

如果用 θ 表示变换模型 $T(\cdot)$ 对应的参数矢量（不同模型具有的参数数目不同），则在参考图像 l 上利用几何变换 $T(\cdot)$ 对图像 k 的预测 $f_k^{(l,T)}$ 可以表示为 $f_k^{(l,\theta)}$，这样，式（7.42）可以改写为

$$g_k = f_k^{(l,\theta)} + \varepsilon$$

此处如果选用 MSE 作为配准准则，则可得到如下代价函数：

$$E(\theta) = \| g_k - f_k^{(l,\theta)} \|_2^2$$

采用高斯-牛顿迭代方法，可以对模型参数矢量 θ 进行求解。假设当前迭代中模型参数矢量的估计为 θ^n，则对 $E(\theta)$ 进行泰勒展开可得

$$E(\theta) = E(\theta^n) + \left[\frac{\partial E(\theta)}{\partial \theta^{(n)}} \right]^{\mathrm{T}} (\Delta\theta) + \frac{1}{2} (\Delta\theta)^{\mathrm{T}} H^n (\Delta\theta)$$

式中，n 为迭代次数；$\dfrac{\partial E(\theta)}{\partial \theta^{(n)}}$ 和 H^n 分别为 $E(\theta)$ 在 θ^n 处的梯度矢量和海森（Hessian）矩阵。经过化简，可以求得参数矢量的增量 $\Delta\theta$ 为

$$\Delta\theta = \left[(J^n)^{\mathrm{T}} J^n \right]^{-1} \left[-(J^n)^{\mathrm{T}} r^n \right]$$

式中，r^n 为残差矢量 $g_k - f_k^{(l,\theta)}$；$J^n = \dfrac{\partial r^n}{\partial \theta^n}$ 为 r^n 的梯度矩阵。采用参数矢量的增量 $\Delta\theta$ 对参数进行更新，可以得到新的参数矢量：

$$\theta^{n+1} = \theta^n + \Delta\theta$$

如此迭代可以逐步减小代价函数，从而使得有限次迭代后的模型参数为最佳估计。

3. 基于光流方程的运动估计方法

（1）基于光流方程的运动估计方法

为图像中的每一像素点赋予一个实际运动的速度向量，就形成了图像运动场（motion field），运动场是三维目标的实际运动在图像中的投影。光流（optical flow）场则描述图像亮度模式的表观运动，它反映了图像中像素灰度的变化趋势。虽然运动场并不一定等于光流场，但一般情况下可以认为二者没有太大的区别，因此，允许我们根据基于灰度的图像运动来估计目标的实际运动。

值得说明的是，超分辨率重建需要图像之间的相对位移矢量。一般可以假定，在每一个时间间隔内，速度保持恒定。此时，位移矢量的求解实际上就等价于光流矢量的求解。

假设 $I(x, y, t)$ 表示连续时空亮度分布，如果沿着运动轨迹的亮度保持不变，则对任意的 x，y 和 t 有

$$I(x,y,t) = I(x+\Delta x, y+\Delta y, t+\Delta t)$$

对上式进行一阶泰勒展开，即得到以下光流方程：

$$\varepsilon_{of}(v_1(x,y,t), v_2(x,y,t)) = v_1(x,y,t)\frac{\partial I(x,y,t)}{\partial x} + v_2(x,y,t)\frac{\partial I(x,y,t)}{\partial y} + \frac{\partial I(x,y,t)}{\partial t} = 0$$

利用以上光流方程，Horn 和 Schunck 提出了一个称为 Horn-Schunck 的方法，光流场通过以下最小化标准来求得

$$V(t) = \arg\min \iint_{y\ x} [\varepsilon_{of}^2(V(x, y, t)) + \alpha^2 \varepsilon_s^2(V(x, y, t))]$$

式中，$\varepsilon_s^2(V(x, y, t))$ 为施加给光流矢量的空间约束：

$$\varepsilon_s^2(V(x,y,t)) = \left(\frac{\partial v_1}{\partial x}\right)^2 + \left(\frac{\partial v_1}{\partial y}\right)^2 + \left(\frac{\partial v_2}{\partial x}\right)^2 + \left(\frac{\partial v_2}{\partial x}\right)^2$$

Horn 和 Schunck 利用 Gauss-Seidel 迭代法对光流场进行求解。其中，公式中的梯度用以下四次有限差分来得到：

$$\frac{\partial(x,y,t)}{\partial x} \approx \frac{1}{4}[I(x+1,y,k) - I(x,y,k) + I(x+1,y+1,k) - I(x,y+1,k)I(x+1,y,l)$$
$$- I(x,y,l) + I(x+1,y+1,l) - I(x,y+1,l)]$$

$$\frac{\partial(x,y,t)}{\partial y} \approx \frac{1}{4}[I(x,y+1,k) - I(x,y,k) + I(x+1,y+1,k) - I(x+1,y,k)I(x,y+1,l)$$
$$- I(x,y,l) + I(x+1,y+1,l) - I(x+1,y,l)]$$

$$\frac{\partial(x,y,t)}{\partial t} \approx \frac{1}{4}[I(x,y,l) - I(x,y,k) + I(x+1,y+1,l) - I(x+1,y+1,k)I(x,y+1,l)$$
$$- I(x,y+1,k) + I(x+1,y,l) - I(x+1,y,k)]$$

（2）基于 MAP 估计理论的运动估计方法

二维运动估计可以被作为 MAP 估计问题，而对其加以系统阐述。根据 MAP 理论，对运动估计进行求解，即在给定两幅图像 g_k 和 g_l 条件下，使运动场或位移场 $m = (m_1, m_2)$ 的后验概率最大，即

$$\hat{m} = \arg\max_m p(m \mid g_k, g_l) = \arg\max_m \frac{p(g_l \mid g_k, m) p(m \mid g_l)}{p(g_k \mid g_l)}$$

$p(g_k \mid g_l)$ 对运动场独立, 可以省去, 即

$$\hat{m} = \arg\max_m p(g_l \mid g_k, m) p(m \mid g_l)$$

所以, MAP 公式中有两个概率密度函数 (pdf) 模型, 一个为给定运动场下的被观察图像的条件 pdf, 可以称为似然模型; 另一个为运动矢量的先验 pdf, 称为运动场先验模型。一个比较简单的似然模型为以下高斯类型:

$$p(m \mid g_k, g_l) = \left(\frac{1}{\sigma\sqrt{2\pi}}\right)^{N_1 N_2} \exp\left\{ -\sum_{(x,y)} \frac{[g_k(x,y) - g_l(x+m_1(x,y), y+m_2(x,y))]^2}{2\sigma^2} \right\}$$

式中, $N_1 N_2$ 为图像的像素数量; σ 为噪声的标准偏差。强加全局平滑约束条件的先验模型一般具有以下形式:

$$p(m \mid g_l) = p(m) = \frac{1}{C}\exp[-U(m)] \tag{7.43}$$

式中 C 为常量; $U(m)$ 为先验模型的能量函数。一个比较简单的 $U(m)$ 的形式为

$$U(m) = \lambda \sum_{x,y} \sum_{(i,j)\in\wp} \| m(x,y) - m(i,j) \|^2 \tag{7.44}$$

式中, λ 为正的常数; $\wp$ 为点 (x, y) 的邻域; (i, j) 为邻域内的点; $\|\cdot\|$ 为欧几里得距离, 即有

$$\| m(x,y) - m(i,j) \|^2 = [m_1(x,y) - m_1(i,j)]^2 + [m_2(x,y) - m_2(i,j)]^2 \tag{7.45}$$

对式 (7.43) 取对数, 并把式 (7.44) ～式 (7.46) 代入其中, 经过几步操作并做适当的简化, 可得如下最小化函数:

$$\hat{m} = \arg\min_m \sum_{(x,y)} \left[g_k(x,y) - g_l(x+m_1(x,y), y+m_2(x,y)) \right]^2$$
$$+ \lambda \sum_{x,y} \sum_{(i,j)\in\wp} \| m(x,y) - m(i,j) \|^2 \tag{7.46}$$

4. 基于特征的运动估计方法

图像特征是由于目标的物理和几何特性使得图像中局部区域的灰度产生明显变化而形成的。图像特征按形状一般可分为点状特征、线状特征和面状特征, 它们分别有不同的提取算法。目前, 常用的点特征提取算法主要有 Moravec 算子、Forstner 算子、Harris 算子、SIFT (scale invariant feature transform) 算法等; 常用的线特征提取算法有拉普拉斯算子、差分算子、LOG 算子等; 对面特征的提取则主要通过区域分割来实现。基于特征的图像配准一般都分为三步: 特征提取、特征描述、特征匹配。以应用较为广泛的 SIFT 算法为例, 对每个步骤进行详细介绍。

（1）特征提取

SIFT 特征是一种尺度不变的局部特征描述符, 对图像缩放、旋转, 甚至仿射变换后, 图像保持不变性的匹配算子, 对视点变化, 噪声也保持一定的稳定性。

1）建立高斯差分尺度空间

尺度空间的基本思想是，在视觉信息（图像信息）处理模型中引入一个被视为尺度的参数，通过连续变化尺度参数获得不同尺度下的视觉处理信息，然后综合这些信息，以深入挖掘图像的本质特征。高斯尺度空间建立过程如图 7.57 所示。

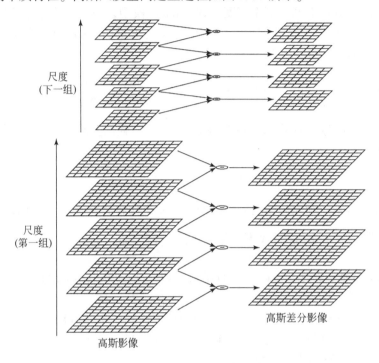

图 7.57　高斯尺度空间建立过程

一幅二维图像在不同尺度下的尺度空间表示可由图像与高斯核卷积得到：

$$L(x,y,\sigma)=G(x,y,\sigma)*I(x,y)$$

其中，$G(x,y,\sigma)$ 为高斯函数，表达式为

$$G(x,y,\sigma)=\frac{1}{2\pi\sigma^2}e^{-\frac{(x^2+y^2)}{2\sigma^2}}$$

式中，(x,y) 为图像的像素位置；σ 为高斯正态分布的方差，代表尺度因子。σ 值越小，则图像被平滑得越少，相应的尺度也越小。大尺度对应于图像的概略特征，小尺度对应于图像的细节特征。因此，选择合适的尺度因子进行平滑是建立尺度空间的关键。

为了有效提取稳定的关键点，Lowe 提出了利用高斯差分函数（difference of gaussian，DOG）对原始图像进行卷积：

$$D(x,y,\sigma)=(G(x,y,k\sigma)-G(x,y,\sigma))*I(x,y)=L(x,y,k\sigma)-L(x,y,\sigma)$$

$D(x,y,\sigma)$ 通过两个相邻尺度的高斯平滑图像 $L(x,y,\sigma)$ 直接相减即可得到，利用它来检测极值点可大大减少计算量。

2）尺度空间极值点探测

为了得到高斯差分空间 $D(x,y,\sigma)$ 的极值点（极大值或极小值），每个采样点需要和当前尺度的图像中与它相邻的 8 个像素点，以及上下两个相邻尺度的图像中的 9×2 个像

素点，共 8+9×2＝26 个点进行比较。这样检测到的极值点不仅在二维图像空间是极值点，在尺度空间也是极值点，从而保证了 SIFT 特征的尺度不变性。

图 7.58 中的全黑点为待检测采样点，半黑点为其二维图像空间和尺度空间的相邻像素点。把采样点与周围点进行比较，如果它为灰度最大值或者最小值，则该点被当作候选特征点提取出来，否则，按照相同的步骤进行下一个点的检测，直至图像上所有的点被检测完毕。

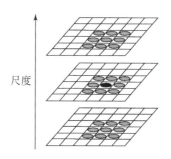

图 7.58　极值点检测

3）关键点的精确定位

在连续函数中，极值点出现在导数为 0 的地方，通过对二维图像用三维二次函数进行拟合，求得导数为 0 的地方即为关键点的精确位置，从而达到子像素精度。

高斯差分尺度空间 $D(x, y, \sigma)$ 在关键点 (x_0, y_0, δ) 的泰勒展开如下：

$$D(x) = D + \frac{\partial D^{\mathrm{T}}}{\partial x} x_0 + \frac{1}{2} x_0^{\mathrm{T}} \frac{\partial^2 D}{\partial x^2} \rightarrow D_0$$

令其导数为 0，就可以得到关键点的精确位置：

$$\widehat{X} = -\frac{\partial^2 D^{-1}}{\partial x_0^2} \frac{\partial D}{\partial x_0}$$

如果 $\widehat{X}$ 在任一方向上大于 0.5，就用插值来替代该关键点的位置。然后用关键点位置加上 $\widehat{X}$ 即为关键点的精确位置。

为了增强匹配稳定性，需要删除对比度低的点，定义下式：

$$D(\widehat{X}) = D + \frac{1}{2} \frac{\partial D^{\mathrm{T}}}{\partial x} \widehat{X}$$

使用 $D(\widehat{X})$ 来衡量对比度，如果 $D(\widehat{X}) < 0$，则为不稳定的特征点，应该删除。θ 经验值为 0.03。

一个定义不好的高斯差分算子的极值在横跨边缘的地方有较大的主曲率，而在垂直边缘的方向有较小的主曲率。主曲率通过一个 2×2 的 Hessian 矩阵 H 求得

$$H = \begin{bmatrix} D_{xx} & D_{xy} \\ D_{xy} & D_{yy} \end{bmatrix}$$

导数 D 通过相邻采样点的差值计算。D 的主曲率和 H 的特征值成正比。假设 α 和 β 分别为矩阵最大特征值和最小特征值，则

$$\mathrm{tr}(H) = D_{xx} + D_{yy} = \alpha + \beta$$

$$\det(H) = D_{xx}D_{yy} - D^2_{xy} = \alpha\beta$$

令 $\gamma = \alpha/\beta$，则

$$\frac{\operatorname{tr}(H)^2}{\det(H)} = \frac{(\alpha+\beta)^2}{\alpha\beta} = \frac{(\gamma+1)^2}{\gamma}$$

为了检测主曲率是否在某阈值 γ 下，只需检测：

$$\frac{\operatorname{tr}(H)^2}{\det(H)} < \frac{(\gamma+1)^2}{\gamma}$$

如果满足上式，该点保留；否则认为该点位于边缘，可将其滤除。经过该步骤滤除点，可增强匹配稳定性，提高抗噪声能力。

4）确定关键点的主方向

利用关键点的局部图像特征（梯度）为每一个关键点确定主方向（梯度最大的方向）。

$$m(x,y) = \sqrt{\left[L(x+1,y) - L(x-1,y)\right]^2 + \left[L(x,y+1) - L(x,y-1)\right]^2}$$

$$\theta(x,y) = \tan^{-1}\frac{L(x+1,y) - L(x-1,y)}{L(x,y+1) - L(x,y-1)}$$

式中，$m(x, y)$ 和 $\theta(x, y)$ 分别为高斯金字塔图像 (x, y) 处梯度的大小和方向；L 所用的尺度为每个关键点所在的尺度。在以关键点为中心的邻域窗口内（16×16 像素窗口），利用高斯函数对窗口内各像素的梯度大小进行加权，用直方图统计窗口内的梯度方向。梯度直方图的范围是（0°，360°），其中每 10° 为一个柱，共 36 个柱。直方图的主峰值代表了关键点处邻域梯度的主方向，也即关键点的主方向。

（2）特征描述

无论是点特征、线特征，还是面特征，特征本身的信息量往往很小，无法直接参与特征匹配。例如，点特征自身的信息只有图像坐标和灰度值，是无法与其他特征进行区分的，也无法得到其正确的匹配点。所以，提取特征后还需要以某种形式建立相应的特征空间，使得对特征的描述更加精确、更加具体。建立特征空间的原则是，使得不同特征间的差异性尽量大，同时使相同特征的相似性尽量大。例如，点特征可以根据其邻域信息建立特征空间，面特征用不变矩建立特征空间等。

通过上述 SIFT 算法的步骤检测关键点，每个关键点包括 3 个信息：位置、尺度、主方向，并且由该点可以确定一个兴趣邻域。接下来要为每一个特征点及其确定的局部区域构建特征描述符，使其可以保持对光照变化及视点变化的不变性。

将坐标轴旋转到关键点的主方向，只有以主方向为零点方向来描述关键点才能使其具有旋转不变性。然后以关键点为中心取 8×8 的窗口，如图 7.59（a）所示。每个采样位置的邻域窗口内的梯度分布用箭头表示其大小和方向，圆圈代表高斯加权的范围。

分别在每 4×4 的小窗口上计算 8 个方向的梯度方向直方图，绘制每个梯度方向的累加值，即可形成一个种子点，如图 7.59（b）所示。这样，一个关键点由 2×2，共 4 个种子点组成，每个种子点有 8 个方向向量信息。为了增强匹配的稳定性，Lowe 建议对每个关键点使用 4×4，共 16 个种子点来描述，这样，对于每个关键点就可以产生 128 维的向量，

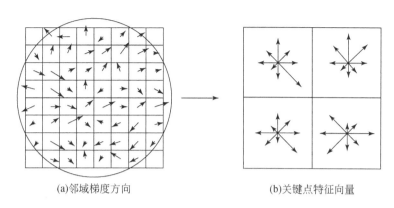

(a)邻域梯度方向　　　　　　　　　　(b)关键点特征向量

图 7.59　由关键点邻域梯度信息生成的特征向量

即 SIFT 特征向量。此时的 SIFT 特征向量已经去除了尺度变化、旋转等几何变形因素的影响。继续将特征向量的长度归一化，则可以进一步去除光照变化的影响。

（3）特征匹配

对图像提取了特征并进行描述后，根据一定的相似性测度对这些特征进行匹配。除了相似性测度以外，一般还可以考虑特征的方向，邻域内已经匹配点的结果，可以根据核线等约束条件将二维匹配降为一维匹配。

例如，当两幅图像的 SIFT 特征向量生成后，采用关键点特征向量的欧几里得距离作为两幅图像中关键点的相似性判定度量。在左图像中取出某个关键点，并通过遍历找出其与右图像中欧式距离最近的前两个关键点。如果最近距离与次近距离的比值小于某个阈值，则接受这一对匹配点。降低阈值可增加匹配点的正确率，但同时匹配点数会减少。

7.4.3　重建方法

在 MAP 框架下进行图像超分辨率重建时，运动参数的求解精度直接影响重构高分辨率图像的质量。高精度的运动参数为图像重建提供精确的互补信息。本节由改进运动估计参数的求解方法来提高参数求解精度，抑制参数估计误差对重建过程的影响，从而提高图像重建的精度。

1. 运动估计方法

图像配准精度直接影响超分辨率重建图像的质量，基于像素的光流运动估计能够逐像素计算运动位移，提供高像素精度的运动估计参数。光流的直观解释是，图像序列中二维图像亮度的流动，而光流场描述图像亮度模式的表观运动，反映了图像中像素灰度的变化趋势。光流场模型基于图像亮度恒定这一基本假设，即短时间间隔运动前后，特定空间点的图像灰度保持不变。其实质是对多帧序列图像进行整体性运动估计的过程。通常情况下，该方法基于两帧图像对应特征来构造能量函数，将运动估计问题转换为能量函数最小化问题，通过迭代优化能量函数，得到每个图像像素的最优运动参数。光流估计一般的能量函数模型构造如下：

$$E(m,x) = \arg \operatorname{mix}_m \sum_x \| I_2(x+m) - I_1(x) \| + \gamma U(m)$$

式中，x 为像素点二维坐标；m 为像素点的位移；$I_1(x)$ 为参考低分辨率图在 x 处的像素值；$I_2(x+m)$ 为运动低分辨率图在相对应的 $x+m$ 处的像素值；$U(m)$ 为运动场 m 的先验信息；γ 为正则化参数，控制着前后两项的相对权值，通常情况下对其进行试探性的选取。

但是在实际拍摄的序列图像中，由于场景光源的变化、运动幅度不均匀和噪声干扰等因素，光流法面临严重挑战。本节引入一种基于亮度与梯度选择性约束的光流估计方法，该方法是由 Jia 等在前期研究基础上发展而来的。其核心是，在基于 MAP 的全局光流估计框架中，采用亮度恒定与梯度恒定约束选择性结合的方式来构建数据保真约束，增强算法对光照变化情况下运动估计的稳定性；为减少奇异点的影响，采用 l_1 范数作为惩罚函数，并在正则化项中选择 TV 先验模型保护运动估计的边缘，构造光流运动估计变分模型，表示为以下形式：

$$E(m,x) = \arg \operatorname{mix}_m \sum_x [1 - \alpha(x)] \| \nabla I_2(x+m) - \nabla I_1(x) \| +$$
$$\alpha(x) \| I_2(x+m) - I_1(x) \| + \gamma \mathrm{TV}(m)$$

式中，$\alpha(x)$ 为一个二值变量，根据像素的运动情况，其值为 0 或 1，文中采用平均场近似的方法进行近似求解；同时，利用由粗到精的金字塔多尺度校正方法，在每个图像尺度引入 SIFT 算子，进行多层次初始流更新方法，通过扩展的初始流矢量，减少对粗水平流估计结果的依赖，可以很好地保护运动细节，有效地改善对细微运动结构估计的精确度。

联合约束的数据保真函数相较于只使用一种约束的情况，得到的光流场估计结果更精确。在图像的亮度或光照条件发生改变时，亮度约束不满足，但是梯度约束仍能很好地保持数据一致性；在出现遮挡或地物突变时，梯度约束并不能很好地描述数据特征，此时亮度约束能起到很好的补充作用。联合使用两种约束可以充分利用其优点，弥补各自的缺点，增大模型适用范围，减小估计误差。

2. 参见 7.2.4 小节 MAP 重建方法

7.4.4　实验与结果

本节的实验对象主要是遥感图像，为了更充分地对重建结果进行定量评价，作者还通过模拟实验来验证本书所采用的方法对于遥感图像信息重建的有效性，并分别用三次内插法、传统 MAP 方法和本方法对遥感数据进行重建实验，比较、分析重建效果。

1. 模拟序列图像实验

实验中采用的图像是通过裁剪得到的 256×256 像素大小的遥感图像，如图 7.60（a）所示。根据式（7.41）的图像观测模型，分别对图像添加不同程度的噪声和模糊，对降质图像进行亚采样，通过隔像素取平均的方法可得到 4 幅与原始高分辨率图像具有亚像元位移的模拟图像,如图 7.60(b)所示,降采样因子设为 2。

实验中,我们采用峰值信噪比 PSNR 和 SSIM 作为重建图像的评价标准。通常,PSNR 值和 SSIM 值越大,表示重建结果越理想。

(a)

(b)

图 7.60 模拟实验图像

首先，对原始图像降采样，然后分别为图像添加均值为 0，方差为 0、0.001、0.005（归一化后）的高斯噪声，得到三组低分辨率图像序列。在模糊函数已知的情况下，在运动估计时分别用本书的联合约束方法和单独的基于亮度约束算法对序列图像进行超分辨率重建对比实验，重建中的图像先验选择常用的 TV 先验。

图 7.61 和图 7.62 给出了视觉效果比较，表 7.12 给出了实验具体的评价指标结果。由实验结果可以看出，在图像超分辨率重建中，亮度与梯度联合约束运动估计方法相比于单独约束的运动估计可以明显提高运动估计的精度，从而能够提升最后的图像重建效果。并且噪声和模糊等降质因素的存在会对低分辨率图像的运动估计产生消极影响，而联合约束的方法在图像像素灰度发生变化时也能平稳地进行运动参数估计，可以有效地减弱这些降质因素对于运动估计精度的影响。根据实验中添加不同程度噪声情况的重建结果来看，随着噪声的增强，联合约束的方法相较于单独约束的方法优势越来越大，能够很好地适应真实情况下的图像重建。

(a)三次内插法　　　　　　　(b)单独约束运动估计重建　　　　　　(c)联合约束运动估计重建

图 7.61　0.001 高斯噪声时，不同运动估计下的重建结果

(a)三次内插法　　　　　　　(b)单独约束运动估计重建　　　　　　(c)联合约束运动估计重建

图 7.62　图 7.61 中（a）~（c）局部细节放大图

表 7.12　高斯噪声时，不同运动估计下的重建结果比较

噪声方差	评价指标	三次内插法	单独约束运动估计重建	联合约束运动估计重建
0	SSIM	0.871	0.991	0.992
	PSNR	30.649	36.854	37.057

噪声方差	评价指标	三次内插法	单独约束运动估计重建	联合约束运动估计重建
0.001	SSIM	0.799	0.914	0.948
	PSNR	28.298	33.750	33.866
0.005	SSIM	0.715	0.860	0.848
	PSNR	26.693	29.418	30.064

2. 真实序列图像实验

实验中采用的是通过裁剪得到的 256×256 大小的 20 帧遥感图像进行超分辨率重建，将图 7.63（a）选为参考影像（简称本方法）。图 7.63（b）为双三次卷积结果，图 7.63（c）为传统 MAP 方法重建结果，图 7.63（d）为本书方法重建结果。为了更好地

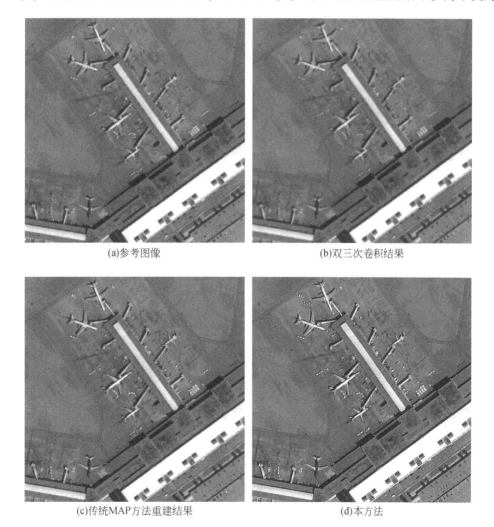

(a)参考图像　　　　　　　　　　　　　　(b)双三次卷积结果

(c)传统MAP方法重建结果　　　　　　　　　(d)本方法

图 7.63　真实图像重建结果

进行视觉比较，对图 7.63 中的部分区域分别进行放大显示，如图 7.64 所示。由对比结果可以分析出，本方法与传统 MAP 方法都能得到比双三次卷积结果质量更好的高分辨率图像；同时，本方法在视觉上明显优于传统 MAP 方法，重建得到的图像质量更好，有效减少了图像中存在的模糊和噪声，更好地增强了图像的细节信息，能够更清晰地重建出遥感图像上的飞机等地物。真实序列的图像重建实验再次验证了本方法的有效性。

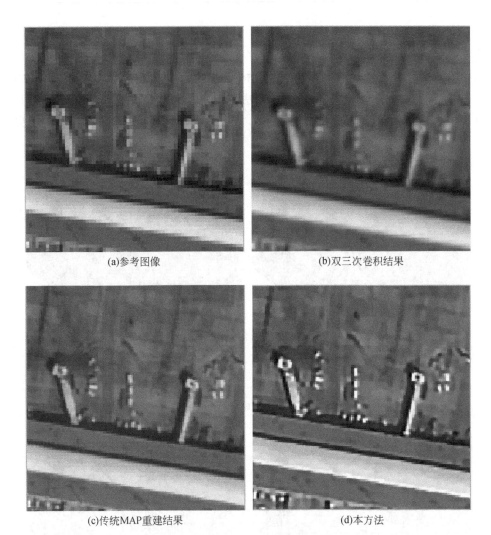

　　(a)参考图像　　　　　　　　　　　　　　　(b)双三次卷积结果

　　(c)传统MAP重建结果　　　　　　　　　　　(d)本方法

图 7.64　图 7.63 中（a）~（d）局部细节放大图

7.4.5　总结

本书引入亮度–梯度联合约束的方法对超分辨率重建中的运动参数进行估计，提高超分辨率重建中图像配准参数估计的精度，并在重建模型中，选择特定的亮度-梯度联合约束图像先验，增强图像的先验信息，抑制重建结果中的噪声与伪影。实验证明，将亮度-梯度联合约束的超分辨率重建方法用于遥感图像的重建，能够明显提高图像重建精度，有效减少了图像中存在的模糊和噪声，更好地增强了图像中的细节信息。

第 8 章　多模态遥感图像运动地物检测与速度测算

8.1　图像运动地物检测与速度测算

运动地物检测是计算机图像处理领域的一个重要的研究课题,该技术在减灾救灾等国家重大应用中都发挥着至关重要的作用。高效、准确的运动检测意味着可以取得更多的主动权,在减灾救灾中快速发现遇险地物,可以赢得宝贵的黄金救灾时间,保护人民的生命财产安全。

星载遥感是进行运动地物检测的主要途径之一。卫星遥感具有在轨时间长、覆盖面积大、不受地形和环境限制等特点,近年来星载遥感运动地物检测技术取得了长足的发展。本章针对观测到的运动地物在多模态传感器图像中会形成明显色差的现象,深入分析其成像机理,认为出现该现象是因为多模态传感器图像帧间时差导致运动地物错位成像,在此基础上提出了利用多模态传感器进行运动地物检测的思路,梳理和提炼其中的难点问题。

星载多模态传感器运动地物检测分为波段配准、地物检测和速度测算 3 个步骤。其中难点问题主要有 3 个:一是多模态传感器图像与全色图像分辨率不同,配准难度较大;二是多模态传感器图像谱段间的灰度响应不一致,传统运动地物检测方法虚警率高,影响算法的实用价值;三是多模态传感器图像帧间的成像时间间隔极短,像元混叠非常严重,速度测算精度不高。

本章针对上述问题开展了深入的研究与探索:①提出了基于角点转换模型的地物检测方法,该方法利用运动地物角点转换模型对人工地物进行筛选,有效降低地物检测虚警率,提高检测算法的性能;②利用高速运动地物多为人工地物的特点,提出了基于权重分析的边缘混合像元分解法,利用边缘实现运动地物检测,解决了多模态传感器灰度响应不一致的问题;③利用多模态传感器卫星通常与全色同平台配合使用的特点,提出了全色协同多模态传感器超分辨率重构法,有效提高了像元解混精度。

相关遥感图像的实验与分析表明,本章提出的利用多模态传感器图像进行运动地物检测的思路可行,具有一定的实用价值;提出的算法具有较好的性能和质量,能够满足运动地物的检测需要。

8.1.1　相关技术现状

运动地物检测是遥感和图像处理领域的重要前沿技术。随着卫星遥感技术的发展,利用卫星遥感技术对高速运动的物体进行检测和速度测算也有了长足的进步,在国民经济建设各个领域发挥着越来越重要的作用。

在减灾救灾等应急反应中，运动地物检测技术也同样大有用武之地。例如，利用运动地物检测可以快速发现废墟中移动的人体，为抢险救灾赢得宝贵的黄金时间；可以判定群体地物的运动和分布，在道路不通时迅速掌握受灾群众的动向；可以对路上的车辆和速度进行测算，对雨雪灾害中道路的拥堵情况进行有效判定；可以在茫茫大海中快速实现船舶地物检测，为海上搜救提供重要支撑；可以对海盗动向实现判定和预警，为海外护航提供信息保障。

利用星载多模态传感器图像进行运动地物检测，一是解决急需，可以满足减灾救灾等应急响应对运动地物检测技术的迫切需求；二是实用性强，该方法运算效率高，便于下一步在星上实现，可以确保运动地物检测的性能和精度；三是实现成本较低，利用现有在轨多模态传感器成像卫星就可以实现，无须投入大笔经费研制新型载荷。

运动地物速度检测主要依靠 SAR/GMTI 图像，但该技术复杂，实现难度大，我国的技术和经验积累都比较欠缺，也因此尚未发射搭载了 SAR/GMTI 传感器的卫星。但我国的多模态卫星已经在轨运行，随着技术的发展，多模态的性能水平也不断提升，光学图像的运动地物检测也已经成为可能，为运动地物检测与识别提供了更加丰富的途径。

目前的光学传感器运动地物检测技术研究以视频运动地物检测为主，利用星载多模态图像进行运动地物检测的文章鲜有涉及。本章的内容方法与视频运动地物检测技术有相通之处，因此，这里重点介绍目前主要的视频运动地物检测技术。

运动地物的特征提取是运动地物检测的关键环节，包括运动背景提取和运动地物特征提取。本章重点介绍运动地物特征提取方法。运动地物特征主要包括区域、方向、形态特征等。范伊红等提出了一种基于高速运动地物检测方法，该方法主要利用运动地物的时空相关性，利用图像块和 HVS 差值相结合的方法来实现运动地物的快速检测。该方法精度较高，但该方法对地物与背景过于接近的情况并不适用，检测精度与参数设置相关性较大，普适性不强。刘长钦、高媛媛等 2006 年分别利用人眼视觉模型提出了运动地物检测方法，其中刘长钦提出的方法主要基于二维模型，高媛媛提出的模型基于立体视觉模型。形态特征的研究起步于 20 世纪 70 年代，主要包括滤波器法、神经网络法、动态规划法、相关法等，这类方法的主要特点是效果较好，但运算比较复杂，影响了方法的应用和推广。

常见的运动地物检测过程主要涉及差分、二值化、形态学滤波和连通性分析等几个部分。整个检测过程分为 3 个层次，即面向像素级的检测、面向变化区域级的检测和面向帧级的检测。面向像素级的检测是指对包含运动地物的视频序列图像进行差分、二值化，逐点检测判断背景与运动地物；面向变化区域级的检测是指对像素检测后得到的二值图像中的地物区域，采用形态学滤波和连通性检测的方法提高其检测的准确度；面向帧级的检测是指对整帧图像进行去噪处理，使其适应环境光线变化。运动地物检测算法的实质就是，当场景中有新地物进入，或者场景中有地物移动时，通过检测算法能够得知有运动地物出现，再利用地物分割方法把进入场景中的运动地物（前景）从背景图像中分离出来。

常用的运动地物方法如下。

1. 背景差分法

背景差分法是对图像帧与背景的特征变化进行分析，通过背景建模、前景检测等达到运动地物检测的目的。背景建模的方法研究比较广泛，主要包括中值滤波、线性预测等。郝维来等提出了一种背景去除的改进方法，该方法可以理解为，在进行背景去除之前，首先利用系数去噪的方法对视频进行预处理，并利用改进统计平均法获取背景的初值；Komprobst 等基于背景大概率出现的原理提出了一种利用偏微分方程进行背景构建的方法；Elgammal 等提出了一种利用高斯内核估计像素点概率密度的方法。这类方法运算速度快，但鲁棒性不强，对复杂背景的运动地物检测效果不理想。背景差分法的实现可以分为已知背景和统计背景两种。已知背景是指在开始进行运动地物检测前预先设定好运动地物的活动背景，在检测过程中，通过当前帧与背景的差分获得运动地物的模板，借助于形态学的开闭运算等方法进行滤波去噪和轮廓平滑。为后续处理程序提供处理的对象，以完成图像的分割和跟踪。基于背景差分法的原理如图 8.1 所示。

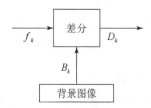

图 8.1　基于背景差分法原理的流程图

f_k 是第 k 帧图像，B_k 是背景图像，第 k 帧图像与背景图像的差即为差分后的图像 D_k。在统计背景的背景差分实现中，没有预先设定地物的运动场景，一种比较简单的实现是，将连续若干帧的灰度图像叠加，然后进行中值滤波，确定地物的运动场景（背景图像），然后对当前帧与背景图像进行差分，通过形态学等方法的滤波、去噪、平滑，获取运动地物的轮廓。背景差分法中构造的背景只是对真实背景的近似，往往在运动物体较小及背景中存在运动比较剧烈的物体（如游泳池中晃动的水波，狂风中晃动的树枝等）时，检测结果不够准确。这些问题的解决需要采用一些辅助的方法。背景差分法的优点就是算法简单，运算速度较快，基本能够满足实时检测的需要；存在的主要问题就是，如果采用已知背景实现的话，需要人工干预，预先设定背景图像，自适应能力较差。而统计背景差分法相比较来说不需要人工干预，自适应能力有了很大提高。这两种背景差分法的共同缺点就是，对运动地物的空间信息没有充分利用，差分得到的轮廓图像很不准确。

2. 帧间相差法

帧间相差法的主要原理是认为背景不变，只有运动地物带来图像的变化。对两帧图像逐像素点做灰度差，如果两帧图像间的某一特定位置有变化发生，则其相应位置处的灰度值将发生变化。检测还包括将记录在像素点位置的灰度变化值与预先设定的门限相比较。对于场景中灰度基本不变的情形，或有允许误差的场合，简单差分不但检测速度快，而且效果较好。但该方法每次只考虑一个像素点使此技术对噪声很敏感，因此，其对于许多需要高精度检测的场合并不适用。为了克服简单差分对噪声敏感的问题，又有人提出考虑将图像帧分为一系列小窗，其中的元素是邻接的，并且形成矩形模式，然后对每个像素点做均值或中值运算，如果像素点的均值或中值的差异超过一个门限，则认为在此像素点有运动产生。近年来的研究集中在对该方法的改进和优化上。例如，贺贵明等对帧间相差法进行了改进，提出了对称差分法，该方法通过对连续的少量图像进行对称差分和修正，可有效检测地物的运动范围和地物边缘。该方法是最简单的，也是运算效率最高的方法，适用于背景噪声低、运动速度快的场合，但是对于多模态图像这类多帧响应不一致的图像来说，就会产生大量虚警。用帧间相差法进行地物检测的主要优点是，算法实现简单，程序设计复杂度低，易于实现实时监视。基于帧间相差法，因为相邻帧的时间间隔一般较短，因此，该方法对场景光线的变化一般不太敏感。最基本的帧间相差法可以检测到场景中的变化，并且提取出地物。

帧间相差法主要是利用视频序列中连续的两帧或几帧图像的差异来进行地物检测和提取，其简单原理如图 8.2 所示。

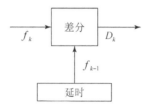

图 8.2　相邻两帧图像差分法基本原理流程

f_k 为第 k 帧图像，f_{k-1} 为第 $k-1$ 帧图像，D_k 为差分后的图像。由图 8.2 可知，第 k 帧图像与第 $k-1$ 帧图像相减，便得到了差分之后的图像，这种方法对动态环境有较好的适应性，处理起来较为方便。

3. 光流法

光流法的研究起步于 20 世纪 50 年代，Gibson 提出给图像中的每个点都赋予一个矢量，并构成运动场，并建立像素点与真实地物的映射关系，通过对矢量场进行分析，实现运动地物检测。马鹏飞和杨金孝提出了一种利用光流法对粒子图像进行速度测量的方法，采用基于微分方程的 Lucsa-Kanade 方法对流场进行了瞬态测量；袁国武等（2013）针对光流法计算量大的问题，将差分法和光流法结合起来，只对图像中的部分点计算光流信息计算，以达到提高算法效率的目的。近年来，光流法的研究有很多，并在航天、医学等领域取得了一定的效果。这类方法的缺点是，运算复杂，鲁棒性较差，易被噪声影响。不论是背景差分法，还是帧间相差法，这两种方法都只是利用了视频图像的空间特征，对于图像内部的信息却没有很好地应用，美国学者 Hom 和 Schunch 提出的光流法就充分利用了图像自身所携带的信息。光流是指空间中的物体被观测面上的像素点运动产生的瞬时速度场，包含物体表面结构和动态行为等重要信息。基于光流法的运动地物检测采用了运动地物随时间变化的光流特性，光流不仅包含被观测物体的运动信息，还携带了物体运动和景物三维结构的丰富信息，这种方法不仅适用于运动地物的检测，还可以在运动地物跟踪方面使用，甚至在摄像头运动的情况下也能检测出独立运动的地物。但是在实际应用中，遮挡、多光源、透明性和噪声等因素，使得光流场基本方程——灰度守恒的假设条件无法满足，不能正确求出光流场，计算方法也相当复杂，计算量巨大，不能满足实时的要求。

4. 似然检测法

似然检测法是应用模式识别理论中的最大似然估计提出的一种较为精确的变化检测技术，它考虑在图像中的像素区域，基于二阶统计值计算差量度，此差量度基于似然比，Yakimovsky 利用它来判定两相邻的检测区域是否具有相同的灰度分布。Jain，Militzer 和Nagel 将此概念扩展到图像序列中比较两相邻帧的相同范围的区域（而不是同一帧中的相邻区域）来检测运动元素。

5. 函数模型法

Hsu，Nagel 和 Rekers 试图在给定的区域内将其灰度分布模型化，来得到更精确的结果，他们通过比较灰度表面的模型来确定差量度。已经提出的表面模型有零阶模型、一阶模型和二阶模型。Hsu，Nagel 和 Rekers 证明了双二阶变量多项式在像素坐标系中，模拟图像中一个区域的灰度变化具有如下精确性，即可以认为其他灰度级上的变化是由传感器和数字化装置的噪声引起的。在不变照度的条件下，此技术优于前面提到的任一方法，但它对照度变化相当敏感，因为照度变化在模型间引入固定偏差。

6. 图像灰度归一化法

此方法关注两帧图像的相应区域，且对于一帧以如下方式归一化另一帧，两区域中的灰度分布具有相同的均值和方差，在归一化后可利用简单差分来检测变化。但实验证明，此技术不能很好地表示出帧间差异。

7. 微分模型法

二次图像函数模型法对恒定照度的图像效果很好，表明关注于灰度表面模型可以作为寻找对照度变化准确且不敏感的检测技术的出发点。此技术可以较有效地检测出帧间的变化部分，同时也给出了相对较少的不变背景。

8. 直方图配准法

该方法的特点是，对图像进行划分，然后基于统计的方法分别统计各部分的直方图，然后将两帧图像之间的直方图结果进行配准，直方图变化较大区域即为运动地物。

9. 其他方法

除了上述经典方法以外，Kass 等于 1987 年提出了主动轮廓法，利用追踪地物边界的方法进行运动地物检测，该方法适用于动态背景的多地物检测；魏波等首先对运动场进行粗略估计，然后根据 Markov 模型构造运动场的间断点分布模型，从而实现运动地物检测，这类方法的优点是，运算速度快，便于星上实现，但精度不高；Osher 等基于时间变化曲线对帧间相差法进行改进，通过定义基于局部梯度、方差的速度函数，以及控制水平集求解的边界条件，来实现运动地物检测，该方法鲁棒性较好，但运算量较大。

常用的运动地物方法对比见表 8.1。

表 8.1　常用运动地物检测方法对比表

方法	背景变化	先验知识	鲁棒性	运算效率	检测精度
背景差分法	小	多	较强	较低	较高
帧间相差法	小	多	一般	一般	较低
光流法	大	少	较弱	较高	较低
主动轮廓法	大	少	一般	较高	一般
似然检测法	小	少	较弱	较低	较高
函数模型法	小	少	较强	较低	较高
图像灰度归一化法	小	少	一般	较高	较低
微分模型法	大	少	较强	较低	较高
直方图配准法	大	少	较弱	较高	较低

综上所述，近年来运动地物检测技术在技术研究方面进展迅速，也得到了一定的应用，但目前各类算法普遍的缺点是实用性不强，运算速度和精度很难兼顾。同时上述方法均不适用于星载多模态图像的运动地物检测。星载多模态运动地物检测分为波段配准、地物检测、像元解混合速度测算 3 个步骤。其中的难点问题主要有 3 个：一是与时序图像相比，多模态图像谱段间灰度响应不一致，传统的运动地物检测方法并不适用；二是多模态图像地物检测虚警率高，影响算法的实用价值；三是多模态图像帧间成像时间间隔极短，通常为毫秒量级，像元混叠非常严重。

利用星载多模态进行运动地物检测是一种新思路，该思路区别于传统运动地物检测方法的特点和难点比较鲜明，需要开展针对性的技术攻关，提升检测方法的精度和效率，提高该方法的实用性。

本章结合卫星传感器的特点进行了深入的成像机理分析，多模态传感器卫星的多个通道之间并未完全同时成像，而是存在毫秒量级的成像时差，类似于数码相机的快速连续拍摄。这种微小时差不会影响正常遥感图像，但对于高速运动中的物体来讲，物体在每个通道中成像的位置就会产生一定的位移，而这种位移就是本章运动地物检测技术的依据，由地物在不同波段上的位移可以得出地物的运动速度。因为多模态传感器图像成像间隔非常短，所以精确测算多模态传感器图像不同波段亚像元级位移对于实现高速运动地物速度测算非常重要。亚像元级的位移可以通过像元灰度变化计算。运动必然在帧间引起灰度的变化，但导致帧间灰度变化的因素却并不仅限于运动。需要分析各种引起帧间灰度变化的因素，并根据它们的不同特点提出有效的辨识和去除非运动因素影响的方法。

本章针对上述问题开展了深入的研究与探索，针对飞机等地物，利用多模态传感器数据，研究运动地物速度检测方法，突破运动地物混合像元分解等关键技术，建立光学图像运动地物速度检测方法，探索运动地物速度检测的新技术途径。一是提出了基于角点转换模型的地物检测方法，该方法利用运动地物角点转换模型对人工地物进行筛选，有效降低地物检测虚警率，提高检测算法的性能。二是利用高速运动地物多为人工地物的特点，提出了基于权重分析的边缘混合像元分解法，利用边缘实现运动地物检测，解决了多模态传感器灰度响应不一致的问题。三是利用多模态传感器卫星通常与全色同平台配合使用的特点，提出了全色协同多模态传感器超分辨率重构法，有效提高了像元解混精度。实际遥感图像的实验与分析表明，本章提出的利用多模态传感器图像进行运动地物检测的思路可行，具有一定的实用价值。提出的算法具有较好的性能和质量，能够满足高速运动地物的检测需要。

基于天基遥感图像的运动地物检测技术在航空管制、海上搜救、减灾救灾等诸多领域应用广泛。利用多模态传感器图像多通道间成像的微小时差对运动地物进行检测，并对运动速度进行估计，为运动地物检测提供了一种新的方法。

8.1.2　总体技术路线

本章定位于应用技术研究，着力解决运动地物检测技术工程应用中的难点问题，强调技术方法的实用性。

1）立足于天基系统快速反应的需求，设计适合星上实现或快速处理的方法和技术。

2）尽量寻求与未来传感器技术发展相适应的设计方案。

3）寻求现有技术的快速、高效、合理集成。

4）重点在运动地物检测、速度计算两个关键环节突出技术特色。

由前文分析可知，前人在运动地物检测技术方面已经开展了很多成功的研究，但具体到星载多模态传感器的运动地物检测仍存在一些问题，传统方法主要针对视频或同一传感器的时间序列图像进行运动地物检测，但是针对单景多通道图像的运动地物检测少有涉及。单景多通道图像帧间时间差极短，地物位移小，不同通道对应不同谱段，灰度响应差异大，都是需要解决的难点问题。

本书利用提取边缘和角度等与灰度无关的特征，解决灰度响应不一致的问题；通过利用高分辨率灰度图像支持多模态传感器进行像元解混，解决地物位移小的问题；并利用已知的运动速度、起飞速度、烟羽扩散速度等先验知识对本章方法的速度测算精度进行验证。

本章提出的星载多模态传感器图像运动地物检测技术流程如图 8.3 所示。

1）数据准备。选择包含运动地物的多模态传感器图像，同时选择同平台的高分辨率全色图像作为解混的支撑数据。

2）图像预处理阶段。主要对图像进行去噪、配准等处理，通过去噪降低噪声对地物检测率和速度计算精度的影响，通过高精度配准为运动地物检测提供必要条件。

3）运动地物检测。在运动地物检测方面，主要考虑简单背景和复杂背景两种情况。简单背景是指沙漠、海洋、草原等相对均匀、单一的背景，复杂背景是指城市、复杂自然地物等变化剧烈的背景。对于简单背景，可利用传统的帧间相差法发现运动情况，再进一步确认地物；对于复杂背景，运动检测的虚警率高，则利用地物特征等先验知识先检测地物，再检测地物的运动状态。

4）运动速度测算。多模态传感器图像中的运动地物位移较小，甚至为亚像元级，因此，在进行运动速度测算之前，需要进行高精度的像元解混，其精度决定了运动速度的测算精度。像元解混主要考虑边缘提取和全色协同两种方法。

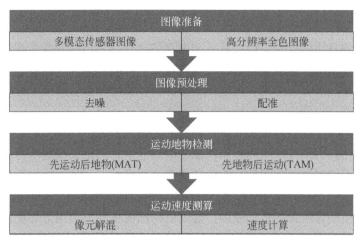

图 8.3　星载多模态传感器图像运动地物检测技术流程

8.1.3　数字图像处理相关概念

1. 数字图像处理过程

图像处理就是对图像信息进行加工，以满足视觉心理或应用需求的行为。图像的处理手段有光学方法和电子学（数字）方法，前者已经有很长的发展历史，从简单的光学滤波到现在的激光全息技术光学理论，技术日臻完善，处理速度快，信息容量大，分辨率高，又非常经济，但是光学处理图像的精度不高，稳定性差，操作不方便。从 20 世纪 60 年代起，随着电子技术和计算机技术的不断提高和普及，数字图像处理进入高速发展时期。数字图像处理就是利用数字计算机或者其他数字硬件，对由图像信息转换成的电信号进行某些数学运算，以提高图像的实用性。数字图像处理技术精度比较高，而且还可以通过改进处理软件来优化处理效果。数字图像处理技术的应用范围非常广泛，数字图像处理系统有多种结构。典型的数字图像处理系统由输入输出设备、存储器、运算处理设备和图像处理软件构成。

数字图像处理包括图像输入，数字化、压缩，图像增强和复原，图像输出，图像分割特征提取，图像识别、分类等几个部分，如图 8.4 所示。

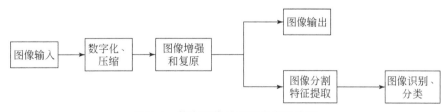

图 8.4　数字图像处理的内容及步骤

2. 图像增强

增强图像中的有用信息，它可以是一个失真的过程，其目的是增强视觉效果，将原来不清晰的图像变得清晰，或强调某些感兴趣的特征，抑制不感兴趣的特征，从而改善图像质量、丰富信息量。从方法上说，则是设法摒弃一些认为无价值的或干扰信息，而将所需要的信息突出出来，以利于分析判读或做进一步处理。

图像增强能够改善图像的视觉效果，针对给定图像的应用场合，有目的地强调图像的整体或局部特性，扩大图像中不同物体特征之间的差别，满足某些特殊分析的需要。其方法多是通过一定手段对原图像附加一些信息或变换数据，有选择地突出图像中感兴趣的特征或者抑制（掩盖）图像中某些不需要的特征，使图像与视觉响应特性相匹配。在图像增强过程中，不分析图像质量降低的原因，处理后的图像也不一定逼近原始图像。根据增强处理过程所在的空间不同，图像增强技术可分为基于空域的算法和基于频域的算法两大类。基于空域的算法在处理时直接对图像灰度级做运算；基于频域的算法是在图像的某种变换域内对图像的变换系数值进行某种修正，是一种间接增强的算法，通过改变像素灰度值达到增强效果，并不改变像素的位置。

空域增强包括空域变换增强与空域滤波增强两种。空域变换增强是基于点处理的增强方法，即点运算算法；空域滤波增强是基于邻域处理的增强方法，即邻域增强算法。点运算算法通过灰度级校正、灰度变换和直方图修正等实现，目的是使图像成像均匀，或者扩大图像动态范围，扩展对比度。邻域增强算法分为图像平滑和图像锐化两种。图像平滑一般用于消除图像噪声，但是也容易引起边缘模糊，常用的算法有均值滤波、中值滤波两种。图像锐化的目的在于突出物体的边缘轮廓，便于地物识别，常用的算法有梯度法、算子、高通滤波法、掩模匹配法、统计差值法等。

常用的空域变换增强方法包括对比度增强、直方图增强等。

3. 图像分割

图像分割是一种重要的图像分析技术，就是把图像分成各具特性的区域，并提取出感兴趣地物的技术和过程。通常分割是为了进一步对图像进行分析、识别和压缩等，分割的准确性直接影响后续任务的有效性。在对图像进行研究及其应用中，人们往往仅对图像中的某些部分感兴趣。这些部分通常称为地物或前景（其他部分称为背景），它们一般对应图像中特定的、具有独特性质的区域。为了辨识和分析图像中的这些地物，需要将它们从图像中分离提取出来，在此基础上才有可能进一步对地物进行测量和对图像进行利用。在不同领域中有时也用其他名称，如地物轮廓（object delineation）技术、阈值化（thresholding）技术、图像区分/求差（image discrimination）技术、地物检测（object detection）技术、地物识别（object recognition）技术、地物跟踪（object tracking）技术等，实际上这些技术本身或其核心也是图像分割技术。

4. 数学形态学

数学形态学是研究数字影像形态结构特征与快速并行处理的理论。数学形态学的基本思想是用具有一定形态的结构元素去量度和提取图像中的对应形状，以达到对图像进行分析和识别的目的。其历史可以追溯到 19 世纪的 Euler，Steiner，Crofton 等的论述中，但数学形态学是一门新兴学科，1964 年法国的 GMathem 和 J. Serra 在积分几何的基础上首次创立了这门学科，此后，他们又在法国建立了"枫丹白露数学研究中心"，在该中心及各国研究人员的共同努力下，数学形态学得到了充分的发展和完善。

数学形态学是由一组形态学的代数运算子组成的，它的基本运算有 4 个：膨胀（或扩张）、腐蚀（或侵蚀）、开运算和闭运算，它们在二值图像和灰度图像中各有特点。基于这些基本运算还可以推导和组合成各种数学形态学实用算法，用它们可以进行图像形状和结构的分析及处理，包括图像分割、特征抽取、边界检测、图像滤波、图像增强和恢复等。数学形态学方法利用一个称为结构元素的"探针"来收集图像信息，当探针在图像中不断移动时，便可考察图像各个部分之间的相互关系，从而了解图像的结构特征。数学形态学基于探测的思想，与人的视觉特点有类似之处。作为探针的结构元素，可直接携带知识（形态、大小，甚至加入灰度和色度信息）来探测、研究图像的结构特点。

数学形态学的最大特征是，试图形成一种只利用输入模式的局部信息，来分析模式的全局构造的方法；另一个特征是，几何学的构造和纹理不是客观存在的，而是认为它们是在物体和观测者相互之间的关系下才成立的。数学形态学是一种利用局部信息，由单纯运算进行图像分析的方法，让机器来处理此类运算是非常合适的，另外其也非常适用于并行处理。

8.1.4　运动地物检测预先处理

多模态传感器卫星轨道高度较高，距离地物通常为数百千米，成像易受电路杂波、光学系统、大气气溶胶等因素的影响，成像过程中不可避免地引入了噪声干扰；通道间非同时成像，各通道图像并非完全配准，因此，在进行运动地物检测之前对多模态传感器图像进行预处理是不可缺少的关键步骤。

1. 去噪处理

多模态传感器图像的噪声主要包括电路杂波带来的椒盐噪声、光学系统带来的高斯噪声、传感器件非均匀性带来的条带噪声等。目前图像去噪技术的研究比较成熟，按变换域不同可将其分为空间域法和频率域法。

空间域法的基本原理是，认为相邻像素存在高度相关性，而噪声则为像素中的突变点。典型的空间域法包括均值滤波法、高斯平滑滤波法等线性降噪方法，以及中值滤波法、小波变换法等非线性滤波法等。线性滤波法的优点是处理速度快，但是容易造成小地物丢失，丢失地物的尺度与参数和阈值的选择相关。因此，该方法适用于针对大地物去噪，对于地物很小，甚至是亚像元级的地物图像去噪并不适用。中值滤波是由 Turky 于 1971 年提出的，其基本原理是，将像素按灰度排序，强迫中间值为输出值。该方法的特点是对脉冲噪声效果很好，但是对高斯噪声则效果较差。小波变换对高斯噪声效果较好，通常与中值滤波合用，去除由上述噪声构成的混合噪声。频率域法的基本原理是，通过傅里叶变换（或小波变换）将图像转换到频率域，在频率域上去除噪声后，再进行逆变换，得到降噪后的图像。主要包括低通、高通、带通、带阻等滤波法。针对星载遥感图像中噪声的特点，本章采用小波去噪与中值去噪相结合的方法。

2. 通道间图像配准

星载多模态传感器通道间图像配准是进行运动地物检测与速度精确测算的前提。为了提高星载多模态传感器通道间图像配准的可靠性和精度，需要充分利用待配准多模态传感器图像粗略的几何定位信息，引导到一定的搜索范围，并采用从粗到细的图像配准策略和逐步迭代算法，逐步淘汰精度低、可靠性差的配准特征点，以减少配准的盲目性，提高配准的速度、精度和可靠性。在图像配准算法设计中，要充分考虑和利用图像的灰度特征、结构特征和其他特征，在此基础上设立多重相互制约的配准准则，从而进一步提高星载多模态传感器通道间图像配准的效率。

多模态传感器图像配准是将不同通道的两幅或多幅图像进行配准的过程，它是运动地物检测的关键环节，其精度决定了运动地物检测的精度。

基于灰度级别的配准方法利用图像的灰度级别和灰度信息，建立参考通道和待配准通道之间的关系，实现通道间图像配准。常用的方法包括小波、互信息等。这类方法适用于同一通道的多时序图像配准，其优点在于精度较高、适应性好，其缺点是运算复杂、效率较低，而且不适用于各通道不一致的情况。

基于频率变换域的图像配准方法主要利用频率域变换（傅里叶），要求配准灰度正相关。该方法具有良好的抗噪性能，但是对角度和地物旋转敏感。

基于特征提取的方法不直接使用灰度信息，而是通过对图像的各种典型特征，如边缘、拐角等，利用特征的配准关系实现图像配准，目前这类方法应用广泛，通常具有运算简单、鲁棒性强、适用面广的特点。

3. 多模态传感器图像配准的难点问题

多模态传感器图像配准主要利用自身的多图像进行配准，通道间响应差异大会给图像配准带来困难，主要体现在以下几个方面。

1）对于面向区域的配准方法，需要一个精确的起始值来确保算法收敛。对于运动地物来讲，图像间变换较大，起始值估计困难。

2）对于基于特征的配准方法，由于遥感图像成像条件复杂，卫星轨道高，分辨率通常难以做到很高，一些经典的特征在遥感图像中表现不明显，常被噪声湮没。另外，对于基于特征提取的方法来说，特征的不完备性往往导致配准精度偏低，难以做到在1个像元以内。

3）目前实际的遥感图像通常为巨幅图像，高分辨率图像一景经常在1G以上。巨幅遥感图像的配准运算量大，同时配准的精度也由于尺寸增加而下降。目前所使用的测试图像均为小图像，鉴于统计样本数量，巨幅图像并不完全适用。

4. 基于联合特征的多模态传感器通道间图像配准方法

针对上文提出的难点，以及多模态传感器通道间图像配准的特点，本书采用基于联合特征的多模态传感器通道图像间配准方法。这里的联合特征包含两个概念：一是特征与区域联合，二是不同特征间的联合。

特征与区域联合即将提取的特征与传统的灰度方法相结合，利用区域的方法获得精度较高的起始值，再利用提取的特征进行配准。此外，鉴于巨幅图像区域差异较大，考虑采用变换模型的自动切换方法。细节复杂区域、人工区域往往对配准精度具有较大影响，本书将重点予以分析。

不同特征间的联合是指将提取的边缘、拐点、线段、相位等特征，根据不同的应用对象、策略和权重，构建特征的组合（即联合特征），保持和提升配准方法的适用性。

多模态传感器通道间图像配准方法包括概要配准和精确配准两个步骤，具体处理步骤如图 8.5 所示。

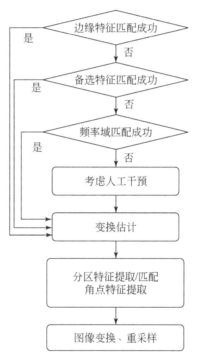

图 8.5　多模态传感器通道间图像配准方法流程图

基于改进特征提取的概要配准如下。

1）根据精确地理信息提取重合区域，若重合区域较大，可以考虑降质处理。

2）利用特征提取的方法进行概要配准，首先提取特征点，并利用 KD 树的方法进行虚警抑制，求得起始值。

3）若改进特征提取方法仍然失败，则需要考虑用频率域的方法。

4）获取概要配准图像后，再使用基于特征提取改进方法的精确配准。

首先对巨幅图像进行切割，在分区后的图像上进行边缘、拐点等各种特征提取，再利用提取的联合特征对全局图像或部分图像进行精细处理。

本书提出的联合特征方法综合利用多种特征，将模型方法、区域方法和配准方法有机结合，即使在特征样本较少的情况下，仍能保障较高的配准成功率；对于难度较大的图像配准，如遮挡等，仍具有很好的适用性。具体流程如图 8.6 所示。

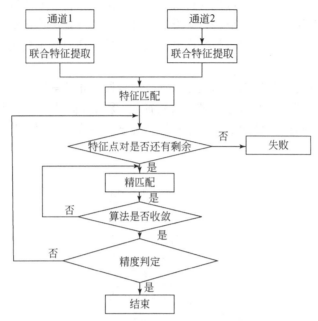

图 8.6　多模态传感器通道间图像精确配准流程图

1）从两幅图像中分别提取仿射特征、拐点特征和区域特征。

2）对上述得到的配准特征点对按可信度进行排序，每一特征点对确定一个相似变换，至此得到起始变换集合体。

3）参数估计。选取可信度高的特征点作为样本，估算起始变换特征，生成启动区。从起始变换集合体中选择一个未启用的起始变换及特征配准点对，利用特征配准点对引导局部区域内的拐点和区域进行双向配准。

4）通过迭代重加权、误差估计和当前配准的特征集合以迭代的方式不断调整变换参数和配准集合。

8.1.5　运动地物自动检测

运动地物自动检测就是自动/半自动地从图像中发现运动中的地物的过程。目前的方法主要包括背景差分法等。本书提出一种基于角点转换模型的运动地物检测方法，利用地物的角度概率来对运动地物检测结果进行筛选，可以有效抑制虚警。

运动地物自动检测一直是图像处理技术研究领域的前沿和热点，其方法纷繁复杂，原理和特点各不相同。就基于多模态传感器的运动地物检测来讲，可以分为两大类：运动检测优先和地物检测优先。

运动检测优先就是先不去判断图像中是否有地物，而是先通过成像时差发现图像中的运动迹象，确认为是运动中的地物后，再对地物进行分析和识别。这类方法要求地物的运动特征比较明显，对于多模态传感器图像的运动地物自动检测来讲，就要求地物要有比较高的运动速度。

地物检测优先是根据地物的几何、纹理等静态特征在图像中进行地物检测，然后再确认地物的运动状态。由于地物的自动检测方法容易受噪声影响，这类方法要求图像要有较高的质量。

本书对传统运动地物检测方法进行改进，将运动地物角点转换模型与帧间相差法结合起来，提出基于角点转换特征的运动地物自动检测方法。该方法是一种分而治之的思路，即先对图像进行粗略分类，对单一背景，如海面、沙漠等，采用地物优先的方式；对于复杂背景，则使用运动优先的方式。其中的难点问题在于低虚警率的地物自动检测方法。

1. 传统的地物检测方法

（1）候选区域的划分

在各个像元处设置多个不同尺寸和形状的邻域，将这些像元邻域作为 ROI 候选区域。必要时可引入多尺度技术，在多个尺度层中设置这些像元邻域。

多尺度的严格定义如下：令 V_j，$j=\cdots$，-2，-1，0，1，2，$\cdots$，为 $L^2(R)$ 中的一个函数子空间序列。若满足以下条件：

1）单调性
$$\cdots \subset V_{j-1} \subset V_j \subset V_{j+1} \subset \cdots, \quad \forall j \in Z$$

2）逼近性
$$\bigcap_{j \notin Z} V_j = \{0\}, \quad \overline{\bigcap_{j \notin Z} V_j} = L^2(R)$$

3）伸缩性
$$f(t) \in V_j \Leftrightarrow f(2t) \in V_{j+1}, \quad \forall j \in Z$$

4）平移不变形
$$f(t) \in V_0 \Leftrightarrow f(t-k) \in V_0, \quad \forall k \in Z$$

5）Riesz 基存在性

存在函数 $\varphi \in V_0$，使 $\{\varphi(t-k)\}_{k \in Z}$ 构成 V_0 的一个 Riesz 基，即 $\{\varphi(t-k)\}_{k \in Z}$ 是线性无关的，且存在常数 A 与 B，满足 $0 < A \leqslant B < \infty$，使得对任意的 $f(t) \in V_0$，总存在序列 $\{C_k\}_{k \in Z} \in l^2$ 使得

$$f(t) = \sum_{k=-\infty}^{\infty} C_k \varphi(t-k)$$

且 $A \parallel f \parallel_2^2 \leqslant \sum_{k=-\infty}^{\infty} \mid C_k \mid^2 \leqslant B \parallel C_k \parallel_2^2$

则 φ 称为尺度函数，并称 φ 生成 $L^2(R)$ 的一个多尺度分析 $\{V_j\}_{j \in Z}$。

（2）显著性特征的提取

显著性特征大致可以划分为以下两类。

1）自显著特征

自显著特征即基于候选区域内部属性的特征，认为视觉显著性的产生是因为地物对象

本身具有某种能够引起观察者注意的特殊属性。例如，通过离散对称性变换（DST）和离散矩变换（DMT）的结合描述像元邻域的显著性；通过像元邻域的灰度直方图的熵描述其复杂性；用 Gabor 滤波器描述像元邻域在亮度、颜色和纹理上的不一致性。

对于 DST 来说，像素点 P_k 处的灰度值为 $g_k = I(P_k)$。定义计算每像素点在尺度因子 r 的邻域内灰度均匀度的算子为

$$U(P_k) = \sum_{P_m} \in C_r,\ P_n \in C_{r+1} \mid g_m - g_n \mid$$

该算子中的 C_r 和 C_{r+1} 是以点 P_k 为圆心的同心圆。$\mid P_m - P_n \mid = 1$。当 $U(P_k) = 0$ 时，P_k 处于灰度均匀区域，可以不用计算对称值；$U(P_k)$ 越大表明 P_k 处于圆形物体区域的可能性越大。用 $U(P_k)$ 的平均值 μ 做阈值，得到二维图像：

$$T(P_k) = \begin{cases} 1, & U(P_k) > \mu \\ 0, & U(P_k) \leqslant \mu \end{cases}$$

用此二值图像来决定是否计算某点的对称值。对于任意 P_i，P_j 两点，设 L 为过它们的直线，α_{ij} 为 L 与水平 x 轴逆时针的夹角。对于任意点 P_k，对在尺度 r 的邻域内对其点对称有贡献的点的集合记为

$$\Gamma(P_k) = \left\{ (P_i,\ P_j) \left| \frac{P_i + P_j}{2} = P_k,\ 2(r - r') < \parallel P_i - P_j \parallel \leqslant 2r,\ 0 \leqslant r' \leqslant r \right. \right\}$$

定义点 P_k 的离散对称变换为

$$S(P_k) = \sum_{(P_i,\ P_j) \in \Gamma(P_k)} C(i,\ j)$$

其中，

$$C(i,\ j) = W(\theta_i - \alpha_{ij},\ \theta_j - \alpha_{ij}) D(P_i,\ P_j) R(P_i) R(P_j)$$
$$W(\alpha,\ \beta) = [1 - \cos(\alpha + \beta)][1 - \cos(\alpha - \beta)]$$
$$D(P_i,\ P_j) = \frac{1}{\parallel P_i + P_j \parallel}$$

式中，$R(P_i)$ 为 P_i 点的梯度大小的对数；θ_i 为 P_i 的梯度方向。

图像的灰度直方图是一个一维的离散函数：

$$D(S_k) = \frac{n_k}{n},\qquad k = 0,\ 1,\ \cdots,\ L - 1$$

式中，S_k 为图像 $f(x,\ y)$ 的第 k 级灰度值；n_k 为 $f(x,\ y)$ 中具有灰度值 S_k 的像素的个数；n 为图像像素总数。

灰度直方图的熵则是指：

$$H = - \sum_k p(S_k) \lg p(S_k)$$

二维 Gabor 滤波器是在时域进行信号分析处理的重要工具。不同参数的 Gabor 滤波器能够捕捉图像中对应于不同的空间频率、空间位置和方向的局部性信息。

二维 Gabor 滤波器的空域形式为

$$G(x,\ y) = \exp\left\{ - \pi \left[\frac{(x - x_0)^2}{\alpha^2} + \frac{(y - y_0)^2}{\beta^2} \right] \right\} \times \exp\{ - 2\pi i [u_0(x - x_0) + v_0(y - y_0)] \}$$

式中，(x_0, y_0) 为图像局部纹理的位置，是有效的 Gauss 窗的宽和长，空间频率 $\omega_0 = (u_0^2 + v_0^2)^{\frac{1}{2}}$，方向角 $\varphi_0 = \tan^{-1}\dfrac{v_0}{u_0}$。通过调整一系列参数（$x_0$，$x_0$；$u_0$，$v_0$；$\alpha$，$\beta$），可以获得不同的滤波器，这反映了 Gabor 滤波器的多尺度特性和方向特性。

二维 Gabor 小波核函数为

$$\varphi_j(k, x) = \frac{k_j^2}{\sigma^2}\exp\left(-\frac{k_j^2 \times x^2}{2\sigma^2}\right)\left[\exp(k_j^2 \times x) - \exp\left(-\frac{\sigma^2}{2}\right)\right]$$

其中，

$$k_j = \begin{bmatrix} k_v & \cos\varphi_u \\ k_v & \sin\varphi_u \end{bmatrix}$$

$$k_v = 2^{-\frac{v+2}{2}}$$

$$\varphi_u = \mu\frac{\pi}{8}$$

2）互显著特征

互显著特征即基于候选区域与外界属性差异的特征，认为视觉显著性的产生是因为视觉对象与外界通过某种对比形成了能够引起观察者注意的新异刺激。用候选区域与周边区域比较产生的差异值或差异矢量来描述显著性。用 DOG 算子、LOG 算子比较候选区域与周边区域在灰度、梯度强度、梯度方向和曲率上的差异；通过中心-周边算子比较候选区域与周边区域在亮度、颜色和方向这些早期视觉特征上的差异；用候选区域与整幅图像比较产生的差异值或差异矢量来描述显著性。

DOG 算子是高斯差分算子。它相当于先用高斯算子对图像做卷积，然后再对它进行差分运算。高斯算子的形式如下：

$$f(x, y) = \frac{1}{2\pi\sigma^2}\exp\left(-\frac{x^2 + y^2}{2\sigma^2}\right)$$

LOG 算子是高斯–拉普拉斯算子，它用来寻找图像的零交叉点。高斯算子的表达就是上面的式子。拉普拉斯算子是一种常用的二阶导数算子，对于连续函数 $f(x, y)$，它在 (x, y) 处的拉普拉斯值定义如下：

$$\nabla^2 f = \frac{\partial^2 f}{\partial x^2} + \frac{\partial^2 f}{\partial y^2}$$

计算中，拉普拉斯算子就是下面的矩阵形式：

$$\begin{bmatrix} 0 & -1 & 0 \\ -1 & 4 & -1 \\ 0 & -1 & 0 \end{bmatrix}$$

对于图像 f 而言，梯度为

$$\text{grad}f = \frac{\partial f}{\partial x}\bar{x} + \frac{\partial f}{\partial x}\bar{y}$$

梯度强度就是 $|\text{grad}f|$，梯度方向即这个矢量的方向。

曲线的曲率是指曲线两端点处切线夹角 φ 和曲线长度 s 的比值。某一点的曲率 k 定

义为

$$k = \lim_{s \to 0} \frac{\varphi}{S}$$

对于一个参数曲线 $c(t) = [x(t), y(t)]$，它的曲率函数 $k(t)$ 为

$$k(t) = \frac{x'(t) y''(t) - x''(t) y'(t)}{[x'(t)^2 + y'(t)^2]^{\frac{3}{2}}}$$

对于图像中的灰度曲面，曲率的定义比较困难。在曲面上某一点 p 处可以确定一个具有最大曲率的方向 t_1，还可以确定一个具有最小曲率的方向 t_2（可能有多个最大和最小，此时可以任选）。分别计算在 p 点沿 t_1 和 t_2 的曲率 k_1 和 k_2，则可以获得如下高斯曲率：

$$K = k_1 \times k_2$$

我们可以将自显著特征和互显著特征结合起来作为候选区域的显著性特征。例如，通过尺寸、形状、方位这些自显著特征，以及对比度、前景/背景这些互显著特征描述分割区域的显著性；通过分割区域在颜色、纹理、形状上的多种自显著特征和互显著特征描述其显著性。这样兼顾二者的特点，更加全面地描述候选区域的显著性。

（3）ROI 的选择

根据候选区域的显著性特征找到感兴趣的地物区域。常用的方法有门限法、整合法、层次法。在那些使用多种特征来描述候选区域显著性的算法中，研究者通常采用整合法通过数据合并得到 ROI。一些学者先将各种显著度信息整合为显著图（saliency map），再通过它寻找 ROI。层次法针对上述两种方法工作量较大的问题，采用层次处理逐渐缩小 ROI 的搜索范围，直至最后得到 ROI。例如，一些学者提出了一个由多尺度处理层和贯穿其中的注意束（attention beam）组成的检测模型，注意束沿着尺度递减的方向依次通过各层中的最显著区域，最后得到较为精细的 ROI。考虑到前两种方法的不足，拟采用层次法逐层处理来选择 ROI。

（4）ROI 区域内的地物检测

针对海上移动地物、陆地移动地物和高速敏感地物的特征，包括几何特征（周长和面积、长轴和短轴等）、形状特征（矩形度和细长比、圆形度等）、统计特征（直方图、均值、方差、能量和熵等）和纹理特征等，选取最典型、计算速度较快的特征作为其检测特征，在 ROI 区域内对感兴趣的地物进行快速检测和粗定位。

2. 运动地物检测思路

运动地物检测研究必须全面考虑传感器系统、地物与场景、识别算法与处理器等密切相关的方面。不同的传感器所获取的各种地物的原始信息大不一样，加之相互无关的应用场景与应用目的使自运动地物检测研究在很大程度上依赖于问题域的特性，因而寻求地物自动检测的通用检测方法是比较困难的。拟采用如下图像地物检测流程，如图 8.7 所示。

目前主要支持自运动地物检测识别的方法包括：

（1）传统自运动地物检测识别方法

传统自运动地物检测识别方法通常利用人造地物和自然背景在几何构成或图像灰度上

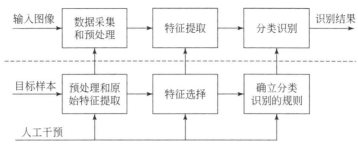

图 8.7　图像地物检测流程图

的差别，或在图像中寻找与人造地物相对应的几何基元。其方法可分为基于区域和基于边缘的两类：基于区域的方法利用图像内部的统计特征，如几何特征、纹理特征等，常见的有区域生长法、自适应阈值分割法等；而基于边缘的方法则利用梯度算子进行边缘检测。大多数地物识别系统框架包括图像预处理、地物区域检测、地物分割和地物识别等几个部分。

（2）基于知识的地物检测识别方法

经典的统计识别方法主要利用特征的统计分布，完全依赖于自运动地物识别系统的大量训练和基于模式空间距离度量的特征匹配分类技术，难以有效处理地物姿态变化、模糊与遮挡等难题，仅在很窄的场景定义域内取得某种程度的有效性。20 世纪 70 年代末，人工智能和专家系统技术被引入自运动地物识别领域，形成基于知识的地物检测识别方法。但目前自动识别系统中知识的利用程度有限，主要存在以下难题，可供利用的知识源的辨别，知识的验证，适应新场景时知识的有效组织，规则的明确表达和理解。在复杂场景下，地物识别系统的性能在很大程度上取决于问题域知识的组织和处理能力，大知识库的构造、空间/时间推理及层次化推理等都是当前基于知识的地物识别研究的关键问题。

（3）基于模型的地物检测识别方法

该方法先将复杂的地物识别样本空间模型化，这些模型提供了描述样本空间各种重要特征的简便方法。基于模型的方法强调利用明确的地物模型、背景模型、环境模型和传感器模型，它抽取一定的地物特征，这些特征和一些辅助知识标记地物的模型参数，选择初始假设，实现地物特征的预测。

（4）其他的地物检测识别方法

目前人工神经网络（artificial neural network，ANN）在地物识别中主要用于提高识别算法的速度和鲁棒性，同时也提供固有的直觉学习能力，这使地物识别中的许多分类算法都可以用 ANN 替代。地物识别领域具有复杂性，将某些场合的问题表达和归纳为 ANN 能处理的形式很困难。ANN 技术作为地物识别研究的一种新的发展趋势，仍需要对其进行深入研究。进化计算是一种基于随机搜索的自适应学习方法，其核心是利用进化历史中获得的信息指导搜索和计算。遗传算法作为一种进化算法，在地物识别中通常用于地物函数的优化、模型曲面最佳性能点的搜索和机器学习等问题。此外，小波分析和分形理论也为地物识别提供了有效的思路和方法。

3. 运动地物检测方法

目前国内外多通道图像的地物检测主要用于空中和海上等背景相对单一的环境中。然而，对于复杂背景下地物的检测仍处于探索阶段。感兴趣的地物多是机动的地物，如进入视场的车辆等。运动是这类地物的共同特性，对运动信息的提取就成为地物检测的突破口。

这里面临两个问题。首先，整个视场在不停地移动着，检测之前需要对不同时刻的图像进行配准；其次，在移动环境中景物并非完全静止，相反，一些自然景物的运动可能相当强烈。

检测运动地物的方法主要有光流法和差图像法。一般来说，光流法的时间开销很大，其实时性和实用性较差。相反，差图像法比较简单，易于实现，因而成为目前应用最广泛、最成功的运动地物检测方法。差图像法可分为两类，一类是用序列中的每一帧与一个固定的静止的参考帧（不存在任何运动物体）做图像差。可是自然景物环境永远不会静止，这意味着必须不断地更换参考帧。另一类是用序列图像中的两帧进行差分，然后二值化灰度差分图像来提取运动信息。这里没有考虑到传感器的运动可能引起背景的运动，造成差分图像中存在较多的伪运动信息。因此，在进行地物检测前，首先要消除背景运动，然后才能利用差分图像提取运动信息用于检测。

（1）消除背景运动

由于需要测量二维函数之间的差异，我们定义一种广义距离。

自定义的广义距离：

记 R^2 上的二维函数全体为 $F = \{f \mid f: R^2 \to R\}$；

类似地，记定义在 $\Omega(\subseteq R^2)$ 上的二维函数全体为

$$F_\Omega = \{f \mid f: \Omega \to R, \ \Omega \subseteq R^2\}$$

在 F_Ω 上定义广义欧几里得距离 $D_\Omega(*, *)$，

$$D_\Omega(f_1, f_2) = \frac{\iint\limits_\Omega |f_1(x, y) - f_2(x, y)| \, \mathrm{d}x\mathrm{d}y}{\iint\limits_\Omega \mathrm{d}x\mathrm{d}y}$$

易知，$\forall \Omega \subseteq R^2$，$f_1, f_2, f \in F_\Omega$ 满足：

1）$D_\Omega(f_1, f_2) \geq 0$，且 $D_\Omega(f_1, f_2) = 0$，如果 $f_1 = f_2$

2）$D_\Omega(f_1, f_2) = D_\Omega(f_2, f_1)$

3）$D_\Omega(f_1, f_2) \leq D_\Omega(f_1, f) + D_\Omega(f, f_2)$

所以 $D_\Omega(*, *)$ 是 F_Ω 上的一个广义欧几里得距离。$D_\Omega(*, *)$ 测量的是两个二维函数之间的差异。因为 $D_\Omega(*, *)$ 将定义域 $\Omega(\subseteq R^2)$ 的面积归一化，所以不同的 Ω_1，$\Omega_2(\subseteq R^2)$ 上得到的距离之间具有可比性。

数字化图像可以认为是对二维函数进行采样，并量化后的结果。为了将 $D_\Omega(*, *)$ 应用于数字化图像，并便于计算机处理，将 $D_\Omega(*, *)$ 离散化后得

$$D_\Omega(f_1, f_2) = \frac{\displaystyle\sum_{\substack{(x,\ y)\in\Omega \\ x,\ y\in Z}} |f_1(x,\ y) - f_2(x,\ y)|}{\displaystyle\sum_{\substack{(x,\ y)\in\Omega \\ x,\ y\in Z}} 1}$$

为了便于有效地提取地物，需要配准不同时刻图像中的场景。场景是与传感器的成像位置和角度一一对应的。不同的成像位置及角度会拍摄到不同的场景，配准过程就是消除传感器对图像序列影响的过程。

在监控过程中，传感器的镜头是在不断地移动着的。因此，红外图像序列的背景也随着镜头移动。为了利用序列间的相关性信息对地物进行检测，就必须配准场景。配准场景的目的是消除传感器镜头的运动对图像产生的偏移。在理想情况下，经过场景配准之后，背景中的静止部分在不同时刻的红外图像中的成像位置不变。

场景配准的方法是将要配准的两幅图像中的一幅进行偏移，然后检测偏移后图像间的相关性，当相关性达到最大值时就认为已经配准了，也就实现了运动传感器和运动地物转化为静止传感器和运动地物的情况，这时再利用相减、相关等方法，由两帧检测出运动信息。其中相关性的度量对场景配准的精度和效率是至关重要的，常用的相关性度量包括相关系数和各种距离。这里使用的相关性度量是自定义的广义距离。

假设相隔时间 T 的两帧红外图像表示为灰度函数 $f_i(x,\ y)$ 和 $f_{i+1}(x,\ y)$。它们的帧间差值图像表示为 $\nabla f_i(x,\ y)$。通常情况下地物的成像面积远远小于背景的成像面积，所以在配准背景的过程中，认为帧间差值图像中的主体是由背景产生的，可以忽略地物成像区域的效果。基于这种近似，如果 $f_i(x,\ y)$ 和 $f_{i+1}(x,\ y)$ 中的场景是完全配准的，则 $\nabla f_i(x,\ y)$ 的取值应该恒为 0，同时，也可以得到 $D_\Omega(f_i,\ f_{i+1}) = 0$。

但是实际上，由于地物区域的存在和各种噪声的联合作用，$D_\Omega(f_i,\ f_{i+1})$ 始终不会为 0。只能通过对 $f_i(x,\ y)$ 进行坐标的偏移求得 $D_\Omega(f_i,\ f_{i+1})$ 的极小值。因此，背景的配准问题就转化成求偏置矢量 Δ，使得

$$D_\Omega(f_{i,\ \Delta},\ f_{i+1}) = \min_{\delta\in\Phi} D_\Omega(f_{i,\delta},\ f_{i+1})$$

式中，$f_{i,\delta}$ 为偏置矢量 δ 对 $f_i(x,\ y)$ 作用产生的新函数；Φ 为偏置矢量的容许范围。

（2）提取运动信息

当传感器与地物之间的运动主要为平移运动时，如果运动的方向又与图像平面平行，就形成了简单的二维平移运动。当图像帧之间的间隔较短时，可以认为景物各个部分在图像平面上的灰度基本保持不变。设 t_1 时刻的图像为 $f_1(x,\ y)$，t_2 时刻的图像为 $f_2(x,\ y)$，若此期间某地物平移了 $(\Delta x,\ \Delta y)$，根据上述假定应当有

$$f_2(x,\ y) = f_1(x - \Delta x,\ y - \Delta y)$$

据此，我们可以利用相减、相关、微分等方法，由两帧图像检测出运动信息。

1）相减法

$$\Delta f(x,\ y) = f_2(x,\ y) - f_1(x,\ y)$$

景物中的静态部分，$\Delta x = 0$，$\Delta y = 0$，所以 $\Delta f(x,\ y)$ 也为零。而景物中的运动部分，$\Delta f(x,\ y)$ 则不为零。$\Delta f(x,\ y) > 0$ 代表了第二帧图像新增加的部分，而 $\Delta f(x,\ y) < 0$ 代

表已经消失的第一帧图像部分。可以利用相减获得的差值图估计出地物的轮廓和运动轨迹。

2）相关法

为找出地物的平移运动，要先设置一组 n 对（Δx，Δy）值，并产生一组新图像：

$$f_{2i}(x,\ y),\ i = 1,\ \cdots,\ n$$

$$f_{2i}(x,\ y) = f_1(x - i\Delta x,\ y - i\Delta y)$$

计算 $f_{2i}(x,\ y)$ 与 $f_1(x,\ y)$ 的相关性，则最大相关值对应的（Δx，Δy）即为所求，记为（Δx_0，Δy_0）

$$(\Delta x_0,\ \Delta y_0) = \arg\max\left[\frac{f_{2i}(x,\ y) f_1(x,\ y)}{N}\right]$$

式中，N 为总像元数。

3）微分法

将运动参数估计与地物的空间变化联系起来考虑：

$$\Delta f(x,\ y) = f_2(x,\ y) - f_1(x,\ y)$$

设 $f_2(x,\ y) = f_1(x - \Delta x,\ y - \Delta y)$

在（x，y）展开 Taylor 级数，且只取两个线性项，有

$$\Delta f(x,\ y) = -\Delta x \frac{\partial f}{\partial x} - \Delta y \frac{\partial f}{\partial y}$$

如果景物中只有一个运动地物，在差值不为零的地方选两个点，并从图上计算出 $\frac{\partial f}{\partial x}$，$\frac{\partial f}{\partial y}$，就可以估计出运动参数（$\Delta x$，$\Delta y$）。

要想从多通道序列图像中识别出地物，首先得把地物提取出来，即从背景中分离出来，然后才能从地物上提取特征来进行识别。

（3）运动地物提取

在复杂背景的图像中，背景的多样性大大加深了提取地物的难度，人也不容易分辨出来。尤其是在环境光较强、距离较远的情况下，仅仅从单帧图像中很难将地物与背景有效地分离。传感器所给出的是图像序列，记录了视场中的变化情况，所以利用地物在时间和空间上的变化来提取地物就成为必然的途径。

首先提取地物候选区域，然后再进一步判断它是否就是地物区域。

提取候选区域分为两个阶段：第一阶段，用一个边长为 a 的正方形来对地物进行定位；第二阶段，压缩正方形区域的边界，使其更接近地物的外轮廓。

第一阶段：当背景的运动被抵消后，可以认为视场中只有地物在做较大的运动。若设地物候选区域为 Ω_0（边长为 a 的正方形），则在 Ω_0 中，两帧图像 f_1 与 f_2 间的距离 $D_{\Omega_0}(f_1,\ f_2)$ 较大。寻找地物候选区域的工作，可近似地数学化为，寻找边长为 a 的正方形区域 Ω_0，使得

$$D_{\Omega_0}(f_1,\ f_2) = \max_{\substack{\Omega \subseteq R^2 \\ \Omega \text{为边长为} a \text{的正方形}}} (D_{\Omega_0}(f_1,\ f_2))$$

第二阶段：确定了 Ω_0 之后，可以进一步压缩地物候选区域的边界，使其更接近地物的外轮廓。

首先，对帧间差值图像进行自适应门限分割，突出地物。

将帧间差值图像的平均灰度作为分割的自适应门限，将图像分为两部分。门限分割滤除了背景中微动景物导致的灰度变化在帧间差值图像中产生的噪声，突出运动强烈的部分。

其次，利用所谓的"针刺法"压缩地物成像区域。压缩地物区域边界，直至在经过门限分割的帧间差值图像中，每条边界的内侧都与地物运动形成的整块区域接壤。以上方的边界为例，判断上方的边界是否已经达到地物运动形成的整块区域的标准是，边界下方邻接点集中是否至少存在一个（或一个以上）点 A，在 A 的下方有 n 个（或多于 n 个）连续点都被分割到运动强烈的部分中，n 通常取 3 ~ 4。

这样提取出来的地物候选区域不一定就是地物区域，需对其做进一步的相关检测。噪声引起灰度变化的区域是不稳定的，这是由噪声的不稳定性造成的。这里的噪声包括背景中景物的运动、光在空气中传播时引入的媒介噪声，以及成像和传输过程中的电子系统噪声等。它们都是不稳定的，在时间和空间上相关性差。

地物的运动是有规律的，因此，成像后的地物区域也应具有某种稳定性。这主要反映在以下两点：地物成像区域在帧间差值图像中总是具有一定的幅度，并且会持续一段时间；地物成像区域在图像中的移动是相对稳定的。

根据以上分析，可以利用地物成像区域在时间和空间上的相关性来做相关分析，以下分两个方面进行说明。

（1）运动强度检测

帧间差值图像中地物区域平均灰度必须达到一定的门限，并保持一段时间。假设 i 时刻帧间差值图像中候选地物区域的平均灰度为 ET_i，帧间差值图像的平均灰度为 ED_i。

定义第 i 时刻检测的运动强度系数为 R_i：

$$R_i = \sum_{k=0}^{i} a_k r_{i-k}, \quad i = 1,\ 2,\ \cdots,\ \infty$$

式中，$r_i = \dfrac{\mathrm{ET}_i}{\mathrm{ED}_i}$；

a_i 为加权系数，通常可以取为 $a_i = 2^{-i}$，$i = 0,\ 1,\ \cdots,\ \infty$。

设定门限 η_R，当 $R_i \geqslant \eta_R$ 时，认为候选地物区域可能是真实的地物区域。

当 $R_i < \eta_R$ 时，认为候选地物区域不可能是真实的地物区域。

1）易知，$R_{i+1} = \dfrac{R_i}{2} + \dfrac{r_{i+1}}{2}$，实际计算时无须存储以前的 r_i。

2）η_R 可取经验值 3 ~ 5。

（2）位移相关检测

地物区域的质心位置的移动是相对稳定的，质心的移动不会出现大的跳跃。第 i 时刻的候选地物区域的质心位置记为 p_i。

定义第 i 时刻的位移系数为 p_i：

$$p_i = \sum_{k=0}^{i-1} b_k \mid p_k - p_{k-i} \mid, \quad i = 1, 2, \cdots, \infty$$

式中，p_i 为加权系数，通常可以取为 $b_i = 2^{-i}$，$i = 0, 1, \cdots, \infty$。

设定门限 η_p，当 $p_i \geqslant \eta_p$ 时，认为候选地物区域可能是真实的地物区域。

当 $p_i < \eta_p$ 时，认为候选地物区域不可能是真实的地物区域。η_{Rp} 的取值是由传感器的性能和监视任务的要求来决定的，试验证明对每秒 5 次的检测频率来说，η_p 可以取经验值 10，即认为地物区域的质心在两次检测之间，位移不会超过 10 个像素点。对于真的地物区域来说，这个门限是相当宽松的，同时可以过滤掉由噪声引起灰度变化的区域的影响。

在整个相关检测中，候选地物区域必须经过以上两种检测才被认为是真正的地物区域。

在得到了地物区域之后，应用图像理解的符号提取算法和统计方法对地物区域进行特征提取。

地物的成像面积为地物在图像中所占的像素点的个数。它从一个侧面反映了地物的体积信息，但是，要精确地得到地物的体积信息，还必须借助其他传感器，因为图像本身不包含距离信息。

8.1.6　运动地物识别方法

对于单幅多模态传感器图像来说，各通道针对不同谱段成像，像素值差异较大，因此，直接使用帧间相差法效果不理想。

本书提出一种新颖的轮廓特征描述方法，能够在复杂的背景中，地物被部分遮挡或缺失的条件下提取地物的轮廓，进而有效地对图像中的地物进行检测。该算法有以下创新点：首先，本书提出一种新的角点转换概率序列模型用于描述地物的形状，将角度之间的序列关系作为新的特征；其次，基于此模型的快速检索策略，降低搜索的复杂度；再次，采用概率加权的线性判别方法衡量检测的线段序列与模型的相似度；最后，用单通道中的角点转换模型与其他通道配准，发现角点转换概率一致，但存在微小位移的地物，即为运动地物。本书用遥感图像中地物的检测实验证明了该方法的有效性与鲁棒性。

在以往的基于模型的地物检测工作中，利用形状特征的方法较为普遍法：一类是利用边缘，如傅里叶描述子和链码等；另一类是全局描述，代表方法有矩方法和中轴提取法。在人类视觉中，形状的表达和识别也是对地物轮廓最自然的方式。本书利用角点转换这种简单而自然的描述来表示地物的形状信息。

虽然已有一些特征描述地物的形状，但特征之间的序列关系常常被忽略，显然这种特征的序列关系信息可以提高地物检测的有效性和稳定性。隐马尔可夫模型（HMM）是机器学习和统计方法中描述序列关系最广泛的方法之一，它不仅是较为鲁棒的推理方法，而且也是一个在概率框架下描述构建模型的方法。在已有文献中，利用 HMM 描述形状特征的方法并不多见，Bicego 和 Murinotichu 提出采用轮廓曲线上的曲率因子描述地物形状，并详细介绍了如何利用 HMM 进行模型的起始化、训练和分类。Cai 和 Liu 用傅里叶谱特征表示地物形状，HMM 直接处理这些轮廓特征，该方法要求轮廓必须是封闭的，但在实际的轮廓提取中，由于噪声干扰遮挡等情况，轮廓往往不是封闭的。Transgenes 等提取地物轮廓上的角度，并结合高曲率点之间的距离描述形状，也是采用 HMM 刻画特征的序列关系。这些基于地物轮廓的特征分类与识别方法的核心问题就是描述与配准，但都需要轮廓预先被提取。

一般在形状配准阶段计算量往往比较大，特别是在边缘丰富的复杂图像中。优化算法可以提高搜索效率，减少配准时间。其中边缘组织作为中层视觉方法，能在较为复杂的图像中检索显著结构的地物。根据塔斯特视觉法则，特征组织可将低层特征转化为高层特征。Jacobs 和 Wang 等采用凸形作为有效的视觉提示检测显著性结构，并认为自然场景中出现显著性组织并非偶然。Ge 等扩展了的方法，首先检测 K 个显著轮廓，并假设这 K 个轮廓中存在地物的真实轮廓或者其中的一部分，之后与地物模型进行轮廓配准。这种方法只对封闭轮廓有效，显然这种限制过于严格，在实际应用中，很多地物具有开放的轮廓。

本书首先建立一种新的角点转换概率序列模型（角点转换概率模型），用于描述给定地物的形状，这种新的模型结合角点转换描述和隐马尔可夫模型，其优点是将角点转换之间的邻近相关性作为重要的特征，然后一些获选的轮廓被搜索和配准。最后，扩展线性判别从候选轮廓中确定地物轮廓。

1. 基于角点转换概率的形状描述模型

很多轮廓描述子应用于模式识别，形状轮廓用一组曲率、角度和点来描述。二维形状用傅里叶描述子表示，在完整的轮廓上采 N 个点，但轮廓中心的坐标需要预先得到。在实际的图像处理中地物完整的轮廓较难获得。本书提出一种新的角点转换概率序列模型，可以鲁棒性地描述地物性状，以便于在复杂的图像中进行检测。假设在轮廓上可以提取一个序列的线段，相邻线段可形成一个角度，形状可以用这一序列的角点转换和转移概率描述。

（1）角点转换描述

在基于轮廓的形状描述方法中，角点转换是简单而自然的方式，它具有旋转与尺度不变性。在遥感图像中，地物往往以二维的形式出现，虽然边缘有时提取不全，但角度可以作为较为稳定的特征。角点转换序列示意图参见图 8.8。

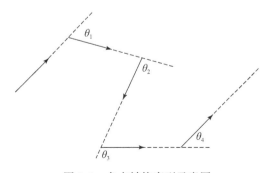

图 8.8 角点转换序列示意图

类似于边缘组织方法，首先用 Canny 算子检测边缘，之后用霍夫变换检测线段，任何轮廓都可以用一组线段描述。相邻的线段之间形成一个角点转换，设 Γ_k 为第 k 个线段，它的两个端点分别为 Γ_k^- 和 Γ_k^+，$k = 1$，2，$\cdots$，n，正方向为 Γ_k^- 到 Γ_k^+。定义两个相邻的线段 $\vec{a} = \overrightarrow{\Gamma_i^- \Gamma_i^+}$ 和 $\vec{a} = \overrightarrow{\Gamma_{i+1}^- \Gamma_{i+1}^+}$，$k = 1$，$2$，$\cdots$，$n - 1$，两个线段之间的角点转换可定义为

$$\theta_i = \text{sign}(\vec{a} \times \vec{b}) \arccos\left(\frac{\vec{a} \cdot \vec{b}}{|\vec{a}||\vec{b}|}\right)$$

由于噪声和遮挡等因素，实际图像边缘提取并非完整，不同的霍夫变换参数可产生不同的线段提取结果，而地物轮廓上的角点转换可作为形状描述的稳定特征。

一组由 n 个点组成的线段，其角点转换数量为 $n-1$ 个。轮廓上的角度特征是比较重要的，对形状具有很强的约束。

（2）基于 HMM 的角点转换序列模型

有效的描述子能够表达形状的特性，沿着地物的轮廓，这些特征有很强的序列关系，这对于地物建模与配准有很大帮助。在角点转换概率模型中，采用 HMM 作为概率工具描述角点转换序列。

角点转换概率模型的参数设置如下。

S 为状态集。

这里将模型的角点转换设为隐状态，$S = \{S_1$，S_2，$\cdots$，$S_N\}$，其中 N 为角点转换的数量。

A 为转移概率分布。$A = \{a_{ij}\}$，a_{ij} 代表状态由 S_i 到 S_j 的转移概率。

$$a_{ij} = P[q_{t+1} = S_j \mid q_t = S_i], \quad 1 \leqslant i, j \leqslant N$$

B 为观测矩阵。$B = \{b_j(o)\}$，$b_j(o)$ 表示状态为 S_j 时，观测标签为 o 的概率。

$$b_j(o) = P[o \text{ at } t \mid q_t = S_j], \quad 1 \leqslant j \leqslant N$$

每个角点转换状态的发射概率分布可以表示为一个高斯分布。

$$b_j(o) = \exp\left[-\frac{1}{2}\left(\frac{o - S_j}{\sigma}\right)^2\right]$$

π 为起始状态分布。$\pi = \{\pi_i\}$，状态 F_i 在序列 $t = 1$ 的概率为 π。

$$\pi_i = P[q_1 = S_i], \quad 1 \leqslant i \leqslant N$$

模型角点转换概率模型可以表示为紧凑形式：

$$\lambda = (S, A, B, \pi)$$

上述参数需要在训练阶段进行估计，Baum Welch 估计是标准的 HMM 参数估计方法。在其他方法中，高斯混合模型被用来估计起始发射矩阵，贝叶斯推断准则被用来估计起始状态的数量。专家知识或基于数据库的统计结果可以帮助获得隐状态，以便得到最优的角点转换序列模型。

沿着边缘得到角点转换序列 θ_1，θ_2，θ_3，θ_4，因为角度 θ_1 和 θ_2 相等，所以模型中状态 S_1 由这两个角度确定，同样，$S_2 = \theta_2$，$S_3 = \theta_4$。如果转移概率大于 0，图中结点之间存在边缘。虽然 S_1 既能转移到状态 S_2，也能转移到状态 S_3，但转移的概率是不同的。形状角点转换概率模型参见图 8.9。

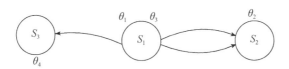

图 8.9　形状角点转换概率模型图

2. 基于角点转换概率模型的形状检测

在边缘提取之后，可以通过霍夫变换从图像中提取线段，这些线段可能来自于地物轮廓，也可能来自于背景。基于角点转换概率模型的形状检测就是在纷乱复杂的线段中，组织出地物的轮廓，将地物检测任务转化为按照地物边缘模型在线段图像中检测配准程度最高的一组线段序列。

（1）形状配准方法

基于线段序列的形状配准是一个序列搜索过程，在没有先验信息的情况下，轮流选取起始线段。从每个起始线段开始，搜索一条路径，但这样的搜索工作计算量较大。幸运的是，在角点转换序列的马尔可夫行的假设下，角点转换概率模型的转移概率可以去除很多不可能的路径，提高搜索效率。

用 S_{last} 来表示序列最后的隐状态，观测的角点转换 O_i 首先需要配准一个隐状态，但每个 O_i 可能接近多个隐状态，计算其属于每个隐状态的观测概率，然后将 O_i 分类到合适的状态 S_j，相反，当 O_i 不能配准到任何的隐状态时，路径搜索停止。

（2）候选形状验证

一些候选的路径组成数据集 $H = \{P_i\}$，其中 P_i 为配准上的路径。需要在这些候选路径中选择组成地物轮廓的有效路径，设为路径 P 的观测角点转换序列。HMM 拓扑被应用于基于形状信息的分类与识别，这些方法采用最大似然作为分类的准则。例如，一个位置的观测序列 $O = o_1, o_2, \cdots, o_T$，它的一个可能的状态序列为 $Q = q_1, q_2, \cdots, q_T$。每个模型 λ_i 对应的概率为 $P(O \mid \lambda_i)$，O 根据最高的相似度确定类别，因此，观测序列 O 的概率计算如下：

$$P(O \mid \lambda) = \sum \pi_{q_1} b_{q_1}(O_1) a_{q_1, q_2} b_{q_2}(O_2) \cdots a_{q_{T-1}, q_T}(O_T)$$

然而在实际的图像中，由于噪声干扰，一些特征角度的提取容易缺失，换句话说，配准的隐状态数量不固定，因此，采用线性判别来解决这种问题。将新的判别函数 $g(O)$ 定义为

$$g(O) = \sum_{t=1}^{T-1} w(t) \cdot b_{q_t}(O_t)$$

式中，$w(t)$ 为权重，并由转移概率来表示；$w(t) = a_{q_t, q_{t+1}}$。

这样，为衡量角点转换序列 O 和模型的相似度，计算 $g(O)$，并将结果与预先设定的阈值进行比较，$g(O)$ 值越高，就意味着与模型越相像。

3. 实验与评价

本书的方法是在谷歌地球高分辨率遥感图像上进行的。在图像中，根据给定的角点转换概率模型，检测船舶的边界。此外，对于顺时针和逆时针方向，在本实验中，集合 S 是 $\{-135°, 135°, -23°, 23°, -89°, 89°, 0°\}$。这些参数的被置是由先验知识得出的。起始状态分布 π 被设置为 $\{0.1, 0.1, 0.15, 0.2, 0.2, 0.1\}$。转移概率矩阵 A 见表8.2。观察符号概率分布 β，$\sigma = 2$。角点转换概率矩阵见表8.2。

表 8.2　角点转换概率矩阵表

特征角度	-135°	135°	-23°	23°	-89°	89°	0°
-135°	0	0	0.9	0	0	0	0.1
135°	0	0	0	0.9	0	0	0.1
-23°	0.35	0	0.2	0	0.35	0	0.1
23°	0	0.35	0	0.2	0	0.35	0.1
-89°	0	0	0.45	0	0.45	0	0.1
89°	0	0	0	0.45	0	0.45	0.1
0°	0.1	0.1	0.15	0.15	0.15	0.15	0.2

经过 Canny 检测器边缘提取后，较短的边缘被过滤掉，然后通过霍夫变换获得直线片段。角点转换序列 O 的分组轮廓与 $g(0)$ 的阈值设置为1。当然，还是有许多线段序列对应于相同的船舶。因此，一些序列是会超过阈值的。在图8.10~图8.12 的三组结果中，19，24 和 75 序列得到的 $g(0)$ 都超过阈值。这里展示了其中的（d）和（e）作为检测结果。标志在线段的端点附近，用来显示行的顺序。

(a)谷歌地球原始图像

(b)边缘图像

(c)检测的线段图像

(d)检测的地物边缘线段序列

(e)结果图像

图 8.10　谷歌地球图像样本一的检测过程与结果

(a)谷歌地球原始图像　　　　　　　(b)边缘图像　　　　　　　(c)检测的线段图像

(d)检测的地物边缘线段序列　　　　　　(e)结果图像

图8.11　谷歌地球图像样本二的检测过程与结果

(a)谷歌地球原始图像　　　　　　　(b)边缘图像　　　　　　　(c)检测的线段图像

(d)检测的地物边缘线段序列　　　　　　(e)结果图像

图8.12　谷歌地球图像样本三的检测过程与结果

　　表8.3～表8.5显示了图8.10～图8.12的转动角度（O）、转移概率（a_{ij}）和观察概率（b_{ij}）。表的最后一行显示$g(O)$的值。正如右列中所示，虽然有关对象的轮廓由于阴影丢失了一部分，但其边界的一部分可以被检测到。本章的实验结果表明，基于人造物体角点转换模型的方法能有效提高运动中的人工地物检测精度。

表8.3　谷歌地球图像样本一的转动角度、转移概率和观察概率

角点	O	a_{ij}	b_{ij}
1	−24°	0.15	0.855
2	−134°	0.35	0.956
3	−21°	0.9	0.748
4	−90°	0.35	0.882
5	−90°	0.45	0.882
$g(0)$		1.842	

表 8.4　谷歌地球图像样本二的转动角度、转移概率和观察概率

角点	O	a_{ij}	b_{ij}
1	92°	0.2	0.314
2	90°	0.45	0.821
3	18°	0.45	0.048
4	140°	0.35	0.012
5	21°	0.9	0.645
$g(0)$		1.039	

表 8.5　谷歌地球图像样本三的转动角度、转移概率和观察概率

角点	O	a_{ij}	b_{ij}
1	−91°	0.2	0.330
2	−88°	0.45	0.988
3	−19°	0.45	0.264
4	−135°	0.35	0.984
5	−24°	0.9	0.776
$g(0)$		1.647	

8.1.7　运动地物速度测算

多模态传感器不同波段的图像并非同时成像，而是存在一定的时间差。利用高速运动地物在多模态传感器图像多帧间的位移，可实现运动地物检测与速度测算。由于多模态传感器不同通道间成像间隔非常短，为提高运动地物检测（特别是速度检测）的精度，必须精确分析不同通道间运动地物的亚像元级位移。运动地物速度测算可以归结为多图像解混问题。解混可以分为单源解混合多源解混两种。单源解混即依靠图像本身信息对未知信息进行预测，多源解混即依靠其他来源信息对未知信息进行补充完善。本书提出利用高分辨率全色图像进行解混的方法。

目前的天基多模态传感器载荷通常有更高分辨率（通常为 3～5 倍）的全色图像同时成像。因此，可以基于全色图像的支持，利用更高分辨率的全色图像来确定地物边缘与背景的混叠程度，利用像元解混实现位移测算。

1）首先利用全色图像成像起始时间和积分时间，估算全色图像与多模态传感器图像成像时间的差。

2）对照全色图像对多模态传感器各图像解混，由于全色图像分辨率较高，该方法可以将解混像元精度提高到 1/4 像元。

3）计算地物移动速度。

地物在多模态传感器图像的像移多为亚像元级，每个像元位移对应的地物速度可达 500km/h。因此，像元解混的精度是提高地物速度检测精度的关键。全色图像空间分辨率

通常较高，利用全色图像包含的地物细部信息，引导分辨率较低的多模态传感器数据进行像元解混，可以获取较高的像元解混精度。本书利用全色高分辨率图像引导多模态传感器图像进行像元解混，精确测算多模态传感器帧间成像时间差，获取地物的运动速度。

1. 全色支持多通道解混算法

全色支持多通道解混算法可分为基于灰度的方法和基于特征的方法两种。基于灰度的方法是将全色与多模态传感器单一图像直接叠加，利用灰度信息实现解混。由于全色图像分辨率较高，可用来增加多模态传感器图像中单一像素的信息内容，为运动地物检测和速度测算提供更多、更为精准的信息。该方法通常对配准精度要求较为严格，对于同一平台的两种传感器要好一些，可以通过系统校正的方法来实现全色与线性插值后的多模态传感器单图像精确配准。

基于特征的方法主要是提取图像中的特征，比较全色与多模态传感器图像特征之间的相似性，然后进行特征合成。该方法需要对特征赋予语义概念，得到地物的原始特性，把语义含义映射到传感数据的空间域，建立原始特征和联合特征。此外，还可以对来自于全色和多模态传感器图像的信息进行逻辑推理和统计，对于通道间图像灰度响应差异大的区域尤为合适。

目前的方法以基于灰度的全色支持解混方法为主，如比值和加权法，高通滤波法，强度、色相、饱和度（intensity hue saturation，IHS）变换法，主成分分析（principal component analysis，PCA）法等。其中 IHS 变换法主要基于多模态传感器图像的 RGB 通道空间变换。该方法在 RGB 空间域中研究多模态传感器图像，并对它进行 IHS 变换，分别得到亮度通道、色调通道和饱和度通道。接下来用全色图像替代亮度通道 I，再进行 IHS 的逆变换，从 IHS 空间变换到 RGB 空间，从而得到解混后的图像。这种方法实现原理简单，但存在两方面的问题：首先，只适用于 3 个通道的图像；其次，虽然用全色图像直接代替了亮度通道，但是色调通道和饱和度通道仍是原多模态传感器的信息的简单采样，这必然导致空间细节上的损失。

PCA 法是先将多模态传感器的每个像素看作是一个多维向量，对其进行统计成分分析，得到投影向量，再将多模态传感器图像在这些投影向量上进行投影，在主成分投影的值保留了图像大部分信息。然后用全色图像替换主成分图像，之后进行相应的反变换可以得到结果图像。虽然这种方法可以进行任意波段图像处理，但很难保持原多模态传感器的谱段信息，而且也损失了一部分空间的细部信息内容。

通过对已有方法进行分析发现，分辨率增强本身就是一个病态问题，其本质是成像过程中信息出现丢失，本书认为从补充信息量的角度能较好地解决分辨率增强的问题。

现有的解混方法有很多，如 IHS 变换法、PCA 法和小波等方法虽然取得了一定成效，但它们都不能在解混效果和灰度量化位数上同时达到最优。

利用全色图像就是要引入空间细部信息内容，那么图像的梯度可以反映这些空间细部信息内容，以梯度场的形式引导图像插值。

Perez 等的方法就是将解混转化为求解 Dirichlet 边界约束的 Poisson 方程，来实现全色图像支持下的多模态传感器图像通道数据解混。

Poisson 方程中 x，y 方向的梯度还不足以保持全色图像的细部信息内容，应考虑更多方面的细部信息内容；其次，结果图像在边界域上等于多模态传感器图像这个约束条件过于严格。

基于上述两点问题，本书提出了一种基于图像异向梯度加权的全色支持多模态传感器解混算法。

融合算法具体如下。

1）设 h_1，h_2，h_3，h_4 分别为 x，y，xy，yx 方向的梯度滤波算子，那么保持全色图像细节的地物函数为

$$L_1(f) = \sum_{i=1}^{4} |h_i f - h_i g|^2$$

2）对于多模态传感器图像 h 中的任意一点 p，它对应的融合后的一个局部区域为 N_p。

$$\sum_{q \in N_p} w(p, q) f(q) \Leftrightarrow h(p)$$

$$w(p, q) > 0, \quad \sum_{q \in N_p} w(p, q) = 1。$$

地物函数为

$$L_2(f) = |Df - h|^2$$

式中，D 为加权下的采样操作算子。

以上算法不仅能很好地保持高空间分辨率全色图像的细部信息和多模态传感器图像的多通道信息，而且计算速度快，适用于运动地物检测需求。

2. 运动地物速度测算

一方面利用多方向梯度算子来保持全色图像的细部信息内容，另一方面通过加权采样来保持 MS-CCD 图像的颜色信息。

设包含运动地物的 MS-CCD 图像为 h，高空间分辨率全色图像为 g，结果图像为 f，令 R^2 上的封闭子集 S 为一个图像定义域，Ω 为 Ω 上的采样填充点集合，在除去 Ω 集合的 S 区域上，Poisson 方法就是要得到以下最小化问题的求解：

$$\min_f \iint_{\frac{S}{\Omega}} \|\nabla f - \nabla g\|^2, \quad s \cdot t \cdot f|_\Omega = h'|_\Omega$$

这里 $\nabla = \left[\dfrac{\partial}{\partial x}, \dfrac{\partial}{\partial y}\right]$ 是偏微分算子。

算法具体如下。

1）设 h_1，h_2，h_3，h_4 分别为 x，y，xy，yx 方向的梯度滤波算子，那么保持全色图像细节的地物函数为

$$L_1(f) = \sum_{i=1}^{4} |h_i f - h_i g|^2$$

通过最小化上式地物函数，使得结果图像尽可能保持全色图像的细部信息内容，这里较之 Poisson 方法考虑了多方向的梯度，因此，更为有效。

2）对于 MS-CCD 图像 h 中的任意一点 P，它对应的结果图的一个局部区域为 N_p，假

设结果图像 f 在这个局部窗口区域内像素的加权平均值等于 MS-CCD 图像中的点 p 的通道值:

$$\sum_{q \in N_p} w(p, q) f(q) \Leftrightarrow h(p)$$

$$w(p, q) > 0, \quad \sum_{q \in N_p} w(p, q) > 0。$$

通过邻域加权平均的方式考虑到了邻域的通道信息, 更能有效地保持 MS-CCD 图像各个通道的信息。其函数为

$$L_2(f) = \mid Df - h \mid^2$$

式中, D 为加权下的采样操作算子。

3) 为了同时保持全色图像的细部信息内容和 MS-CCD 图像的通道信息, 需要最小化如下地物函数:

$$L(f) = L_1(f) + \lambda L_2(f)$$

4) 综上可得

运动地物速度 $v = \sum_{i=1}^{n} \frac{\mid (T(f)_i - T(f)_{i+1}) \mid}{n}$

式中, $T(f)_i$ 为运动地物在通道 i 中的位置。

8.1.8　动画遥感图像

为了在快速显示大数据量图像的同时, 能够将地物运动信息添加到图像中, 并便于显示, 定义了一种遥感影像格式。该格式采用双文件的形式, 包含数据文件部分(以 DAT 为文件后缀名)和头文件部分(以 H 为文件后缀名)。数据文件部分以 64×64 为一块, 采用分块存储技术存储遥感影像的数据部分; 头文件部分则是以文本文件的形式对遥感图像的基本信息进行说明。下面对头文件部分和数据文件部分进行详细的说明。

头文件以文本文件的形式保存图像的基本信息。这些基本信息包括波段数、像素存储类型、图像的长度和宽度、分块存储的块高和块宽、缩放比的大小、每个波段的最大值和最小值, 以及每个波段的波长。

图像类型有两种, 一种是动画遥感图像, 另一种是原始图像。动画遥感图像在文本项目件中用 CLASSIFIED 表示, 原始图像在文本文件中用 ORIGINAL 表示。像素的存储类型有 5 种, 支持 UNSIGNEDCHAR、INT16、INT32、FLOAT 和 DOUBLE 类型。

缩放比是为了让用户在打开遥感图像的时候能够快速一览图像的全貌而引入的。如果遥感影像的大小小于用户的显示器屏幕, 则缩放比为−1, 否则为一个数值, 该数值表示要让整个遥感图像在一个显示器屏幕上显示, 长度和宽度应该缩小多少。

为了便于理解, 现举例如下。

图像类型: ORIGINAL

行数: 570

列数: 348

像素类型: INT16

图像通道数：1000
每块宽度：64
每块高度：64
预览放缩倍数：−1
最大最小灰度值：

由上面的例子可知，该图像表示的是，如果是动画遥感图像，其头文件内容与上面有些不一样，动画遥感图像的头文件内容举例如下。

图像类型：CLASSIFIED
行数：570
列数：348
像素类型：CHAR
波段数：1
每块宽度：64
每块高度：64
预览放缩倍数：0.000000
最大最小灰度值：
地物动向信息：
0
986895⋯

以上便是对自定义格式文件的文本项目件的部分说明，现在对数据部分的分块存储结构进行说明。

图像的数据部分，如果缩放比为 0.0 的话，那么该部分只是由原始数据组成。否则，数据部分还包括缩略图。部分原始数据采用分块存储的方式存储，而缩略图则是按行存储。

通常图像的保存格式都是按行保存，显示时都是将整幅图像一次性读入内存。按这种方式显示小图像不会出现什么问题。但是如果要显示的是一副 20000×20000 的图像，会发现显示很慢，有的甚至会出现内存不足的警告信息。由于遥感图像都是比较大的图像，为了能够有很好的显示性能，采用分块存储的格式来存储数据部分，这样在显示原始图像时，只需要将有必要显示部分的块读入内存，而不是整幅图像读入，很好地提高了显示性能。

图 8.13 所示是一幅长为 272，宽为 208 的图像。分块保存时，横向为 5 块，纵向为 4 块。第一大行到第三大行，每一大行的前四块都是按 64×64 保存，最后一块按横向 16（272 除以 64 所得的余数）纵向 64 保存。最后一大行，前 4 小块，每一块横向按 64 保存，纵向按 16（208 除以 64 所得的余数）保存，最后一小块按横向 64 纵向 64 来保存。

这种格式的文件先将第一大行的第一块保存，然后是第一大行的第 2 块，依次将第一大行保存完毕，然后第二大行按相同顺序保存，直到该波段数据保存完毕。依次将每个波段的数据按这种方式进行保存。图 8.14 是动画遥感图的实例。

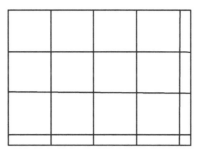

图 8.13　动画/动态遥感图分块示意图

(a)第一帧

(b)最后一帧

图 8.14　动画遥感图范例

8.1.9　总结与展望

本节研究利用多模态传感器图像高速运动地物速度检测的方法。利用多模态传感器图像波段间的成像时间间隔,通过高分辨率全色图像引导进行多模态传感器图像像元分解,突破地物高分辨率全色图像运动模糊消除等关键技术,获取地物的运动速度。

近年来,从我国卫星数据库中开展了大规模的筛选和排查,最终获取一批捕获到高速运动地物的数据,并针对其中具有代表性的数据进行了实验。一是在平静和复杂海况条件下,对海面上空飞行的飞机进行了检测实验,实验结果证明了该方法的有效性;二是发现了带有尾迹的飞机,拟对利用烟羽扩散模型的飞机速度计算方法展开研究,可以与本节所用方法相互印证;三是对利用飞机阴影色差进行运动地物速度测算的方法展开了尝试。由于数据来源的限制,以下列举的均为谷歌地球获取的数据。由于谷歌地球获取数据通道间图像已经混合,而且无法准确掌握帧间成像时差,以下图像为示意图像,无法进行准确速度计算。通过实际应用试验，得出以下结论。

（1）本节所提方法对平静和复杂海面背景上的高速飞机适用性良好

其中一个案例为位于大洋中央的波音 737 飞机，根据其位置判断出 800km/h 左右的正常巡航速度。在对多模态传感器图像降噪、配准后，利用本节方法即可实现运动地物检测。由于背景均匀，检测结果无虚警。同时在像元解混的基础上对该飞机速度进行测算，得到的结果为 940km/h，误差约为 14.8%。该精度可以满足地物运动速度估算的需要，在后续工作中将继续优化像元解混算法，进一步提升速度测算的精度。

另一个案例为大连国际机场附近的飞机，在对暗弱信息增强之后，检测效果较好，如图 8.15 所示。

(a)原始图像　　　　　　　　　　　　　　　　(b)检测结果

图 8.15　海面背景下的飞机运动地物

（2）对简单背景下的飞机地物检测同样适用

如图 8.16 所示，图中飞机正在起飞，可以清楚地看到飞机阴影因高速运动形成的色差。用本章方法可以得出该飞机的运动速度约为 145km/h，该速度远低于波音 737 飞机的

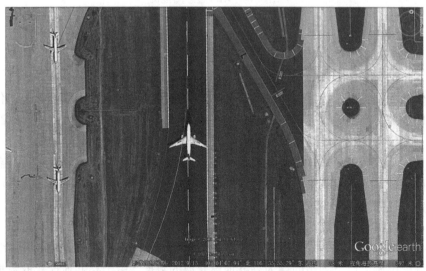

图 8.16　跑道背景下的飞机运动地物

296km/h 的起飞速度（V_1 速度），说明飞机还在加速滑行。

图 8.17 为谷歌地球中的另一案例，飞机起飞形成的色差清晰可见。

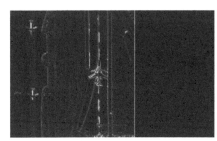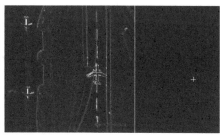

图 8.17　检测结果

图 8.18 和图 8.19 中的飞机背景也比较简单，同时图像分辨率较高，边缘清晰，检测精度较高。直接利用帧间相差法也可以实现检测，但虚警率难以降低。

图 8.18　跑道背景下的飞机运动地物

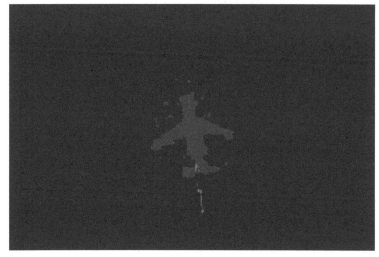

图 8.19　运动地物检测结果

如果利用先验知识对地物大小加以限制，可进一步滤除虚警。

（3）复杂背景下的运动地物检测虚警率较高

复杂背景下的运动地物检测受到的干扰严重，虽然目视可见明显色差，但虚警率较高，需要进一步改进和优化方法，如图 8.20 ~ 图 8.22 所示。

图 8.20　房屋背景下的飞机运动地物

图 8.21　庄稼背景下的飞机运动地物

图 8.21 中飞机尾翼色差恰好被机翼覆盖，而且色差微弱，直接影响了检测结果。

图 8.22 中飞机色差被阴影干扰，造成对地物色差边缘的误判，也会降低地物检测率。

（4）带尾迹的飞机可以用于对速度精度进行验证

部分飞机同时存在色差和尾迹烟羽扩散现象。飞机的尾迹烟羽扩散速度可以用烟羽扩散模型精确测算。因此，可对本节速度计算方法的精度进行精确评价。拟在后续工作中，针对尾迹烟羽扩散现象开展速度分析方法研究，与本方法相互印证。

图 8.22　阴影干扰的飞机运动地物

（5）国外载荷有望实现低速运动地物探测

图 8.23 为谷歌地球提供的 2012 年 9 月 15 日清华大学附近的多模态传感器与全色图像融合影像。影像分辨率应该在 0.3m 左右。中央为清华大学主楼，右侧道路为清华东路，清华东路上红绿灯处已经开始拥堵，车辆排成一排；红绿灯北部约 2km 处道路依然畅通，车辆在高速行驶，根据平时的经验，车速不会超过 100km/h。

图 8.23　2012 年 9 月 15 日清华大学遥感图像（谷歌地球）

图 8.24 为静止车辆的多模态传感器图像。图 8.24（a）为清华大学停车场，停止中的车辆在图像中没有色差现象；图 8.24（b）为清华东路上拥堵的车辆，同样没有色差现象。

图 8.25 为运动中车辆的多模态传感器图像，途中可见相向而行的车辆前端均存在明显色差。

(a)停车场　　　　　　　　　　　　　　　(b)清华东路(拥堵)

图 8.24　静止车辆图像

(a)清华东路(畅通)　　　　　　　　　　　(b)北四环(畅通)

图 8.25　运动中的车辆

图 8.25（a）为清华东路红绿灯北部约 2km 处的图像，车辆行驶畅通，车辆前部均出现了明显色差；图 8.25（b）为北京北四环上高速行驶的车辆，同样出现了色差，同时相向而行的车辆色差形成位置不同，均位于车辆前方，进一步证明该色差现象与行驶方向有关，与阴影、太阳高速角等其他因素无关。

清华东路上车辆鲜有超过 100km/h 的速度，根据经验，平时的速度平均为 60km/h 左右。因此，可以判断国外多模态传感器卫星多通道之间、多模态传感器与全色之间成像时差较大，可探测的地物速度要求更低，适用地物更加广泛。虽然能观测到色差现象，但低速地物面积小，会形成色差模糊，目前本方法尚不能对该类地物进行运动检测。

8.2　多模态遥感图像运动地物跟踪

8.2.1　相关技术现状

地物跟踪技术是视频图像分析的一个关键技术，在安全监控、辅助驾驶、运动分析和视频压缩等领域中有着广泛的应用。近年来，大多数方法是基于地物表面特征的跟踪，即首先在每帧图像中寻找与地物表面模型最相似的区域，然后在下一帧图像中寻找地物位置，一般利用全局的搜索方法总能找到地物。整个跟踪过程要求能够实时地跟踪视频场中的运动地物，而被跟踪的地物常常由于运动速度快、变形、周围环境干扰等各种因素的影响，要获得较好的实时性是比较困难的。

地物跟踪时，地物本身和地物所处的环境都会影响到地物跟踪算法的性能，如地物大小是否变化，地物形态是否变化，背景是否复杂，运动是平缓还是剧烈，摄像机是否运动等。根据不同的情况，众多研究人员已经提出了多种不同的跟踪算法。这些算法主要分为基于模型的方法、基于区域的方法、基于特征的方法和基于变形模板的方法四类。这些方法都有各自的优点和缺点，在特定的场景下可以获得较好的跟踪效果。

1. 基于均值漂移的地物跟踪算法

基于均值漂移的地物跟踪算法是一种基于特征的运动地物跟踪方法。是由 Fukunaga 等在 20 世纪 70 年代首先提出的一种非参数概率密度梯度估计算法，但是迟迟没有得到应用，直到 20 世纪 90 年代中期，Cheng 改进了基于均值漂移的地物跟踪算法中最重要的部分——核函数及权重函数，并将其应用于聚类和全局最优化，才扩大了基于均值漂移的地物跟踪算法的适用范围。由于基于均值漂移的地物跟踪算法完全依靠特征空间中的样本点进行分析，不需要任何先验知识，收敛速度快，近年来被广泛应用于图像分割和跟踪等领域。

该算法的基本思想是，通过反复迭代搜索特征空间中样本点最密集的区域，搜索点沿着样本密度增加的方向漂移到局部密度最大值。基于均值漂移的地物跟踪算法原理简单、迭代效率高，但是迭代过程中搜索区域的大小对算法的准确性和效率有很大的影响。

基于均值漂移的地物跟踪算是一种基于非参数的核密度估计理论，是在概率空间中求解概率密度极值的优化算法，通过对地物点赋大权值，对非地物点赋小权值，使地物区域成为密度极值区，从而将地物跟踪与均值漂移算法联系起来。均值漂移向量的方向和密度梯度估计的方向一致，使跟踪窗向密度增大最大的方向漂移，并且它的大小和密度估计成反比，是一种变步长的跟踪算法。

2. 基于卡尔曼滤波的地物跟踪算法

1960 年匈牙利数学家 Rudolf Emil Kalman 发表了他著名的用递归方法解决离散数据线性滤波问题的论文。从那以后，得益于数字计算技术的进步，卡尔曼滤波器成为推广研究和应用的主题，尤其是在自主或协助导航领域。

卡尔曼滤波器由一系列递归数学公式描述。它们提供了一种高效可计算的方法来估计过程的状态，并使估计均方误差最小。卡尔曼滤波器应用广泛，并且功能强大，它可以估计信号的过去和当前状态，甚至能估计将来的状态，即使并不知道模型的确切性质。

卡尔曼滤波器是一个对动态系统的状态序列进行线性最小方差估计的算法，具有计算量小，可实时计算的特点，通常被用来对跟踪地物运动状态进行预测，可以减少搜索区域的大小，提高跟踪的实时性和准确性。基于均值漂移的地物跟踪算法作为一种高效的匹配算法，已经被成功运用到地物跟踪领域。该算法利用梯度优化实现快速地物定位，能够对非刚体地物进行实时跟踪，对地物的变形、旋转等有较好的适用性，但是当周围场景存在干扰时，仅使用均值漂移算法容易造成地物丢失。在跟踪地物被严重遮挡或干扰时，基于均值漂移的地物跟踪算法无法跟踪地物时，卡尔曼滤波能够较好地预测地物的速度和位置。

卡尔曼滤波器是一个最优化自回归数据处理算法。它的广泛应用已经超过 30 年，包括机器人导航、控制、传感器数据融合等。近年来其更被应用于计算机图像处理，如头脸识别、图像分割、图像边缘检测等。

3. 基于特征的地物跟踪算法

基于特征的地物跟踪方法是指根据地物的一些有用特征信息，利用某种匹配算法在序列图像中寻找地物，进而跟踪运动地物。该算法的实现通常分为三步：第一步，根据地物检测结果抽取地物的显著特征，如拐角、边界、有明显标记的区域、颜色等；第二步，在连续帧图像上寻找特征点的对应关系，也称为特征匹配；第三步，根据某种相似性度量方法，确定当前帧中地物的最佳位置。

区域特征是最常用的匹配特征之一。区域特征包括地物区域信息、边缘信息、灰度分布信息、纹理特征等，其包含了大量的地物信息，因此，能在一定程度上排除背景干扰，但计算量也很大。基于特征的地物跟踪算法非常适合室外地物跟踪，其最典型的算法是模板相关匹配算法。颜色、直方图和最小外接矩形框也是常用的跟踪特征。

8.2.2　运动地物跟踪

自适应预测滤波和数据关联是地物跟踪的两个关键部分。

1. 自适应预测滤波

目前常用的状态预测算法有以下几种。

（1）卡尔曼滤波器

其优点在于，当地物的运动符合一定的假定时，采用卡尔曼滤波技术可获得最佳估计，不足之处在于，地物做机动飞行时，滤波可能会出现严重的发散。

卡尔曼滤波过程实际上是获取维纳解的递推运算过程，这一过程从某个初始状态启动，经过迭代运算，最终到达稳定状态，即维纳滤波状态。设有随机动态系统，它的数学模型和有关随机向量的统计性质如下：

$$x(k+1) = \Phi(k+1, k)x(k) + \Gamma(k+1, k)w(k), \ k \geq 0$$
$$z(k+1) = H(k+1)x(k+1) + v(k+1), \ k \geq 0$$

式中，x 为系统状态向量；z 为系统观测向量；w 为系统噪声向量；v 为观测噪声向量；假定系统噪声 $\{w(k), k \geq 0\}$ 和观测噪声 $\{v(k), k \geq 0\}$ 是不相关的零均值高斯白噪声，其方差分别为 $Q(k)$ 和 $R(k)$，初始状态向量 $x(0)$ 为高斯随机向量，方差为 $P(0)$。根据获得的量测信息对系统进行状态估计的卡尔曼滤波算法如下：

滤波方程：

$$\widehat{x}(k+1) = \widehat{x}(k+1 \mid k) + K(k+1)\left[z(k+1) - \widehat{z}(k+1 \mid k)\right]$$

预测方程：

$$\widehat{x}(k+1 \mid k) = \widehat{\varPhi}(k+1, k)\,\widehat{x}(k)$$

$$\widehat{z}(k+1 \mid k) = H(k+1)\,\widehat{x}(k+1 \mid k)$$

增益矩阵：

$$K(k+1) = P(K+1 \mid k)\,H^{\mathrm{T}}(k+1)\left[H(k+1)P(k+1 \mid k)H^{\mathrm{T}}(k+1) + R(k+1)\right]^{-1}$$

预测误差协方差阵：

$$P(K+1 \mid k) = \varPhi(k+1, k)\,P(k)\varPhi^{\mathrm{T}}(k+1, k) + \varGamma(k+1, k)Q(k)\varGamma^{\mathrm{T}}(k+1, k)$$

滤波误差协方差阵：

$$P(k+1) = \left[I_{mx} - K(k+1)H(k+1)\right]P(k+1 \mid k)$$

初值算法：

$$\widehat{x}(0) = E_x(0), \quad P(0) = \mathrm{var}\,x(0)$$

（2）α-β 滤波器和 α-β-γ 滤波器

其优点是简单且易于工程实现，增益矩阵可以离线计算；其缺点是都是常增益滤波器，仅适用于稳态且增益矩阵值都较小的情况。

（3）单模型法（single mode）

其优点是在跟踪过程中一次仅使用一个地物轨迹运动学模型，计算量较小；其缺点是是否精确依赖于探测器的精度，在实际中受到了很大的限制。

（4）多模型法（multi model）

其优点是多个运动模型并行使用，跟踪精度获得了提高；其缺点是可能的系统模式序列（假设）随着时间指数增长，只能实现理论最优，很难应用到工程项目中。目前在机动地物跟踪领域使用较多的是交互多模型算法，它被认为是迄今为止最为有效的多模型方法。

2. 传统的数据关联方法

在各种各样的数据融合地物跟踪系统中，所涉及的数据融合技术主要是航迹/航迹融合（相关），即利用来自于多传感器的量测数据形成可能的航迹，并判断两个来自于不同系统的航迹是否来自于同一地物，其中相关算法是该技术的核心。数据关联是多地物跟踪技术中最重要，也是最困难的问题。近几十年来，人们提出了许多数据关联方法，如最近邻域法、似然比检验法、极大似然法、多元假设法等，但这些算法在密集环境下，或在交叉、分叉及机动航迹较多的场合，将导致错、漏航迹相关。1980 年 Bar-Shalom 提出了联合概率数据关联（JPDA）方法，通过计算后验概率并组合它们，得出状态估计，来解决多量测值与多航迹的关联问题。JPDA 在密集回波环境下跟踪多地物所表现出来的优良性能一经提出便引起了极大的重视。地物的高度机动，同时在密集回波和多干扰环境下，所需检测的地物信号被淹没在大量的噪声和杂波中。因此，采用传统的跟踪算法进行数据关联时，计算量急剧上升，出现了"组合爆炸"问题。20 世纪 80 年代以后，国内外学者提出了神经联合概率数据互联（NJPDA）法，用神经网络求解关联概率，在一定程度上缓解了"组合爆炸"问题。

从本质上讲，多地物跟踪的数据关联问题可以看作是一种 NP-hard 问题。近年来其他智能技术也被应用到航迹关联中，如模糊数据关联法，采用模糊综合函数来描述航迹之间的相似测度，作为航迹相关的准则。还有些学者提出了基于遗传算法的多传感器多地物数据关联法，其目的都是降低机动多地物跟踪的计算量，提高跟踪的精度。同时，研究发现，地杂波、海杂波具有混沌形特性。因此，利用混沌滤波器和杂波噪声的混沌特征，将有助于提高地物回波信噪比和发现概率，这对雷达地物参数估计和特征提取具有重要的意义。经过混沌滤波器处理后，利用获取的有关地物的特征数据等信息来实现多地物关联跟踪的方法，将有助于降低数据关联过程中的计算量和提高关联的正确概率。另外，利用混沌进行随机寻优，将其与神经网络、遗传算法等相结合，寻求全局优化搜索算法，以解决神经网络容易陷入局部极小点的缺点，必将可以提高数据关联的正确率。理论上已经证明，概率数据互联（PDA）算法是处理观测源不确定性的有效的贝叶斯方法，可用于杂波环境下的地物跟踪。将 PDA 算法与机动地物跟踪方法结合起来，如交互式的多模型（IMM）算法和 PDA 算法相结合的 IMM-PDA 算法，以及和最大似然估计方法结合得到的 ML-PD 算法；将自举多模型滤波（BMM）法和 PDA 数据关联法结合起来，得到综合的 BMM-PDA 算法，来有效地跟踪非线性机动地物。

跟踪是计算机视觉领域的一项重要工作，它遵循地物跟踪的一般原理，不过其也有自身的特点。在一般的基于雷达信号的跟踪过程中，地物较小，因此，只能够使用能量的形式来识别并跟踪地物；而在图像跟踪过程中，除了使用能量的形式来定义一个跟踪地物以外，还可以采用纹理、色彩、边缘特征等来分析并跟踪地物，因此，图像跟踪的精度较一般地物高。图像跟踪是地物跟踪的一种特例。在这一过程中，除了需要对地物的运动特性进行估计以外，大量而复杂的工作在于运动地物的提取、识别等方面。

针对图像数据特点（尤其是红外图像），有一些特殊的跟踪处理方法。一个典型的基于图像的跟踪器主要由以下算法构成。

1）图像预处理；

2）跟踪门设计；

3）跟踪门图像像素处理，获取地物位置量测；

4）地物位置预测；

5）图像处理及跟踪参数选择；

6）跟踪模式控制。

图像早期的跟踪算法主要是边缘跟踪算法和形心跟踪算法，其后又发展了相关匹配跟踪算法和特征匹配跟踪算法。边缘跟踪算法是最简单的算法之一，边缘跟踪选择地物的边缘点（上、下、左、右）作为瞄准跟踪点，能在跟踪窗口对该瞄准点进行跟踪，并计算出跟踪误差。边缘跟踪算法的思路是，首先用边缘检测算子检测出地物图像的边缘，常用的边缘检测算子有基于一阶微分的边缘检测算子和二阶微分算子，边缘点分别对应于一阶微分幅度大的点和对应于二阶微分的零交叉点；然后选定地物边界的上、下、左、右等边界中的一个作为跟踪点，使跟踪波门套住其中的某一个，以抑制地物或背景的其余部分。边缘跟踪算法是一种简便的算法，这种跟踪算法适合大型地物的跟踪。仅采用单一的数据点用来定位，很容易受任何随机噪声的干扰，所以精度低。

形心跟踪算法与边缘跟踪算法类似，形心跟踪算法可以分为两个部分：将灰度图像分割成二值图像和计算二值图像的形心。图像分割的好坏直接影响到跟踪性能的好坏。因此，形心跟踪算法的关键是阈值的选取，这也是许多年来图像处理研究者一直关注的问题，已经提出了多种阈值选取方法，但是要找到适用于各种图像的阈值分割方法还很困难。由于分割后的二值图像上难免会有一些背景错分为地物的杂散点，这些杂散点的存在会影响真正地物形心的位置，造成跟踪点的偏移，甚至导致跟踪失败。在实际使用形心跟踪算法时，还必须对分割后的二值图像进行地物标记。

形心跟踪算法计算简单快捷，比较适合简单背景模式下的地物跟踪，如空中地物、海上地物等，不论是速度还是精度都能达到要求；但在复杂背景下，特别是在对地面地物跟踪中，地物的提取有一定的困难，跟踪性能会有所下降。

相关匹配跟踪算法是继边缘跟踪算法和形心跟踪算法之后一种较早受到人们关注的跟踪算法，对相关匹配跟踪算法的研究早在 20 世纪 60 年代就已经开始，在计算机技术和大规模集成电路得到发展之后，其方法不断得到改进，实用性不断得到提高，已成为目前光电成像系统对运动和静止地物跟踪的基本手段。相关匹配跟踪算法是在图像序列中根据模板与子图像的匹配程度，按照某种准则检测出地物及其所处的位置，实现对地物的实时跟踪。常用的算法有积相关算法、差分相关算法和序贯相似检测算法三种。图像相关匹配跟踪算法克服了对比度跟踪算法和形心跟踪算法的某些弱点，突出之处是较好地解决了对在一定复杂背景下地物的跟踪问题，跟踪精度和抗干扰性能显著提高。同时，该方法不需要进行图像分割，而且依据灰度图像所进行的模板匹配进行跟踪。因此，相关匹配跟踪算法的实用性很强。但是它也有不少问题，主要问题是，由于视场和地物尺寸的差异，图像相关匹配的数据量和计算量很大。相关匹配的计算量取决于它寻找最佳匹配位置时采用的搜索策略，现有的方法大都采用遍历式搜索策略。相关匹配跟踪算法具有很好的识别能力，可以跟踪复杂背景中的地物，能有效地排除杂散红外光的干扰，能在低信噪比条件下提供较好的跟踪性能。其跟踪距离远，可靠性较高，是目前使用较为广泛的跟踪器。

特征匹配算法是当前发展的新方法，它通过提取地物图像的各种特征，如矩特征、傅里叶变换等，根据一定的判别准则来区分和识别不同的地物，由于这类方法的匹配过程是一个维数不大的特征向量。因此，与相关匹配跟踪算法相比，其匹配时间大大减少，另外，这些特征一般都具有大小、平移和旋转不变性，将其用于图像跟踪可以使问题大大简化，有利于全自动跟踪的实现。但此方法也存在两个问题。

1）图像分割是一个目前还未得到很好解决的难题，图像分割的好坏是决定此方法是否成功的关键。

2）特征量（如矩不变量）的计算量较大，还应研究特征量计算的快速算法。

常用的几种相关跟踪算法有：①积相关法或归一化互相关法（NCC）；②差分平方和相关法（SSD）；③差分绝对值和相关法（SAD）；④零均值差的平方和相关法（ZSSD）；⑤零均值差的绝对值和相关法（ZSAD）。

从计算量上进行比较，SSD 和 SAD 要优于其他相关方法，其中，SAD 的计算量最小。

从背景复杂度上进行比较，对于背景比较简单、平均灰度变化不大的情况，用 SSD 和 SAD 可获得较好的跟踪效果，但当平均灰度发生较大的变化时，用 SSD 和 SAD 效果不好，这时可以采用 ZSSD 和 ZSAD，而 NCC 对复杂背景跟踪效果较好。

从抗干扰性能上进行比较，对于各种类型的图像，NCC 均具有良好的抗干扰性，明显优于其他相关法。

从硬件可实现性上进行比较，用 NCC 和 SAD 可以简化算法的硬件结构，提高实时性。

经过比较可知，在综合性能上，NCC 要优于其他相关方法。

多假设跟踪算法（MHT）综合了"最近邻"方法和 JPDA 的优点，具有多地物跟踪、较高的抑制噪声、较强的抗数据丢失能力。然而其缺点在于，过多地依赖地物和杂波的先验信息，如已进入跟踪的地物数、虚警量测数、新地物量测数和地物密度等。虽然 MHT 给多地物跟踪带来了希望，然而，从理论上讲，MHT 所产生的假设的数目与虚警量、地物数，以及所处理的数据帧数呈指数关系，它的计算量使 MHT 的实时跟踪处理不大可能实现。为此，如何减小该算法的计算量，使得该算法可以实时应用，一直是跟踪专家研究的问题。

MHT 之所以具有多地物跟踪、较高的抑制噪声、较强的抗数据丢失能力，是因为当出现航迹分叉、交叉或数据丢失的情况时，算法并不急于分辨哪个航迹为真，哪个航迹为假，而是生成多种假设情况，待有足够的信息来判别真伪的时候才决定保留哪些航迹、删除哪些航迹。这些航迹真伪的评价指标就是航迹置信度。

MHT 是根据地物可能处在不同状态的概率，来构造不同的假设，随着探测时间的推移，在获得并处理越来越多的潜地物数据之后，可以删除那些不可能的假设，而只保留一个最接近真实情况的假设。同一假设的内部遵从内在一致性的原理，即在同一个假设内部，不可能有两个或更多的航迹共享同一个量测数据。这种假设对于高分辨率的探测器来说是成立的，因此，它大大降低了两个甚至更多的邻近地物被探测为一个地物的可能性。图 8.26 和图 8.27 分别为 MHT 流程示意图和仿真系统框图。

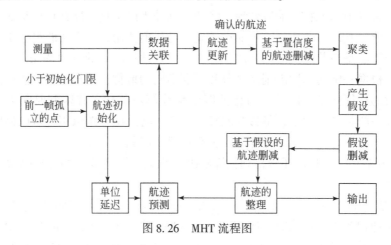

图 8.26　MHT 流程图

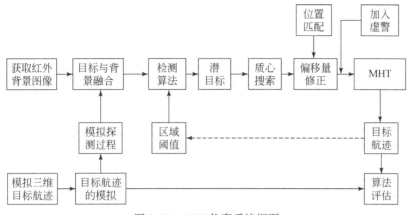

图 8.27　MHT 仿真系统框图

3. 基于属性特征的多假设跟踪关联算法

（1）属性特征建模

属性特征建模的目的是，建立地物属性特征的概率分布，对于特征来讲就是给出概率密度函数，对于属性来讲则是给出离散概率分布集合，给出的依据是已经掌握的地物本身的真实的属性和特征、传感器的误差特性，以及观测环境的统计特性。

对于地物特征进行建模，通常的做法是，将已经掌握的真实特征值作为均值，以传感器的观测误差方差作为方差，假定地物特征观测量服从正态概率分布。对于地物属性进行建模，一个合适的做法是，根据大量的实验结果，为每个特征的不同取值出现的可能性打分（0～1），然后对所有打分进行统计和归一化，以此表示该特征量不同取值出现的概率，接下来依此概率值进行计算。

（2）二维关联匹配

关联匹配的目的是减少数据关联的压力。关联算法中关联波门的选取通常依据地物运动模型对地物运动状态的预测及当前的预测误差方差而定。低时间分辨率下的关联问题缺少运动状态信息（速度和加速度等）的有效支持，因而在观测到航迹的匹配时，为了不漏掉地物的真实观测，算法将采用以地物运动极限能力为基础的关联波门，从而可能包括大量的虚警和来自其他地物的干扰观测，增加了关联的计算量和关联错误的风险性。事实上，被包括在关联波门内的许多观测通常在某些属性特征上与待关联航迹差异明显。因此，本节提出了设置空间位置关联波门和属性特征关联波门，对观测进行二维关联滤波。关联匹配时通常选取两类不同的波门，矩形关联波门和椭圆关联波门。

1）特征的关联波门计算

地物的特征与运动观测量类似，均为连续量，关联波门的求解方法与之相似。

2）属性的关联波门计算

已知一个基于当前观测的属性概率矢量和一个由先前观测得到的已知航迹的属性概率矢量，可以通过属性波门处理过程得到一个标量，这个标量就是属性似然函数。已知条件不同时，计算地物属性关联波门的方法也不同。在此不再详述。

3）关联匹配实现

首先，位置关联是必不可少的，此波门的设置根据地物的运动能力极限而定，以地物在观测时间间隔内的最大可通行距离作为关联波门；其次，考察一些使真实地物和虚警最易区分的属性特征，依据一定的加权方式得到一个合成量，根据经验选取特定值作为关联波门，目的在于将位置关联波门内可判定为虚警的观测立即删除；再次，选取最易区分出某类地物的属性特征，如果该地物的某一特征相对于其他一些地物和部分虚警而言极其明显，选取特定值作为关联波门，单纯依据此属性特征就有可能分离出部分差异明显的观测，把这些观测从该航迹的观测匹配群中移除。

（3）匹配概率的推导

$p(D_K \mid T_j)$ 表示在已知观测序列 D_K 属于航迹 T_j 的情况下观测 D_K 的条件概率密度函数，$P(T_j)$ 为 T_j 的先验概率，$P(D_K)$ 为 D_K 的概率密度函数。得到后验概率 $p(T_j \mid D_K)$：

$$P(T_j \mid D_K) = \frac{L_j(d_K)P(T_j \mid D_{K-1})}{L_j(d_K)P(T_j \mid D_{K-1}) + 1 - P(T_j \mid D_{K-1})}$$

式中，$L_j(d_K) = \dfrac{P(d_K \mid T_j)}{P(d_K \mid T_F)} = \dfrac{P_D^j \, p_{T_j}(d_K)}{P_{FA}^j \, p_{T_F}(d_K)}$，为似然比函数。为了方便，通常采用匹配得分的形式表示观测与航迹的匹配程度，匹配得分表示为

$$L_{LR}^j(K) = \lg\left[\frac{P(T_j / D_K)}{1 - P(T_j / D_K)}\right]$$

假定得到当前时刻的属性观测量 Y_k，待匹配航迹仍假定为 T_j，T_j 的前 $k-1$ 次属性观测量的集合为 Y_{k-1}，将 Y_{k-1} 和 Y_k 一起组成的属性观测集合定义为 Y_k，同样可以推导属性关联的匹配得分为

$$S_j(Kk) = \lg\left[\frac{P(T_j / D_K)}{1 - P(T_j / D_K)}\right]$$

综合地物的属性和特征，当前观测与待匹配航迹总的匹配得分为

$$L S_j(k) = L_{LR}^j(K) + S_j(k)$$

观测到已有航迹的匹配得分已经得到。算法在将每一个观测与已有航迹匹配的同时，又考虑其成为一条新航迹起始点的可能，为此，算法为每一个观测初始化一条航迹，新航迹的得分设为0，概率设为新增地物的概率。

（4）依据匹配得分管理航迹

根据经验，如果观测与航迹的匹配得分较低，表明这个匹配对成立的可能性较小；但是，通过以上方法计算得到的匹配得分没有考虑其他航迹的影响，观测与航迹的匹配得分较高，往往不能断定这个匹配对成立的可能性大，需要根据后来的步骤计算航迹的综合得分，才能确认正确的航迹。这里可以设定一个航迹删除波门，删除匹配得分较低的航迹，以便减少不必要的计算量。对于初始化的新航迹，不进行本步骤操作。

（5）航迹分群

航迹分群的目的是将直接或间接共享观测的多个航迹列在一起组成一个群，使得分属

于不同群的航迹满足一致性，算法接下来的各个步骤都限定在不同的群里，而不必考虑其他群内航迹的影响，这样可以保证在不影响关联结果的基础上，使算法的计算量大大减少，提高算法的实时性，降低算法对存储硬件的要求，而且观测数越多，效果越明显。需要注意的是，算法要根据航迹的新增或删除进行群的合并或分割。

（6）关联假设生成

假设的生成过程分别在不同的航迹群内完成。生成假设的目的是考虑冲突航迹的相互影响，获得一致的关联结果。

（7）决策生成与航迹管理

先前得到的观测与航迹的匹配得分仅考虑了该观测和航迹自身，而没有考虑其他观测和航迹的影响，尤其是对于一些虚假的航迹来说，因为关联了高分航迹中的观测而具有较高的航迹得分，如果仅依靠这些得分来确认航迹，则很可能产生虚假的关联结果。出于这种考虑，算法立足从全局的范围内考察关联的正确性，计算航迹的综合得分。

4. 基于 MSA 地物分类特征的群体地物关联方法

对于两幅图像规模相当的地物群来说，实现所有地物的一一对应是很困难的。究其原因，主要是：①现有地物的灰度不变特征只有一定的区分性，能够实现部分不同类型运动地物的分类，但是还不能做到一一识别，这就要求本研究继续寻找更完善的、具有强烈可分性的不变特征；②地物纹理变化、地物所在地表背景等成像因素。如果两幅光学遥感图像中相当数目的地物经过不变特征的对比，能够正确地实现一一对应，就认为地物群关联成功。

遍历模式距离矩阵的每一个元素，找到最小值，对其行和列序号进行记录，然后再分析它们在各自图像上的分类属性是否一致，如是否分类属性都是坦克，若是，则找到最相近的一组地物对应关系，然后将该行和该列清除，继续寻找下一组，直到全部寻找完毕，或者规定的数目结束。

对于地物的特征（模式），采用 KD-TREE 的查找方法，在 12 个地物的特征（模式）中寻找与之距离最近的对应关系（可一对多）。然后再在一对多的对应关系中取距离最小的，剩余的可以继续采用 KD-TREE 的查找方法，直至全部寻找完毕，或者规定的数目结束。

5. 运动地物状态估计

对运动地物进行跟踪时，采用卡尔曼滤波对地物的状态进行估计，从而得到地物的滤波值和估计值，在地物发生机动（变速、转向）的过程中，卡尔曼滤波的性能有所下降。对于非稳态的运动地物跟踪，可以采用 IMM 算法，通过对观测数据进行滤波和数据融合，以改善地物跟踪性能。IMM 算法的实质是，在全局跟踪过程中，对多个单独模型跟踪的估计值进行概率加权求和，从而得到一个最后的组合状态估计。其中模型有效的概率在状态和协方差组合中起加权的作用。用马尔可夫链实现不同模型的转换。IMM 算法是目前混合系统状态估计算法中，性能代价比最好的方法。IMM 算法从全局对状态滤波值进行混合，那么，在某些时刻或时段，IMM 算法的性能可能低于某个模型，但是经过混合之后，IMM 算法综合了不同传感器模型对地物状态值的估计，从全局角度而言，它的跟踪是最优的。

参 考 文 献

曹娟 . 2012. 基于 treelet 的遥感图像变化检测方法研究 . 西安电子科技大学硕士学位论文 .

陈浩 . 2010. 图像质量评价与复原系统研究 . 上海交通大学硕士学位论文 .

程燕 . 2007. 图像超分辨率重建关键技术的研究 . 上海交通大学博士学位论文 .

高媛媛 . 2005. 基于立体视觉的运动速度测量系统研究 . 中国科学技术大学硕士学位论文 .

郝鹏威 . 1997. 数字图像空间分辨率改善的方法研究 . 中国科学院遥感应用研究所博士学位论文 .

郝云彩, 杨秉新, 张国瑞 . 1999. 提高线阵 CCD 相机 MTF 的细分采样理论与方法 . 航天返回与遥感, 20 (2): 26-34.

贺贵明, 李凌娟, 贾振堂 . 2003. 一种快速的基于对称差分的视频分割算法 . 小型微型计算机系统, 24 (6): 966-968.

贺小军 . 2010. 空间 TDI CCD 相机在轨智能成像处理技术研究 . 中国科学院研究生院博士学位论文 .

胡国营, 周春平, 宫辉力, 等 . 2008. 超分辨率图像重建方法研究 . 地理与地理信息科学 (增刊), 21-35.

蒋斌 . 2006. 非常规采样及其图像恢复研究 . 南京理工大学硕士学位论文 .

李伟雄 . 2011. 高分辨率空间相机敏捷成像的像移补偿方法研究 . 中国科学院研究生院博士学位论文 .

李秀怡 . 2008. 基于数字图像频域特性的模糊图像盲复原算法研究 . 上海师范大学硕士学位论文 .

李亚斌, 宋丰华 . 2006. 基于 TDI-CCD 的红外焦平面探测技术 . 红外, 27 (9): 29-33.

刘长钦 . 2005. 基于生物视觉的运动感知模型研究与仿真 . 国防科学技术大学硕士学位论文 .

刘丹, 刘智, 孙伟, 等 . 2012. 卷帘式快门 CMOS 数字相机测速系统标定技术 . 吉林大学学报 (信息科学版), 30 (6): 622-628.

刘新平, 高英俊, 鲁昭, 等 . 1999a. 遥感器小型化技术研究 . 遥感技术与应用, 14 (3): 78-84.

刘新平, 高瞻, 邓年茂, 等 . 1999b. 面阵 CCD 作探测器的 "亚像元" 成像方法及实验 . 科学通报, 44 (15): 34-43.

刘兆军, 周峰, 阮宁娟, 等 . 2011. 一种光学遥感成像系统优化设计新方法研究 . 航天返回与遥感, 32 (2): 34-41.

马佳, 陈秀万 . 2001. 基于梅花采样的遥感图像重建方法研究 . 北京大学硕士学位论文 .

马佳, 周春平, 陈秀万 . 2001. 基于梅花采样的遥感图像重建方法研究 // 中国遥感奋进创新二十年学术研讨会论文集 .

马鹏飞, 杨金孝 . 2012. 基于光流法的粒子图像测速 . 科学技术与工程, 12 (11): 8583-8587.

孟希羲 . 2012. 基于图像配准的空间相机自动对焦Ⅶ . 浙江大学硕士学位论文 .

彭圣华, 孙映成 . 2011. 基于改进 IHS 变换的遥感图像融合新算法 . 成都大学学报 (自然科学版), 30 (4): 331-334.

曲宏松, 张叶, 金光 . 2010. 基于数字域 TDI 算法改进面阵 CMOS 图像传感器功能 . 光学精密工程, 18 (8): 1896-1903.

沈焕锋, 李平湘, 张良培 . 2006. 自适应正则 MAP 超分辨率重建方法 . 武汉大学学报 (信息科学版), 31 (11): 949-952.

谭兵 . 2004. 多帧图像空间分辨率增强技术研究 . 解放军信息工程大学博士学位论文 .

陶淑苹, 金光, 曲宏松, 等 . 2012a. 采用卷帘数字域 TDI 技术的 CMOS 成像系统设计 . 红外与激光工程, 4l (9): 2380-2385.

陶淑苹, 金光, 曲宏松, 等 . 2012b. 实现空间高分辨成像的数字域时间延迟积分 CMOS 相机设计及分析 . 光学学报, 32 (4): 1001-1009.

田兵兵. 2009. 图像超分辨率重建算法研究. 中国科技大学硕士学位论文.

田越, 杨晓月, 周春平, 等. 2001. 基于频域解混叠提高遥感图像空间分辨率方法研究//2001 年中国智能自动化学术会议论文集: 150-163.

王京萌, 张爱武, 孟宪刚, 等. 2014. 27°斜模式采样及其遥感图像复原研究. 测绘通报, 4: 139-142.

王京萌, 张爱武, 赵宁宁, 等. 2015. 斜采样的倾斜角度对采样产生混叠的影响及其与分辨率的关系. 吉林大学学报 (工学版), 45 (3): 953-960.

王静. 2012. 基于成像系统建模提高遥感图像分辨率方法研究. 南京理工大学博士学位论文.

王静, 周峰, 潘瑜, 等. 2011. 提高空间光学遥感器有效分辨率的方法研究. 航天返回与遥感, 4: 24-29.

王静, 徐丽燕, 夏德深. 2012a. 斜采样技术的混叠分析及分辨率计算. 电子学报, 40 (5): 1067-1072.

王静, 周峰, 潘瑜, 等. 2012b. 超模式斜采样遥感图像超分辨复原方法. 航天返回与遥感, 1: 60-66.

王颖. 2012. 基于局部学习的图像编辑算法研究. 中科院自动化所博士学位论文.

魏波. 2000. 点时空约束图像目标跟踪理论与实时实现技术研究. 电子科技大学硕士学位论文.

吴琼, 田越, 周春平, 等. 2008. 遥感图像超分辨率研究的现状和发展. 测绘科学, 33: 66-69.

武怀金, 王武江. 2012. 运动目标检测中的背景差分方法. 科学技术创新, (14): 70.

谢宁, 周春平, 时春雨. 2007. 可见光图像超分辨率技术评价方法研究//北京市遥感信息研究所第二届学术交流会论文集: 38-45.

徐光. 2011. 动态场景拼接技术的研究与实现. 重庆大学硕士学位论文.

徐杰. 2009. 提高星载成像传感器空间分辨率的方法研究. 西安电子科技大学硕士学位论文.

薛丽霞, 刘煌, 王佐成. 2013. 基于亮度直方图配准的运动地物检测算法. 计算机工程与应用, 49 (12): 148-150.

杨吉龙, 陈秀万, 周春平, 等. 2003. 基于对角线错位合成方法的超分辨率遥感图像重建. 地理与地理信息科学, 4: 124-135.

尹志达, 周春平. 2015. 超分辨率采样模式中的高模式和超模式对比研究. 首都师范大学学报 (自然科学版), 1: 77-80.

袁国武, 陈志强, 龚健, 等. 2013. 一种结合光流法与三帧差分法的运动目标检测算法. 小型微型计算机系统, 34 (3): 668-671.

袁小华, 刘春平, 夏德深. 2005. 基于小波内插的遥感图像超分辨率增强. 计算机工程与应用, 11: 53-54.

袁小华, 欧阳晓丽, 夏德深. 2006. 超分辨率图像恢复研究综述. 地理与地理信息科学, 22 (3): 5.

张洪艳, 沈焕锋, 张良培, 等. 2011. 基于最大后验估计的影像盲超分辨率重建方法. 计算机应用, 31 (5): 1209-1213.

张家轩, 王成儒. 2011. 基于边缘信息和时空马尔可夫模型的运动目标检测方法. 燕山大学学报, 35 (2): 124-129.

张丽红, 侯鲜桃, 王晓凯, 等. 2011. 一种新的超分辨率图像重建算法. 测试技术学报, 25 (2): 173-177.

张叶, 曲宏松, 王延杰. 2009. 运用旋转无关特征线实现景象匹配. 光学精密工程, 17 (7): 1759-1765.

张叶, 曲宏松, 李桂菊, 等. 2011. 采用 FMT 的实时景象匹配关键技术. 红外与激光工程, 40 (8): 1576-1580.

张玉欣, 刘宇, 葛文奇. 2010. 像移补偿技术的发展与展望. 中国光学与应用学, 3 (2): 112-118.

赵葆常, 杨建峰, 汶德胜, 等. 2011. 单镜头两视角同轨立体成像、TDI CCD 自推扫和速高比补偿——嫦娥二号 CCD 相机技术. 光学学报, 31 (9): 134-141.

赵宁宁, 张爱武, 王京萌, 等. 2014. 结合自适应倒易晶胞和 HMT 模型的斜采样遥感图像复原方法. 计算机辅助设计与图形学学报，（11）：1966-1973.

赵志彬，刘晶红. 2010. 图像功率谱的航空光电平台自动检焦设计. 光学学报，30（12）：3495-3500.

郑耿峰，张柯，韩双丽，等. 2010. 空间 TDICCD 相机动态成像地面检测系统的设计. 光学精密工程，18（3）：623-629.

郑小松，周春平，陈秀万. 2003. 超分辨率技术与遥感图像重建//提高卫星空间分辨率学术研讨会论文集：65-74.

郑钰辉，汤杨，陈强，等. 2009. 提高斜模式遥感图像有效分辨率的方法. 计算机辅助设计与图形学学报，21（2）：243-249.

周春平，田越等. 2002. 遥感卫星超分辨率研究与应用综述. 电子信息学术会议，6：21-34.

周春平，田越，季统凯，等. 2002. 一种提高 CCD 成像卫星空间分辨率的方法研究. 遥感学报，6（3）：179-182.

周春平，宫辉力，李小娟，等. 2009. 遥感图像 MTF 复原国内研究现状. 航天返回与遥感，30：14-23.

周峰，王怀义，陆春玲. 2004. 超模式采样在资源红外相机中的应用研究. 航天返回与遥感，25（1）：33-37.

周峰，王怀义，马文坡，等. 2005. 传输型光学遥感器斜模式采样新方法研究. 航天返回与遥感，26（3）：43-46.

周峰，王怀义，马文坡，等. 2006. 提高线阵采样式光学遥感器图像空间分辨率的新方法研究. 宇航学报，27（2）：227-232.

Akgun T, Altunbasak Y, Mersereau R M. 2005. Super-resolution reconstruction of hyperspectral images. IEEE Transactions on Image Processing, 14（11）：1860-1875.

Boyd S, Parikh N, Chu E, et al. 2011. Distributed optimization and statistical learning via the alternating direction method of multipliers. Foundations and Trends in Machine Learning, 3（1）：1-122.

Brouk I, Nemirovsky A, Alameh K, et al. 2010. Analysis of noise in CMOS image sensor based on a unified time-dependent approach. Solid State Electronics, 54：28-36.

Brox T, Malik J. 2011. Large displacement optical flow: descriptor matching in variational motion estimation. IEEE Transactions on Pattern Analysis and Machine Intelligence, 33（3）：500-513.

Buades A, Coll B, Morel J M. 2005. A review of image denoising algorithms, with a new one. Siam Journal on Multiscale Modeling & Simulation, 4（2）：490-530.

Chan R H, Dong Y, Hintermuller M. 2010. An efficient two-phase L1-TV method for restoring blurred images with impulse noise. Trans Img Proc, 19（7）：1731-1739.

Chan T F, Wong C K. 1998. Total variation blind deconvolution. IEEE Transactions on Image Processing, 7（3）：370-375.

Chen L, Yap K. 2004. Identification of blur support size in blind image deconvolution. ICICS-PCM, Singapore, IEEE.

Chen L, Yap K. 2006. Efficient discrete spatial techniques for blur support identification in blind image deconvolution. IEEE Transactions on Signal Processing, 54（4）：1557-1562.

Choi T. 2002. IKONOS satellite on orbit modulation transfer function（MTF）measurement using edge and pulse-method. Master of Science Thesis, South Dakota State University.

Djite I, Estribeau M, Magnan P, et al. 2012. Theoretical models of modulation transfer function, quantum efficiency, and crosstalk for CCD and CMOS image sensors. IEEE Transactions on Electron Devices, 59（3）：729-737.

Elad M, Feuer A. 1997. Restoration of a single superresolution image from several blurred, noisy, and undersampled measured images. IEEE Transactions on Image Processing, 6 (12): 1646-1658.

Elgammal A, Duraiswami R, Harwood D, et al. 2002. Background and foreground modeling using nonparametric kernel density for visual surveillance. Proceedings of the IEEE, 90 (7): 1151-1163.

Fan C, Li G, Tao C. 2015. Slant edge method for point spread function estimation. Applied Optics, 54 (13): 4097-4103.

Gennery D. 1973. Determination of optical transferfunction by inspection of frequency-domain plot. JOSA, 63 (12): 1571-1577.

Hardie R C, Barnard K J, Armstrong E E. 1997. Joint MAP registration and high-resolution image estimation using a sequence of undersampled images. IEEE Transactions on Image Processing, 6 (12): 1621-1633.

Hardie R C, Barnard K J, Bognar J G, et al. 1998. High-resolution image reconstruction from a sequence of rotated and translated frames and its application to an infrared imaging system. Optical Engineering, 37 (1): 247-260.

He H, Kondi L P. 2006. An image super-resolution algorithm for different error levels per frame. IEEE Transactions on Image Processing, 15 (3): 592-603.

He Y, Yap K H, Chen L, et al. 2009. A soft MAP framework for blind super-resolution image reconstruction. Image and Vision Computing, 27 (4): 364-373.

Hedborg J, Ringaby E, Forss'En P E, et al. 2011. Structure and motion estimation from roiling shutter video. In 2011 IEEE International Conference on Computer Vision Workshops.

Holmes T J, Bhattacharyya S, Cooper J A, et al. 1995. Light microscopic images reconstructed by maximum likelihood deconvolution//Pawley J B. Handbook of Biological Confocal Microscopy. Boston: Springer: 389-402.

Hsu Y Z, Nagel H H, Rekers G. 1984. New likelihood test methods for change detection in image sequences [J]. Computer Vision Graphics & Image Processing, 26 (1): 73-106.

Irani M, Peleg S. 1991. Improving resolution by image registration. CVGIP: Graphical Models and Image Processing, 53 (3): 231-239.

Isaac J S, Kulkarni R. 2015. Super resolution techniques for medical image processing. Technologies for Sustainable Development (ICTSD), International Conference on IEEE, 15: 1-6.

Islam M M, Asari V K, Islam M N, et al. 2010. A kernel regression based resolution enhancement technique for low resolution video. Digest of Technical Papers International Conference on 2010.

Kass M, Witkin A, Terzopoulos D. 1987. Snakes: Active contour models. Proc 1st Int Conf on Computer Vision, London, 259-268.

Katartzis A, Petrou M. 2010. Current trends in super-resolution imagereconstruction. The Journal of the Institude of Electronics, Information and Communication Engineers, 93: 693-698.

Kim K I, Kwon Y H. 2010. Single-image super-resolution using sparse regression and natural image prior. IEEE Trans on Pattern Analysis and Machine Intelligence, 32 (6): 1127-1133.

Kornprobst P, Deriche R, Aubert G. 1999. Image sequence analysis via partial di erential equations. Journal of Mathematical Imaging and Vision, 11 (1): 5-26.

Lepage G. 2010. Time Delayed integration CMOS Image Sensor with Zero Desynehronization. 2010-03-09.

Levin A, Weiss Y, Durand F, et al. 2011. Efficient marginal likelihood optimization in blind deconvolution. Computer Vision and Pattern Recognition (CVPR), 2011 IEEE Conference on IEEE.

Liang F, Xu Y, Zhang M, et al. 2016. A POCS algorithm based on text features for the reconstruction of document images at super-resolution. Symmetry, 8 (10): 102.

Liu C, Lin J, Tseng M. 2010. Design of CMOS sensor fill factor for optimal MTF nad SNR. Sensors, Systems, and Next-Generation Satellites XIV, 7826: 10. 1117/12. 864521.

Liu H C, Li S T, Yin H T. 2013. Infrared surveillance image super resolution via group sparse representation. Optics Communications, 289: 45-52.

Lou Y, Bertozzi A L, Soatto S. 2011. Direct sparse deblurring. Journal of Mathematical Imaging and Vision, 39 (1): 1-12.

Lou Y, Zhang X, Osher S, et al. 2010. Image recovery via nonlocal operators. Journal of Scientific Computing, 42 (2): 185-197.

Ng M K, Shen H, Lam E Y, et al. 2007. A total variation regularization based super-resolution reconstruction algorithm for digital video. EURASIP Journal on Advances in Signal Processing, (1): 074585.

Pan J, Hu Z, Su Z, et al. 2017. L0-regularized intensity and gradient prior for deblurring text images and beyond. IEEE Transactions on Pattern Analysis and Machine Intelligence, 39 (2): 342-355.

Pan R, Reeves S. 2006. Efficient Huber-Markov edge-preserving image restoration. IEEE Transactions on Image Processing, 15 (12): 3728-3735.

Papa J, Mascarenhas N D A, Fonseca L M G, et al. 2008. Convex restriction sets for CBERS-2 satellite image restoration. International Journal of Remote Sensing, 29 (2): 443-458.

Park S C, Park M K, Kang M G. 2003. Super-resolution image reconstruction: a technical overview. IEEE Signal Processing Magazine, 20 (3): 21-36.

Patti A J, Sezan M I, Tekalp A M. 1994. High-resolution image reconstruction from a low-resolution image sequence in the presence of time-varying motion blur. 0-8186-6950-0/94 ©1994 IEEE.

Patti A, Sezan M, Tekalp A. 1997. Superresolution video reconstruction with arbitrary sampling lattices and nonzero aperture time. IEEE Transactions on Image Processing, 6 (8): 1064-1076.

Pelletier S, Cooperstock J R. 2008. Efficient image restoration with the Huber-Markov prior model. ICIP, 8: 513-516.

Protter M, Elad M. 2009. Super resolution with probabilistic motion estimation. IEEE Transactions on Image Processing, 18 (8): 1899-1904.

Rajan D, Chaudhuri S, Joshi M V. 2003. Multi-objective super resolution: Concepts and examples. IEEE Signal Processing Magazine, 20 (3): 49-61.

Ren H H, Ruan P, He J W, et al. 2010. Study of the radiation calibration of TDI CCD spatial stereo camera. ACTA Optica Sinica, 30 (12): 3476-3480.

Ryan R, Baldridge B, Schowengerdt R A, et al. 2003. IKONOS spatial resolution and image interpretability characterization. Remote Sensing of Environment, 88 (1): 37-52.

Schultz R R, Stevenson R L. 1996. Extraction of high-resolution frames from video sequences. IEEE Trans IP, 5 (6): 996-1011.

Shah N R, Zakhor A. 1999. Resolution enhancement of color video sequences. IEEE Transactions on Image Processing, 8 (6): 879-885.

Shan Q, Jia J, Agarwala A. 2008. High-quality motion deblurring from a single image. ACM, 27 (3): 73.

Shen H, Li P, Zhang L. 2004. A MAP algorithm to super-resolution image reconstruction. In the Third International Conference on Image and Graphics. Hong Kong: IEEE Computer Society: 544-547.

Shen H, Zhang L, Huang B, et al. 2007. A MAP approach for joint motion estimation, segmentation, and super resolution. IEEE Transactions on Image Processing, 16 (2): 479-490.

Shen H, Ng M K, Li P, et al. 2009. Super-resolution reconstruction algorithm to MODIS remote sensing images. Computer Journal, 52 (1): 90-100.

Shi C Y, Zhou Q. 2013. Detection and velocity measurement on high-speed moving object based on single satellite multispectral image. The Eighth SPIE International Symposium on Multispectral Image Processing and Pattern Recogniton.

Sun D, Roth S, Black M J. 2010. Secrets of optical flow estimation and their principles. Computer Vision and Pattern Recognition (CVPR), 2010 IEEE Conference on IEEE.

Tao S P, Jin G, Zhang X Y, et al. 2012. Wavelet power spectrum-based autofocusing algorithm for time delayed and integration charge coupled device space camera. Applied Optics, 51 (21): 5216-5223.

Tom C, Katsaggelos A K. 1996. An iterative algorithm for improving the resolution of video sequences. SPIE VCIP, 2727: 1430-1438.

Tsai R Y. 1984. Multi-frame image restoration and registration. Advances in Computer Vision and Image Processing, 1 (2): 317-339.

Xu L, Jia J, Matsushita Y. 2012. Motion detail preserving optical flow estimation. IEEE Transactions on Pattern Analysis and Machine Intelligence, 34 (9): 1744-1757.

Xu L, Zheng S, Jia J. 2013. Unnatural L0 sparse representation for natural image deblurring. IEEE Computer Society, 1107-1114.

You Y L, Kaveh M. 1996. A regularized approach to joint blur identification and image restoration. IEEE Transactions on Image Processing, 5 (3): 416-428.

Zhang L, Zhang H, Shen H, et al. 2010a. A super-resolution reconstruction algorithm for surveillance images. Signal Processing, 90 (3): 848-859.

Zhang L, Zhang L, Zhang D. 2010b. A multi-scale bilateral structure tensor based corner detector. Xi'an: In Proceedings of the 9th Asian conference on Computer Vision-Volume Part II. Springer-Verlag.

Zhao M, Zhang W, Wang Z, et al. 2010. Satellite image deconvolution based on nonlocal means. Applied Optics, 49 (32): 6286-6294.

Zhou C P, Yao H J. 2000. The study of theoretical method for improving the spatial resolution of satellite images with CCD cameras. Proceedings of International Symposium on Remote Sensing.